原子番号	元素	英名	元素記号	原子量	原子量（4桁）	不確かさ‡	備考
52	テルル	tellurium	Te	127.60	127.6	0.03	g
29	銅	copper	Cu	63.546	63.55	0.003	r
105	ドブニウム*	dubnium*	Db		(268)		
90	トリウム*	thorium*	Th	232.0377	232.0	0.0004	g
11	ナトリウム	sodium	Na	22.989 769 28	22.99	0.000 000 02	
82	鉛	lead	Pb	[206.14, 207.94]	207.2		
41	ニオブ	niobium	Nb	92.906 37	92.91	0.000 01	
28	ニッケル	nickel	Ni	58.6934	58.69	0.0004	r
113	ニホニウム*	nihonium*	Nh		(278)		
60	ネオジム	neodymium	Nd	144.242	144.2	0.003	g
10	ネオン	neon	Ne	20.1797	20.18	0.0006	g m
93	ネプツニウム*	neptunium*	Np		(237)		
102	ノーベリウム*	nobelium*	No		(259)		
97	バークリウム*	berkelium*	Bk		(247)		
78	白金	platinum	Pt	195.084	195.1	0.009	
108	ハッシウム*	hassium*	Hs		(277)		
23	バナジウム	vanadium	V	50.9415	50.94	0.0001	
72	ハフニウム	hafnium	Hf	178.486	178.5	0.006	g
46	パラジウム	palladium	Pd	106.42	106.4	0.01	g
56	バリウム	barium	Ba	137.327	137.3	0.007	
83	ビスマス*	bismuth*	Bi	208.980 40	209.0	0.000 01	
33	ヒ素	arsenic	As	74.921 595	74.92	0.000 006	
100	フェルミウム*	fermium*	Fm		(257)		
9	フッ素	fluorine	F	18.998 403 162	19.00	0.000 000 005	
59	プラセオジム	praseodymium	Pr	140.907 66	140.9	0.000 01	
87	フランシウム*	francium*	Fr		(223)		
94	プルトニウム*	plutonium*	Pu		(239)		
114	フレロビウム*	flerovium*	Fl		(289)		
91	プロトアクチニウム*	protactinium*	Pa	231.035 88	231.0	0.000 01	
61	プロメチウム*	promethium*	Pm		(145)		
2	ヘリウム	helium	He	4.002 602	4.003	0.000 002	g r
4	ベリリウム	beryllium	Be	9.012 1831	9.012	0.000 0005	
5	ホウ素	boron	B	[10.806, 10.821]	10.81		m
107	ボーリウム*	bohrium*	Bh		(272)		
67	ホルミウム	holmium	Ho	164.930 329	164.9	0.000 005	
84	ポロニウム*	polonium*	Po		(210)		
109	マイトネリウム*	meitnerium*	Mt		(276)		
12	マグネシウム	magnesium	Mg	[24.304, 24.307]	24.31		
25	マンガン	manganese	Mn	54.938 043	54.94	0.000 002	
101	メンデレビウム*	mendelevium*	Md		(258)		
115	モスコビウム*	moscovium*	Mc		(289)		
42	モリブデン	molybdenum	Mo	95.95	95.95	0.01	g
63	ユウロピウム	europium	Eu	151.964	152.0	0.001	g
53	ヨウ素	iodine	I	126.904 47	126.9	0.000 03	
104	ラザホージウム*	rutherfordium*	Rf		(267)		
88	ラジウム*	radium*	Ra		(226)		
86	ラドン*	radon*	Rn		(222)		
57	ランタン	lanthanum	La	138.905 47	138.9	0.000 07	g
3	リチウム	lithium	Li	[6.938, 6.997]	6.94		m
116	リバモリウム*	livermorium*	Lv		(293)		
15	リン	phosphorus	P	30.973 761 998	30.97	0.000 000 005	
71	ルテチウム	lutetium	Lu	174.9668	175.0	0.0001	g
44	ルテニウム	ruthenium	Ru	101.07	101.1	0.02	g
37	ルビジウム	rubidium	Rb	85.4678	85.47	0.0003	g
75	レニウム	rhenium	Re	186.207	186.2	0.001	
111	レントゲニウム*	roentgenium*	Rg		(280)		
45	ロジウム	rhodium	Rh	102.905 49	102.9	0.000 02	
103	ローレンシウム*	lawrencium*	Lr		(262)		

日本化学会原子量専門委員会の資料をもとに作成.
（脚注）（備考）は次頁.

＊：安定同位体がなく放射性同位体だけがある元素．ただし，Bi，Th，Pa，Uの4元素は例外で，これらの元素は地球上で固有の同位体組成を示すので，原子量が与えられている．

‡：A_r(E) とその不確かさは，通常の物質に与えられたもので，測定の不確かさや原子量が適用可能な天然での変動から評価されている．通常の物質中の原子量は，本表で示された最小値と最大値の範囲に高い確度で収まっている．もし A_r(E) の不確かさが，測定可能な原子量の変動を示す目的には大きすぎる場合，個々の試料の測定によって得られる A_r(E) の不確かさはより小さくなることもある．

g：当該元素の同位体組成が通常の物質が示す変動幅を越えるような地質学的なあるいは生物学的な試料が知られている．そのような試料中では当該元素の原子量とこの表の値との差が，表記の不確かさを越えることがある．

m：不詳な，あるいは不適切な同位体分別を受けたために同位体組成が変動した物質が市販品中に見いだされることがある．そのため，当該元素の原子量が表記の値とかなり異なることがある．

r：通常の地球上の物質の同位体組成に変動があるために表記の原子量より精度の良い値を与えることができない．表中の原子量および不確かさは通常の物質に適用されるものとする．

理工系一般化学

〈第 2 版〉

篠崎　開・大窪　潤・大野清伍
柴　隆一・鈴木隆之・藤本　明　著

東京教学社

はじめに

化学とは物質に基づく科学であり，人類の誕生とともに始まった身近な学問である．今日の生命科学，IT 技術をはじめとした科学の発展に，化学の進歩・発展が大きな役割を担ってきた．今日，私たちが毎日利用している衣類，車，コンピュータなどには，人間が人工的に作った物質が数多く利用されている．化学の進歩とともに新しい機能を持った物質がつくりだされ，私たちに快適な環境をもたらしている．

一方，物質文明は人類に地球温暖化，環境汚染など多くの深刻な問題をもたらした．これらの問題は化学の力のみで解決することはできないが，化学の力なくしては解決することのできない問題である．

このような状況を考えると，今まで以上に多くの学生に化学を学んでほしい．特に理工系の学生には，是非とも学んでほしいと願い本書を執筆した．そのためいままで化学をほとんど学んできていない学生でも学べるように次のような配慮をした．

（1） 本書の構成・章立は，半期の講義で終了することを考慮した．

（2） 熱力学を，どの程度取り上げるかは悩む問題であるが，特に章としては取り扱わないで，必要な箇所で適宜説明を加えることとした．

（3） 程度の高いと思われる内容でも，重要な事項は初歩から順序立てて詳しく説明を加えて取り扱う方針をとった．

（4） 理解を深める目的で，本文中で取り上げなかった事項も例題として取り上げている．その意味で必ず例題を含めて学習してほしい．また化学は暗記ものと思っている学生に，化学は考える学問であることを喚起したいと考え，例題は筋道を立てて解説した．さらに演習問題では考え方を重視した解法を示した．

本書は共同執筆という形を取ったが，各章とも全員での討議を重ねて完成させたものであり，内容の責任は著者ら全員に帰すものである．著者の理解のいたらぬところ，不適切な記述など多分にあると思われる．お気づきの点は大小を問わずご指摘，ご意見を賜りたい．

本書の出版に際しては東京教学社の鳥飼好男氏をはじめ編集部の鈴木春樹氏に大変お世話になった．厚く御礼申し上げる．

2002 年 1 月

著者一同

〈第 2 版への改訂にあたって〉

化学を殆ど学んできていない学生にも，化学は面白いと感じて欲しい，化学は暗記ものではなく論理的に考える学問であることを喚起したい．このような趣旨で初版を刊行して以来，あっという間に 15 年が経過してしまいました．この間，本学を含め多くの大学で学生諸君の教科書として使用されました．このことは，著者等にとっても大きな喜びであると同時に，より使いやすい教科書にしていく責任も感じていました．この 15 年間にわたり誤植，誤記を含め有益な助言，提案を頂いた多くの先生方各位，毎年にわたる修正や加筆に快く応じて頂いた東京教学社に深く御礼申し上げる．

この間に SI 単位系の使用は確実に定着し，高等学校，大学の教科書等から圧力単位 atm，Torr はほぼ消えてしまった．今回，SI 単位系に統一することを主眼に改訂することにした．最も影響を受けたのは第 4 章の気体に関する部分であり，図表の修正のみならず史実に合った記述内容に修正したためかなり大幅な変更となった．

さらに全般にわたり用語の見直しも行った．これに関しては日本化学会化学用語検討小委員会の提案を参考にした．改訂意図が理解され，引き続き本書が初学年の教育に寄与できることを願っている．本改訂は著者等の了解を得て，大野と篠崎が行ったものである．

2017 年 12 月

執筆者を代表して　篠崎　開

目　次

第１章　原子の電子配置と周期表

第２章　化学結合

第３章　化学反応

第4章 気体—液体—固体

第5章 溶 液

第6章 反応速度

第7章 化学平衡

第8章 電気化学

基礎事項

第1章　原子の電子配置と周期表

≪この章で学ぶこと≫

1．　原子の構造はどのようになっているのか
2．　電子は原子核のまわりのどこにいるのか
3．　原子の電子配置と元素の性質の周期性
4．　周期表における元素の分類と性質について

自然界には多様な物質が存在するが，物質は限られた成分からなるという発想は古代からあった．この限られた成分が元素であり，元素の存在が明確につきとめられたのは18世紀後半以降のことである．さらに元素が原子という実体としてとらえられ，その構造が明らかになるのは20世紀以降のことである．

本章では，物質を取り扱う理工系分野の基礎として，物質を構成している原子の構造について理解し，化学結合に重要な役割を果たしている電子が，原子核のまわりにどのような状態で存在しているかを学ぶ．また，元素の性質がその電子配置とどのように関わっているのか考えてみよう．また電子配置を考えながら周期表の中における元素の周期性について理解しよう．

1-1　物質を構成する粒子

すべての物質は，原子，分子，イオンなどの粒子から構成されている．生命体もまた究極的にはこのような粒子の集団である．物質を構成している原子はいったいどのような構造をしているのであろうか．はじめに，いくつかの原子の構造とその質量について知っておくことにしよう．

（1）　原子の構造

原子は**原子核**（nucleus）とそれをとりまく**電子**（electron）から構成されている．この原子像は20世紀初頭にラザフォード（E. Rutherford）[*1]，ミリカン（R. A. Millikan），トムソン（J. J. Thomson）らによって明らかにされた．また，ミリカンは電子（e）の**電気量**が -1.602×10^{-19} C（クーロン）であることを油滴の実験で決定している．一方，原子核は正電荷を持つ**陽子**（proton）と電荷を持たない**中性子**（neutron）からなる．この原子核中の陽子の数はその**元素**[*2]（element）の**原子番号**に対応し，原子番号をZとすると原子核は $+Ze$ の電荷を持つことになる．陽子の数と中性子の数の和を**質量数**という．

[*1] ラザフォードは金箔に α 線（Heの原子核）を照射して散乱した α 線を観察し，原子の中心に質量が集中し電子がかなり離れたところに存在していることを発見した．

[*2] 同一の原子番号を有する原子の種類を元素という．

表 1-1　陽子，中性子，電子の物理定数と記号

	電気量（C）	質量（kg）	記号
陽子	$+1.602\times10^{-19}$	1.6726×10^{-27}	H^+，p
中性子	0	1.6749×10^{-27}	n
電子	-1.602×10^{-19}	9.1094×10^{-31}	e^-，e

元素には原子番号が同じで中性子の数が異なるものが存在することが多い．原子番号（陽子数＝電子数）が同じで中性子の数が異なる原子を互いに**同位体**（isotope）の関係にあるという．同位体の電子の数は同じであることからその化学的性質はほとんど差がない．また地球表面での同位体の存在比はほぼ一定である．

炭素原子の同位体の例

質量数（陽子数+中性子数）→ $^{12}_{6}C$　⇔　$^{13}_{6}C$　⇔　$^{14}_{6}C$

原子番号（陽子数）=（電子数）↗　　同位体　　同位体

（2）　原子量

1モルは 6.02214076×10^{23}（アボガドロ数）個の要素粒子（分子，イオン，原子，電子など）の集団の物質量である．また，1モルの集団に含まれる要素粒子数 N_A を**アボガドロ定数**という．

$$N_A=6.02214076\times10^{23}\ \text{mol}^{-1}$$

$^{12}_{6}C$ の炭素原子1個の質量の1/12を**統一原子質量単位**（unified atomic mass unit）といい，単位の記号はuである．$^{12}_{6}C$ の1個の質量は12 u，$^{12}_{6}C$ の1 molの質量は12 u×アボガドロ定数＝12.0000×10^{-3}[*2] $\text{kg}\cdot\text{mol}^{-1}$ より，

[*2] $^{12}_{6}C$ のモル質量は詳しくは $11.9999999958\times10^{-3}$ $\text{kg}\cdot\text{mol}^{-1}$ である．

1 u 値は 1.66054×10^{-27} kg·mol^{-1} となる．各元素の**原子量**（atomic weight）は同位体の存在比を考慮した平均原子質量（u）と統一原子質量単位との比である．したがって原子量には単位がない．表 1-2 に同位体の存在比と原子量の値を示した．

表 1-2　同位体の存在比と原子量

原子番号	元素記号	同位体核種	存在比（%）	原子質量（u）	原子量
1	H	^{1}H	99.985	1.00783	1.0080
		^{2}H（D）	0.015	2.01410	
		^{3}H(T)*1	—	3.01603	
2	He	^{3}He	0.000137	3.01605	4.0026
		^{4}He	99.99986	4.00260	
3	Li	^{6}Li	7.5	6.01512	6.941*2
		^{7}Li	92.5	7.01600	
4	Be	^{9}Be	100.00	9.01218	9.01218
5	B	^{10}B	19.9	10.01294	10.811
		^{11}B	80.1	11.00931	
6	C	^{12}C	98.90	12（定義）	12.0107
		^{13}C	1.10	13.00335	
		^{14}C*3	—	14.00324	
7	N	^{14}N	99.634	14.00307	14.00647
		^{15}N	0.366	15.00011	
8	O	^{16}O	99.762	15.99491	15.9994
		^{17}O	0.038	16.99913	
		^{18}O	0.200	17.99916	
	⋮				
12	Mg	^{24}Mg	78.99	23.98504	24.3050
		^{25}Mg	10.00	24.98589	
		^{26}Mg	11.01	25.98259	
	⋮				
17	Cl	^{35}Cl	75.77	34.96885	35.4527
		^{37}Cl	24.23	36.96590	
18	Ar	^{36}Ar	0.337	35.96755	39.981
		^{38}Ar	0.063	37.96273	
		^{40}Ar	99.60	39.96238	
19	K	^{39}K	93.22	38.9637	39.0983
		^{40}K	0.0118	39.9640	
		^{41}K	6.77	40.9618	

*1　^{3}H（トリチウム）は通常天然には存在しない放射性核種である．

*2　市販の Li 化合物では，6.939 から 6.996 の間にある．

*3　放射性核種である ^{14}C は 5730 年の半減期で β 壊変し，化石などの年代測定に使用されているので特にここに示した．

例題 1　a）天然のケイ素の同位体存在比は ^{28}Si 92.23%，^{29}Si 4.67%，^{30}Si 3.10% である．^{28}Si，^{29}Si，^{30}Si の原子質量（u）がそれぞれ，27.9769，28.9765，29.9738 のとき，Si の原子量を求めなさい．

b）塩化カリウム（KCl）10.00 g の物質量を求めなさい．

c）^{35}Cl，1 原子の質量（kg）を求めなさい．

解答

a）元素の原子量は同位体の原子質量にそれぞれの存在比をかけて，その総和の値となる．

$$27.9769\times0.9223+28.9765\times0.0467+29.9738\times0.031=28.0853$$

b）KCl の式量は 39.0983＋35.4527＝74.5510 である．1 mol の質量は 74.5510 g であるので，10.00 g の物質量は，10/74.5510＝0.1341 mol である．

c）表 1-2 で ^{35}Cl の原子質量は 34.96885 u である．1 原子の質量（kg）は $34.96885\times10^{-3}/(6.02214076\times10^{23})=5.8067\times10^{-26}$ kg である．あるいは，統一原子質量単位が 1.66054×10^{-27} kg であることから，
$34.96885\times1.66054\times10^{-27}=5.8067\times10^{-26}$ kg である．

1-2　水素原子のスペクトルとエネルギー量子

電子が原子核のまわりにどのような状態で存在しているのかを示唆する実験として，光電効果やバルマー（J. J. Balmer）による水素原子の発光スペクトルの観測がある．これらの実験事実の理論的な解釈はその後，プランク（M. Planck），アインシュタイン（A. Einstein），ボーア（N. Bohr）らによって行われ，電子は原子核のまわりで不連続なエネルギー状態をとることが明らかになっている．また同時に，アインシュタインはこの理論的な考察の過程で，プランクの考えに基づいて光が波であるだけでなく粒子であると結論した．この節では歴史的な実験事実とその理論の一部を眺めてみよう．

（1）　エネルギー量子と光電効果の実験

プランクは，熱せられた物体が放出する電磁波のスペクトルを解釈する過程で，振動数 ν の電磁波のエネルギー ε は $h\nu$ の整数倍になると仮定した．

$$\varepsilon=nh\nu \quad (n=1, 2, 3, \cdots)$$

この式で，h は**プランク定数**と呼ばれ，（エネルギー）×（時間）の次元を持っている．

$$h=6.62607015\times10^{-34}\ \mathrm{J\cdot s}$$

すなわち，電磁波のエネルギーは連続的には変化せず，$h\nu$ の間隔でとびとび

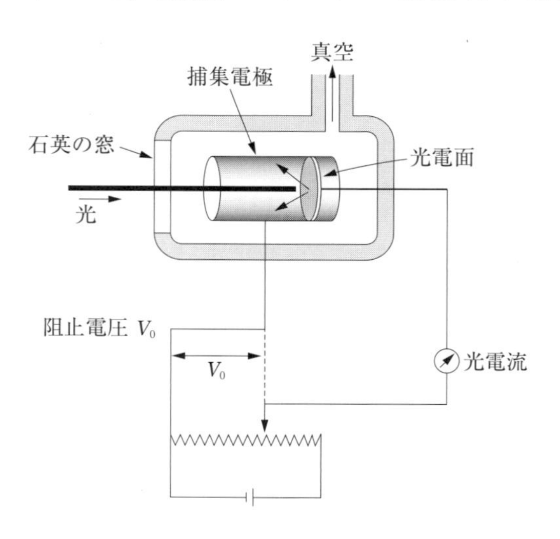

図 1-1　光電効果の実験装置

の値をとる．この $h\nu$ は**エネルギー量子**と呼ばれ，電磁波のエネルギーの最小単位である．

プランクの仮定が妥当なものであることを支持する理論には，1905年のアインシュタインによる**光電効果**の理論がある．光電効果とは電磁波を金属表面や分子などに照射すると，あるしきい値以上の振動数で電子が放出される現象をいう．この電子を**光電子**という．実験装置の概略を図1-1に示す．光電効果の実験[*1]は既に19世紀から行われていたが，その理論的裏付けが明確になっていなかった．これを解決するために，アインシュタインは光が波であると同時に粒子（**光子**；photon）でもあり，光を $h\nu$ のエネルギーを持った光子の集団であると考えたのである．その結果，それまで古典的な理論では説明のつかない光電効果の現象がきれいに説明された．それによると振動数 ν の光子1個の持つエネルギー E_{photon} は

$$E_{\mathrm{photon}}=h\nu \tag{1-1}$$

で表される．そのエネルギーがすべて電子に移行したとき，電子1個が飛び出すのに必要な最低のエネルギー Φ と光電子の運動エネルギー E_k の関係は次のようになる．

$$h\nu=\Phi+E_k \tag{1-2}$$

なお，Φ は固体の場合には**仕事関数**，原子や分子の場合には**イオン化エネルギー**（ionization energy）という．また，アインシュタインは $E_{\mathrm{photon}}=h\nu$，$E=mc^2$ [*2]，$\nu=c/\lambda$ の関係式から光子の運動量 $p\,(mc)$ は

$$p=h\nu/c=h/\lambda \tag{1-3}$$

であることを提案した．c は光の速さ，λ は光の波長である．

*1　レナルトによる光電効果の測定である．光を光電面に照射し，光電流が0になるときの阻止電圧は光電子の運動エネルギーの最大値に対応する．

*2　質量とエネルギーの等価性を表わしている．

例題2　光電効果の実験でタングステンを光電面に用い，200 nm の波長の光を照射すると，放出された光電子の最大運動エネルギーは 2.690×10^{-19} J であった．波長を 160 nm にかえると，放出される光電子の最大運動エネルギーは 5.172×10^{-19} J になった．

a）この実験からプランクの定数を求めなさい．

b）タングステンの仕事関数 Φ を求めなさい．

解答

a）$h\nu=\Phi+E_k$，$\nu=c/\lambda$ の関係式から，実験結果を代入すると次のような連立方程式が得られる．

$$hc/(200\times10^{-9})=\Phi+2.690\times10^{-19}$$

$$hc/(160\times10^{-9})=\Phi+5.172\times10^{-19}$$

$c=2.998\times10^{8}\ \mathrm{m\cdot s^{-1}}$ を代入して，プランク定数 h を求めると $h=6.623\times10^{-34}\ \mathrm{J\cdot s}$ となる．

b）タングステンの仕事関数 Φ は 7.238×10^{-19} J.

（2）　水素原子の発光スペクトルとボーアの水素原子モデル

可視領域にある水素原子の発光スペクトルは図1-2で示されるような輝線として観測される．1884年，バルマーはこの輝線の波長がつぎのような簡単な関係にあることを見い出した．この式の B は定数である．

$$\lambda=\frac{Bn^2}{n^2-2^2} \quad (n=3, 4, 5, \cdots) \tag{1-4}$$

その後，1890 年頃リュードベリー（R. J. Rydberg）は波長 λ を波数 $\tilde{\nu}$ におきかえ，つぎのような式を得た．波数とは波長の逆数である．

$$\tilde{\nu}=\frac{1}{\lambda}=R\left(\frac{1}{2^2}-\frac{1}{n^2}\right) \tag{1-5}$$

この式で，R は**リュードベリー定数**（実験値：$R=1.09737\times10^7\ \mathrm{m}^{-1}$）という．

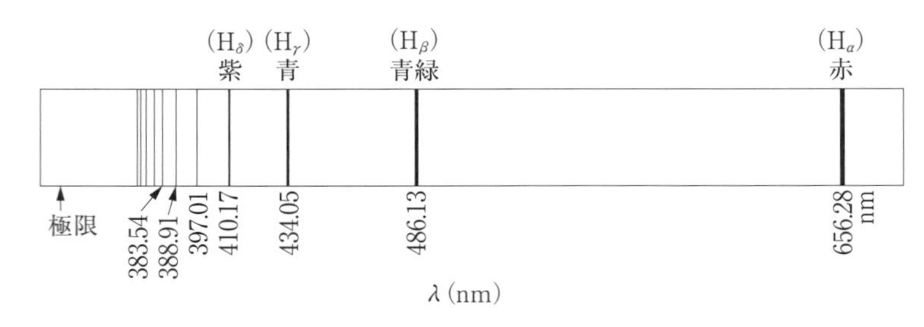

図 1-2 水素原子の発光スペクトル（可視領域）

*1 ボーア N. H. D. Bohr (1885～1962)．デンマークの物理学者．コペンハーゲンの大学を卒業ののち，イギリスのマンチェスター大学講師となり，ラザフォードの指導を受ける．コペンハーゲン大学理論物理学研究所長．周期表の意味を原子構造から解明した．近代量子理論の基礎をつくる．ノーベル物理学賞 (1922)．

ボーア[*1] は 1913 年，水素の発光スペクトルを説明する理論を提唱した．これは，プランクによるエネルギー量子の概念を原子核のまわりの電子に適用したものである．この理論でボーアはつぎのような 3 つの仮定に基づいて水素の発光スペクトルを説明した．

仮定 1：原子中の電子のエネルギーは量子化されていて，電子は不連続な状態をとる．これを**定常状態**という．

仮定 2：電子は他からエネルギーを受け取ったり放出したりすると，量子化された状態間で遷移する．その際，光の吸収や放出が起こる．その光の振動数を ν とすると，各状態のエネルギーの差は $h\nu$ になる．

$$h\nu=E_{n_2}-E_{n_1} \quad \text{（これを振動数条件という）} \tag{1-6}$$

仮定 3：n 番目の半径 r_n の円軌道を質量 m の電子が速度 v_n で運動するとき，角運動量 mv_nr_n は $h/2\pi$ の n 倍になる．この関係式

$$mv_nr_n=n\frac{h}{2\pi} \quad (n=1, 2, 3, \cdots) \tag{1-7}$$

を**ボーアの量子化条件**といい，整数 n を**量子数**という．

いま，図 1-3 に示すような定常状態で運動している電子に関して，古典的力学モデルを考えてみると，電子の遠心力は核―電子間のクーロン引力と釣り合っている．電子の質量を m，速度を v，電気素量を e とすると

$$\frac{mv^2}{r}\ \text{（遠心力）}=\frac{1}{4\pi\varepsilon_0}\frac{e^2}{r^2}\ \text{（クーロン引力）} \tag{1-8}$$

この式で ε_0 は真空中の誘電率である．この式の r は軌道半径で連続的に変化する値であるが，この式と量子化条件の式から r を r_n に置き換えて，r_n を求めると

$$r_n=\frac{\varepsilon_0h^2}{\pi me^2}n^2 \tag{1-9}$$

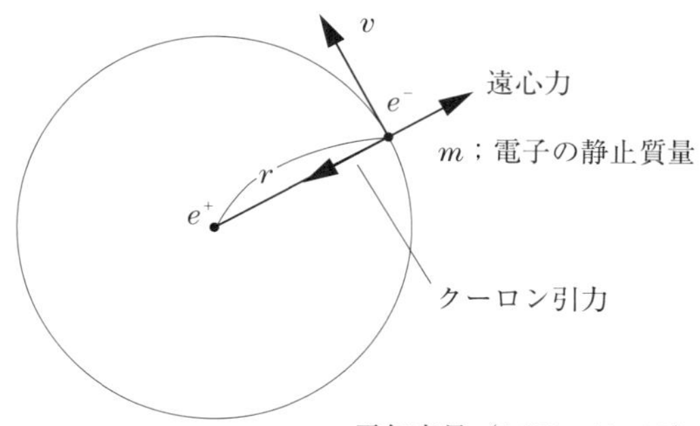

図 1-3　水素原子のボーアモデル

のようになる．$n=1$ のとき $r_1=\dfrac{\varepsilon_0 h^2}{\pi m e^2}$ となり，この最小軌道半径を**ボーア半径** a_0 という（$a_0=5.29177\times10^{-11}$ m）．また，速度 v_n についてはつぎのようになる．

$$v_n=\frac{e^2}{2\varepsilon_0 h}\frac{1}{n} \tag{1-10}$$

一方，n 番目の円軌道にある電子のエネルギー E_n は，電子の運動エネルギーとクーロン引力による位置エネルギー（クーロンポテンシャル）の和になる．

すなわち，

$$E_n=\frac{1}{2}m{v_n}^2+\left(-\frac{1}{4\pi\varepsilon_0}\frac{e^2}{r_n}\right) \tag{1-11}$$

であるので，これに v_n と r_n を代入すると，

$$E_n=-\frac{me^4}{8{\varepsilon_0}^2h^2}\frac{1}{n^2} \tag{1-12}$$

となる．電子の持つエネルギーは量子数 n の二乗に反比例する．ボーアによる仮定2の振動条件を適用すれば，n_2 番目の電子エネルギーと n_1 番目の電子エネルギーの差が，放出される（$n_2>n_1$）光子のエネルギー $h\nu$ になることから，

$$h\nu=E_{n_2}-E_{n_1}=-\frac{me^4}{8{\varepsilon_0}^2h^2}\left(\frac{1}{{n_2}^2}-\frac{1}{{n_1}^2}\right) \tag{1-13}$$

が成り立つ[*1]．波数 $\tilde{\nu}=\dfrac{1}{\lambda}$，$\nu\lambda=c$（光速）を代入すると上の式は

$$\tilde{\nu}=\frac{me^4}{8{\varepsilon_0}^2ch^3}\left(\frac{1}{{n_1}^2}-\frac{1}{{n_2}^2}\right) \tag{1-14}$$

となる．この式で，$\dfrac{me^4}{8{\varepsilon_0}^2ch^3}$ の部分を計算すると $1.0968\times10^7\ \mathrm{m^{-1}}$ になり，この値は実験的に決められたリュードベリー定数の値とほぼ一致[*2]している．バルマーが観測した水素の発光系列の最も長波長側にある輝線は，$n_1=2$，$n_2=3$ の場合である．すなわち，量子数 $n=3$ の定常状態にあった電子が $n=2$ の状態に遷移するときに放出した光である．

ボーアの理論は他の発光系列についても輝線の波長位置をうまく説明するものであり，エネルギーが高い準位から量子数 $n=1$ への遷移はライマン系

[*1] $h\nu$ のエネルギーを持った光が放出される．

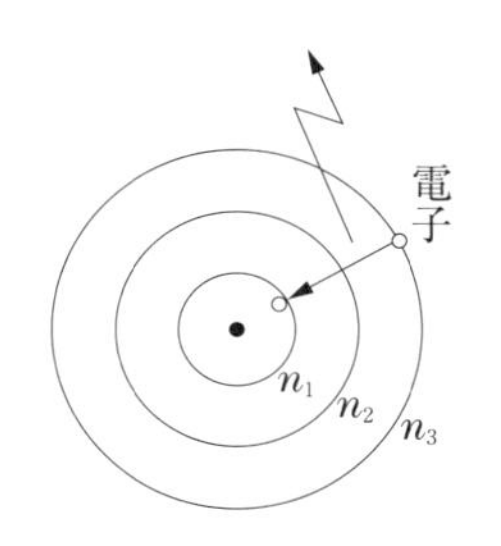

[*2] 電子の静止質量 m を換算質量 μ に置き換えて計算するとさらに実験値の R の値との一致がよい．陽子の質量を M とすると，

$$\mu=\frac{mM}{m+M}$$

の関係がある．

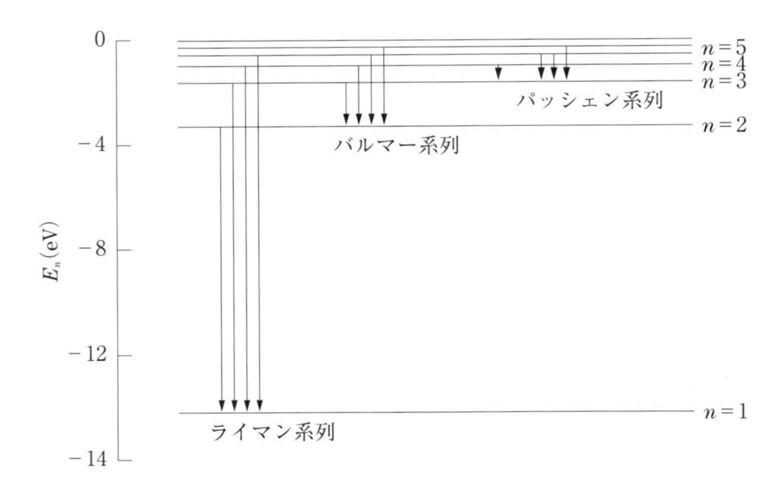

図 1-4　水素原子のエネルギー準位と発光系列

列，量子数 $n=3$ への遷移はパッシェン系列と呼ばれている（図 1-4）.

> **例題 3**　水素原子におけるバルマー系列の第 2 番目の発光輝線 (H_β) の波長 λ_2 を計算しなさい.

解答　バルマー系列の発光スペクトルは，高いエネルギー準位に励起された電子が $n=2$ の準位に遷移するときに放出される光の輝線である．第 2 番目の発光輝線 (H_β) は，$n=4$ の準位にあった電子が $n=2$ へ遷移する場合であり，放出される光のエネルギー $h\nu_2$ はつぎの式で表される.

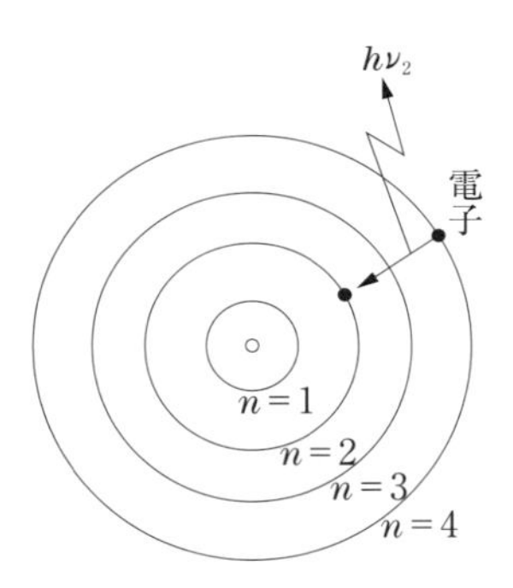

$$h\nu_2 = E_4 - E_2 = -\frac{me^4}{8\varepsilon_0{}^2h^2}\left(\frac{1}{4^2}-\frac{1}{2^2}\right)$$

求める波長 λ_2 とその光の振動数 ν_2 の関係は $\nu_2 = c/\lambda_2$ で，各物理定数を代入すると，

$$6.626\times10^{-34}\times\frac{2.998\times10^8}{\lambda_2} = -\frac{(9.109\times10^{-31})\times(1.602\times10^{-19})^4}{8\times(8.854\times10^{-12})^2(6.626\times10^{-34})^2}\left(\frac{1}{16}-\frac{1}{4}\right)$$

$$\lambda_2 = 48622\times\frac{10^{-24}\times10^{-102}\times10^8}{10^{-31}\times10^{-76}} = 4.8622\times10^{-7}\ \mathrm{m}$$

1 nm は 10^{-9} m であるので，λ_2 は 486.2 nm となる．図 1-2 に示した実験による値とよく一致している.

≪コーヒーブレイク≫

君たち，光ってどんなものか考えたことがあるだろうか？きっと太陽や蛍光灯の光を連想する諸君がたくさんいることだろう．まさしく，それも光だ．一般に光とは可視光とその周辺の電磁波のことを指すことばかもしれない．実際には可視光もX線も電磁波というのが正しい．

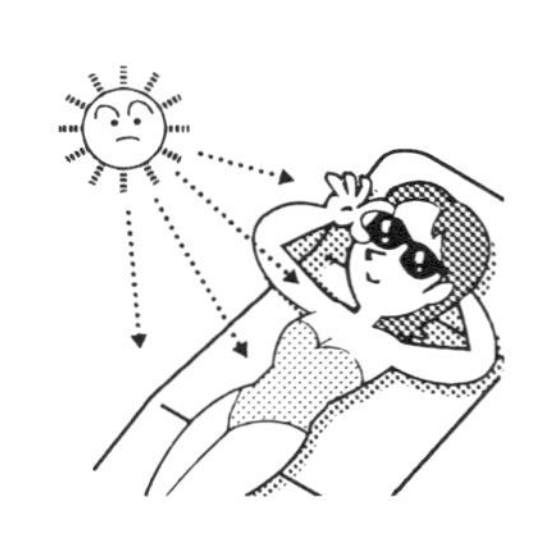

電磁波はその波長あるいは振動数によって，紫外線（UV），可視光（VIS），赤外線（IR），X線（X-ray）などの名称で呼ばれている．

夏の海で肌が褐色に焼けるのは，太陽からの紫外線のせいだというのはよく知っているだろう．可視光よりもエネルギーが高く，私たちの皮膚表面で光化学反応が起こった結果，色素の沈着が進行したのである．

冬のこたつには赤外線を利用している．太陽光が暖かく感じるのも紫外・可視光の他に赤外線も含まれているからだ．赤外線は分子の振動を起こさせるようなエネルギーを持つ電磁波である．

ところで，電子レンジの出す電磁波はどんなものか知っているだろうか？　これはマイクロ波（MW）といって，分子の回転を起こさせるようなエネルギーを持つ電磁波なのだ．市販の電子レンジは特に水分子をねらって激しい回転を起こさせて，その結果はじける水分子の速度が急激に増加して温度が上昇している．

電磁波の種類によって，家の中を明るくしたり，日焼けを起こしたり，体を暖めたり，冷凍食品を解凍したり，病院でレントゲン写真がとれたり，ラジオやテレビの音声や画像を送ったり，本当に私たちの生活の中で役に立っているものなのだ．われわれが思っている「光」と同じもので，ただ波長の異なる光の仲間なのだ．

1-3　電子の波動性とシュレディンガーの波動方程式

アインシュタインの光電効果の理論によって，それまで波であると思われていた光が粒子でもあると考えられるようになった．実験的にも1923年，コンプトン（A. C. Compton）によるX線の散乱波長の観測によりそれが確かめられている．化学結合の主役である電子についても，このような**波と粒子の二重性**が成り立つとき，電子はどのような状態で原子核のまわりに存在するのであろうか．

（1）　ドブロイによる物質波の概念とシュレディンガーの波動方程式

光が波でもあり粒子でもあるという性質，すなわち二重性が，質量を持った電子に対しても成り立つことを，1924年ドブロイ（L. de Broglie）は予見した．波と粒子の性質を結びつけたドブロイの式が

$$\lambda=\frac{h}{p}=\frac{h}{mv} \qquad (1\text{-}15)$$

である．これが**物質波**の概念であり，質量 m の粒子が速度 v で運動するとき，その運動量 p と波の波長 λ を結びつける式になっている．ボーアの量子化条件の式（1-7）に上の関係式を代入すると，

$$2\pi r_n = n\lambda \tag{1-16}$$

が得られるが，この式は電子の n 番目の円軌道の円周が，電子の波長 λ の n 倍になっているときに，量子化された電子の軌道（定常波）が存在できることを意味している．

ドブロイの考えが提出されたのち，粒子の波動性に起因するつぎの原理がハイゼンベルク（W. Heisenberg）により提唱された．**「電子のような微粒子の運動量とその位置を同時に測定することは本質的にできない」**この原理を**不確定性原理**という．この原理は，電子の正確な位置をボーアの理論のような古典的な力学モデルで表現することが不可能であることを意味している．

それではどのようにして，物質波を表現できるのであろうか．シュレディンガー（E. Schroödinger）は古典的波動方程式にドブロイの式を導入することで，新しい波動方程式，

$$H\psi = E\psi \tag{1-17}$$

を得た．この式を**シュレディンガーの波動方程式**という．この式の H はハミルトニアンといわれる演算子で，粒子の運動エネルギーとポテンシャルエネルギーの和で表される．三次元空間に対しては，

$$H = -\frac{h^2}{8\pi^2 m}\left(\frac{\partial^2}{\partial x^2} + \frac{\partial^2}{\partial y^2} + \frac{\partial^2}{\partial z^2}\right) + V(x, y, z) \tag{1-18}$$

である．E は系の全エネルギー，$V(x, y, z)$ はポテンシャルエネルギーである．物質波 ψ はある特定の E の値に対してある特定の関数になる．方程式の解として得られる E を**固有値**，E に対応した波動関数 ψ を**固有関数**ともいう．ψ^2 は粒子の存在する**確率密度**を表すが，そのためには ψ は一価，有限，連続であることが必要である．また，量子力学の考え方では，物質波は ψ で表されるような状態にあると考え，シュレディンガーの波動方程式は**固有の状態には固有のエネルギー**があることを意味する．したがって，$H=E$ のように物理量をそのまま測定できる古典的力学の世界で表現されるものとは異なる式の形になるのである．

（2） 量子数

水素のシュレディンガー波動方程式の解を求める際に得られる波動関数の中には３つの量子数 n，l，m が登場する．**n を主量子数**，**l を方位量子数**，**m を磁気量子数**と呼ぶ．これらの量子数は原子核のまわりで運動する電子の状態を決めている．これらのうち l と m は，原子核のまわりのような３次元空間の場合に導入された量子数である．

これら３つの量子数に加えて，電子の自転に基づく量子数がある．この量子数の提案はいくつかの実験事実に基づいて行われている．１つは 1921 年のシュテルン（O. Stern）らによるもので，彼らは銀原子ビームが磁石のＮ極とＳ極の間を通過すると２つに分裂することを発見した．また，ナトリウムの発光輝線を高い分解能の分光器で測定すると，輝線は 589.00 nm と

589.59 nm に分裂することが発見された．この実験事実は1925年ウーレンベック（G. E. Uhlenbeck）とハウトシュミット（S. A. Goudsmit）により説明され，電子が自転方向に依存する固有のスピン角運動量 $\boldsymbol{S}$ を持つとされた（図1-5）．

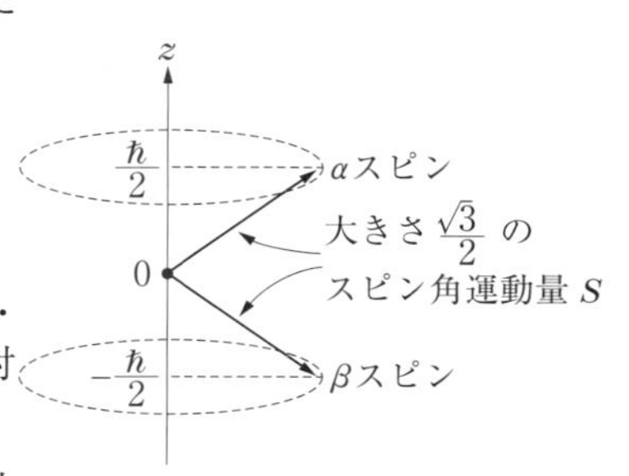

図1-5　電子のスピン角運動量
（$\hbar$ は $\frac{h}{2\pi}$ を意味する．）

$S_z = m_s \frac{h}{2\pi}$ で表すとき，m_s を**スピン量子数**という．

以上，4つの量子数の性格をまとめるとつぎのようになる．

主量子数：n　おもに電子軌道の大きさ・広がりとエネルギーを支配する．取り得る値は，$n=1, 2, 3, \cdots$で，これは古典的な**K殻**，**L殻**，**M殻**，…に対応する．

方位量子数：l　電子の軌道角運動量ベクトル $\boldsymbol{l}$ の大きさを支配し，電子軌道の形を決める．取り得る値は，$l=0, 1, 2, \cdots, n-1$ で，これはs軌道，p軌道，d軌道，…に対応する．

磁気量子数：m　電子の軌道角運動量ベクトル $\boldsymbol{l}$ の z 軸成分の大きさを支配し，電子の運動によって生じる磁気の方向，すなわち電子軌道の空間での配向方向を決める．取り得る値は，$m=0, \pm1, \pm2, \cdots, \pm l$ までの整数値をとる．

スピン量子数：m_s　電子の角運動量ベクトル $\boldsymbol{S}$ の z 軸成分の大きさを支配し，電子の自転によって生じる磁気の方向，すなわち自転方向を決める．取り得る値は，$m_s=+\frac{1}{2}, -\frac{1}{2}$ である．なお，$m_s=+\frac{1}{2}$ のときに**αスピン**，$m_s=-\frac{1}{2}$ のときに**βスピン**と呼ぶことがある．

量子数と配置される電子の数を表1-3に示す．

表1-3　量子数と電子配置

電子殻	軌道名	n	l	m	m_s	電子数	
K	1s	1	0	0	+1/2　−1/2	2	
L	2s	2	0	0	+1/2　−1/2	2	8
	2p	2	1	−1　0　+1	+1/2　−1/2	6	
M	3s	3	0	0	+1/2　−1/2	2	18
	3p	3	1	−1　0　+1	+1/2　−1/2	6	
	3d	3	2	−2　−1　0　+1　+2	+1/2　−1/2	10	
N	4s	4	0	0	+1/2　−1/2	2	32
	4p	4	1	−1　0　+1	+1/2　−1/2	6	
	4d	4	2	−2　−1　0　+1　+2	+1/2　−1/2	10	
	4f	4	3	−3　−2　−1　0　+1　+2　+3	+1/2　−1/2	14	

（3）オービタルの形と軌道のエネルギー準位

先に述べたように，ψ^2 は粒子の存在する確率密度を表す．すなわち，**電子は雲のような状態で原子核のまわりに分布している**．これは，ボーアの古典的力学モデルと本質的に異なる電子像である[*1]．このような雲の形をした電

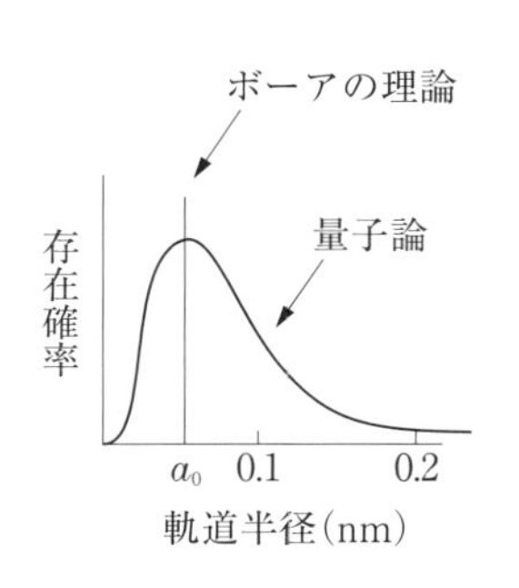

[*1]　1s軌道の電子はボーアの理論では a_0 の距離に存在するが，量子論では分布している．

子軌道を**オービタル**と呼ぶ．そのオービタルの大きさ，形，方向は量子数 n，l，m によって支配される．

電子が形成するオービタル（電子軌道）のエネルギー準位と，各オービタルの形の概念図を図1-6に示した．1つの主量子数にある軌道をまとめて**電子殻**と呼ぶが，1つの電子殻内の s，p，d などの軌道エネルギーは同じ準位にはなく，多少分裂している．しかしながら，水素の場合には 2s と 2p 軌道は同じ準位にある（図1-8参照）．このことは，水素の発光スペクトルがボーアのモデルで十分に説明できたこととよく対応している．

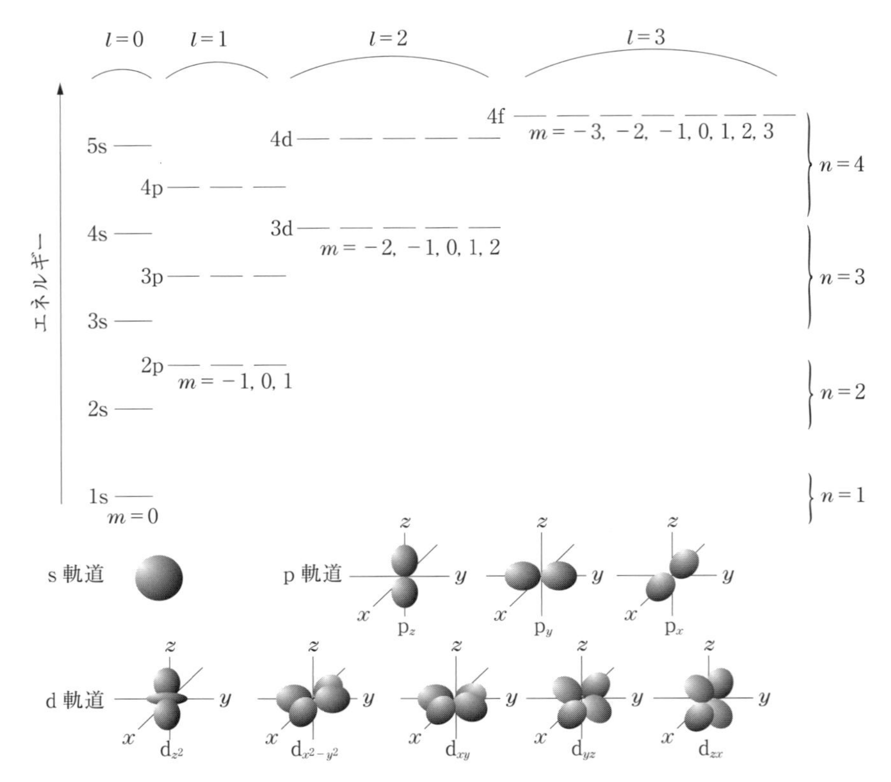

図 1-6　オービタルの形と軌道のエネルギー準位の概念図

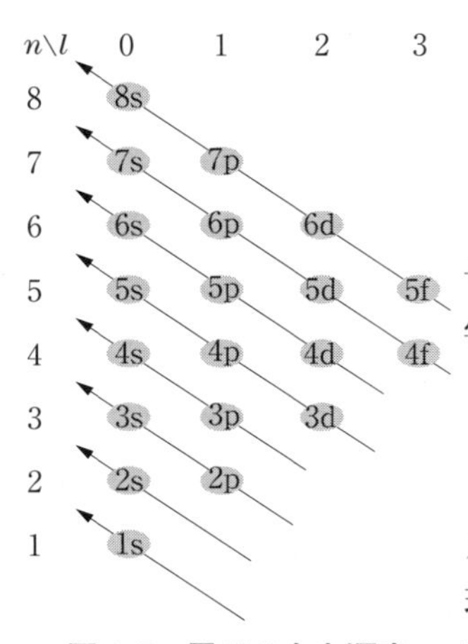

図 1-7　電子の占有順序

1-4　電子配置と周期律

周期表にあるさまざまな原子の電子配置を具体的に考えてみよう．原子番号と同じ数の電子を各軌道に配置してみると，いろいろな元素の物理的・化学的性質が見えてくる．

（1）　原子の電子配置

電子は4つの量子数で決まる定められた準位にエネルギーの低いオービタルから順次配置されていくが，このとき電子はパウリ（W. Pauli）の排他原理とフント（F. Fund）の規則に従って各電子軌道に配置される．電子が各軌道を占有する順序はつぎのようになる（図1-7参照）．

1s→2s→2p→3s→3p→(4s, 3d)→4p→(5s, 4d)→5p→
(6s, 4f, 5d)→6p→…

ただし，かっこ内の軌道には元素の種類によって順序よく占有されない場合がある．

パウリの排他原理によれば，***n*，*l*，*m*，m_s の４つの量子数によって規定される電子はただ一つである．**いいかえれば全ての電子は４つの量子数で必ず区別される．

フントの規則は，「**同じエネルギー準位を占める電子は，可能な限りスピンを平行にして異なる軌道に入る**」という規則である．原子が他の原子と結合を形成するときの価数や金属の磁性などさまざまな元素の性質に関わる重要な規則である．

（２）　電子配置の表示法

ボーアの水素原子モデルで $n=1$ の状態に電子が存在する状態が最もエネルギーが低く，この状態を**基底状態**という．$n=2$ 以上の状態は**励起状態**と呼ばれる．

パウリの排他原理に合うように低いエネルギー準位から順次電子を配置することにより基底状態の原子の電子配置が得られる．図1-8に基底状態の電子配置の表示法の例を，原子番号１から20までの原子について示した．H原子の2sと2p軌道は同じエネルギー準位で，１個の電子は1s軌道に配置される．安定な元素であるHeの２個の電子は，1s軌道にスピンの向きを逆平行にして配置され，これで主量子数 $n=1$ の電子殻（1s）が満たされた電子配置になる．さらに原子番号が増加すると，順次エネルギーの低い方から電子が埋められていく．窒素原子になると，前節で述べたフントの規則に基づき等価な３つのp軌道に１つずつスピンの向きをそろえて入っていく．酸素になると８番目の電子はスピンの向きを逆にして**電子対**（electron pair）を形成している．電子対を形成していない他の２つのp軌道の電子を**不対電子**（unpaired electron）と呼ぶ．さらに電子が2p軌道を占有して，主量子数 $n=2$ の電子殻（2sと2p）に合計８個の電子が入ったところで，安定な元素であるNeの電子配置になる．電子配置の表示法には図1-8の各元素の下に示したような表示法もあるので参考にしてほしい．なお，原子番号１から103までの原子について巻末の電子配置表にまとめてある．

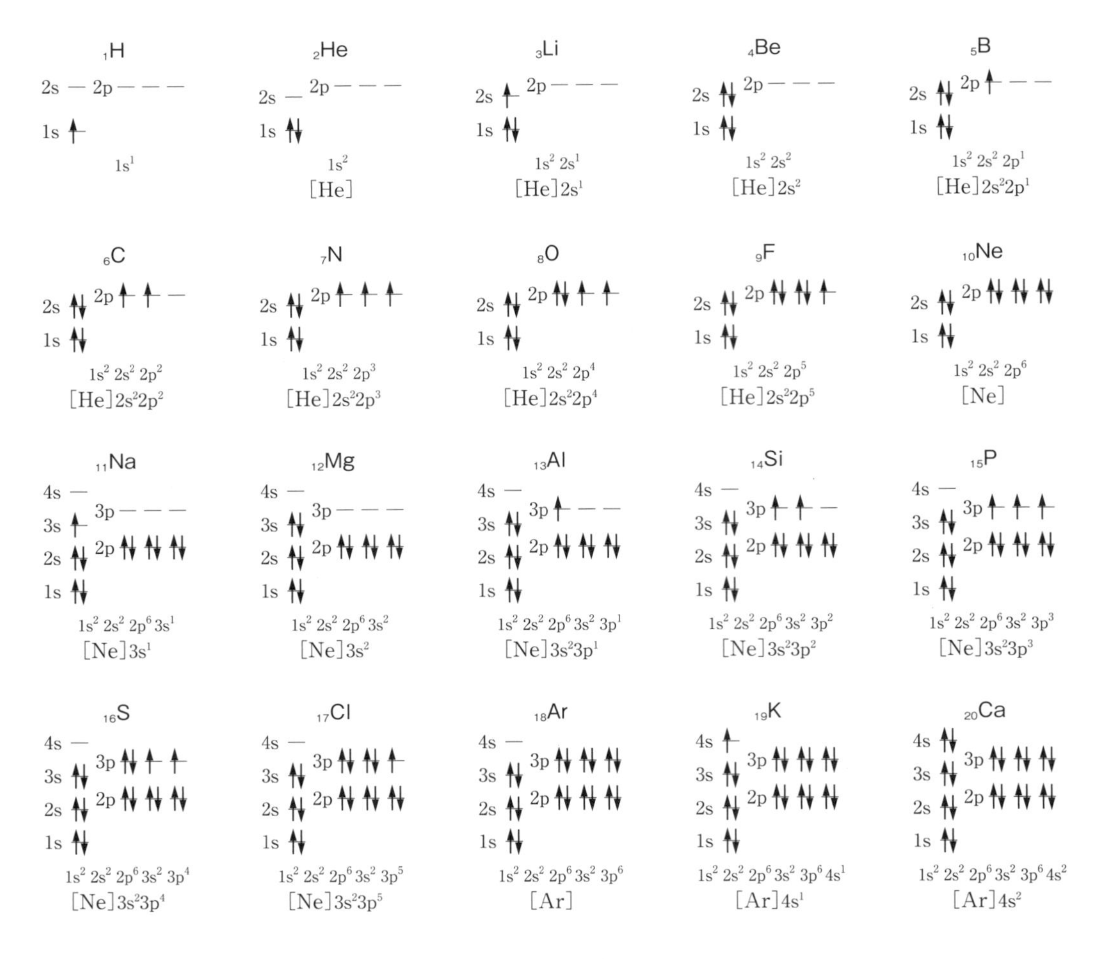

図 1-8　基底状態の電子配置の表示法
（ここで，↑↓　はスピンの向きを示している.）

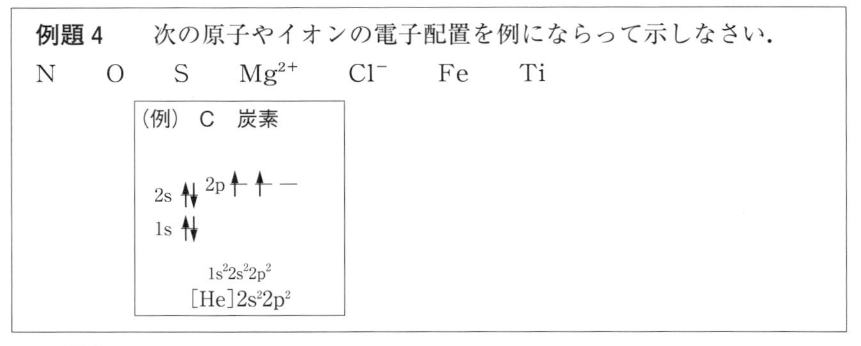

例題 4　次の原子やイオンの電子配置を例にならって示しなさい.

N　　O　　S　　Mg^{2+}　　Cl^-　　Fe　　Ti

解答

原子から 2 個の電子が奪われると，二価の陽イオンになり，1 個の電子が原子に加われば一価の陰イオンになる．したがって，イオンの電子配置はもとの原子の電子配置から電子を増減させて表現する．一般に安定なイオンの最外殻の電子配置は ns^2np^6 になる．

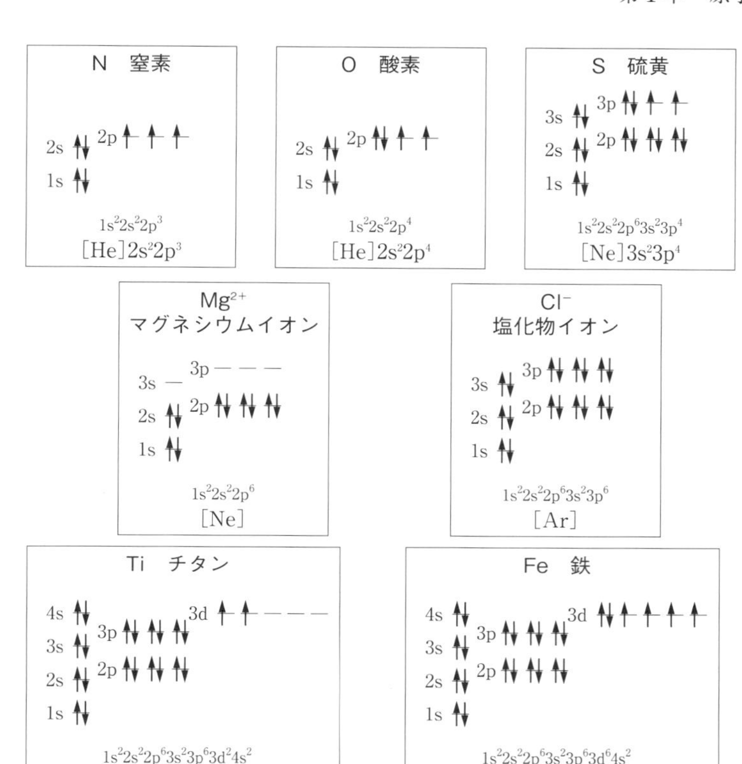

（3）　周期表の族の分類と電子配置

元素を原子量の順に並べると，そのいろいろな性質が周期性を示す．**メンデレーエフ**[*1]（D. I. Mendeléev）は63種の元素を分類し，1869年に周期表を発表した．なお，1989年に国際的な機関により，周期表の**族**には1から18までの番号が付けられている（巻末の付録に長周期型の周期表がある）．

元素の性質に周期性があることは，**電子配置に周期性**があるからである．原子の物理的・化学的性質の多くは，電子の中でも特に一番外側の電子殻の電子，すなわち**価電子**（valence electron）に大きく依存している．たとえば，価電子の数は他の原子と結合するときの“腕”の数と関係する傾向がある．最外殻の電子のみを配置した電子式による電子配置の例を下に示した．この電子式を眺めると各原子の価数が見えてくる．

[*1]　メンデレーエフ　D. I. Mendeléev（1834～1907）ロシアの化学者．フランス留学の後，ペテルブルグ大学教授．「化学原論」を著し，元素の周期律を発見する．その折りに作成した元素の周期表は今日もなお利用されている．

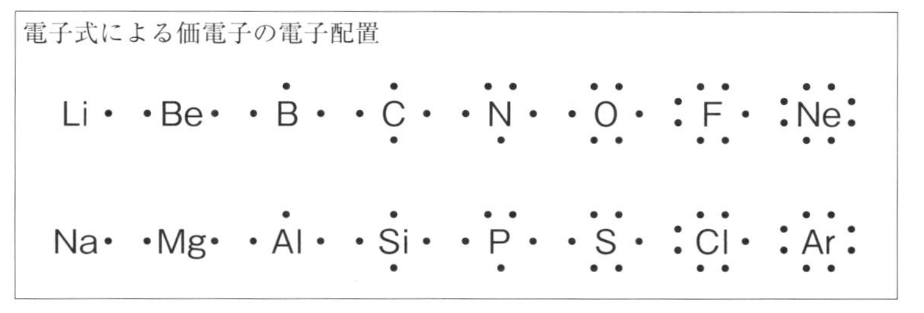

周期表の18族の元素は**希ガス**（noble gas）[*2]と呼ばれている．最外殻の電子配置はヘリウムを除いてns^2np^6で共通している．安定な元素で他の元素との化合物を形成しにくく，不活性ガスとも呼ばれている（nは量子数2,

[*2]　欧米では18族の化学的性質を明確に表すnoble gasが使用されている．適切な訳語として日本化学会化学用語検討小委員会は**貴ガス**を提案している．

3，4…を示す）．

$_{2}$He　ヘリウム　$[He]=1s^2$

$_{10}$Ne　ネオン　$[Ne]=1s^2 2s^2 2p^6$

$_{18}$Ar　アルゴン　$[Ar]=1s^2 2s^2 2p^6 3s^2 3p^6$

$_{36}$Kr　クリプトン　$[Kr]=1s^2 2s^2 2p^6 3s^2 3p^6 3d^{10} 4s^2 4p^6$

$_{54}$Xe　キセノン　$[Xe]=1s^2 2s^2 2p^6 3s^2 3p^6 3d^{10} 4s^2 4p^6 4d^{10} 5s^2 5p^6$

$_{86}$Rn　ラドン　$[Rn]=1s^2 2s^2 2p^6 3s^2 3p^6 3d^{10} 4s^2 4p^6 4d^{10} 4f^{14} 5s^2 5p^6 5d^{10} 6s^2 6p^6$

周期表の 1 族の元素は**アルカリ金属**と呼ばれている．最外殻の電子配置は ns^1 で共通しており，**一価の陽イオン**になりやすい．

$_{3}$Li　リチウム　$[He]2s^1$

$_{11}$Na　ナトリウム　$[Ne]3s^1$

$_{19}$K　カリウム　$[Ar]4s^1$

$_{37}$Rb　ルビジウム　$[Kr]5s^1$

$_{55}$Cs　セシウム　$[Xe]6s^1$

$_{87}$Fr　フランシウム　$[Rn]7s^1$

周期表の 2 族の元素は Be と Mg を除いて**アルカリ土類金属**と呼ばれている．最外殻の電子配置は ns^2 で共通しており，この族の元素は**二価の陽イオン**になりやすい．

$_{4}$Be　ベリリウム　$[He]2s^2$

$_{12}$Mg　マグネシウム　$[Ne]3s^2$

$_{20}$Ca　カルシウム　$[Ar]4s^2$

$_{38}$Sr　ストロンチウム　$[Kr]5s^2$

$_{56}$Ba　バリウム　$[Xe]6s^2$

$_{88}$Ra　ラジウム　$[Rn]7s^2$

周期表の 17 族の元素は**ハロゲン**と呼ばれている．最外殻の電子配置は ns^2np^5 で共通しており，**一価の陰イオン**になりやすい．

$_{9}$F　フッ素　$[He]2s^2 2p^5$

$_{17}$Cl　塩素　$[Ne]3s^2 3p^5$

$_{35}$Br　臭素　$[Ar]4s^2 4p^5$

$_{53}$I　ヨウ素　$[Kr]5s^2 5p^5$

$_{85}$At　アスタチン　$[Xe]6s^2 6p^5$

（4）　元素のその他の分類

周期表の 1 族，2 族，および 12 から 18 族の元素を**典型元素**（typical elements），それ以外の元素，すなわち 3 から 11 族の元素を**遷移元素**（transition elements）と呼ぶ分類がある．典型元素は同じ族の元素の化学的性質が非常によく似ており，周期律の規則性をよく表している元素群である．遷移元素はすべて金属である．その特徴的な電子配置はイオンや原子の状態で d 軌道や f 軌道が電子で完全には満たされていないことにある．いずれも族に関わらず最外殻の電子配置はよく似ており，化学的性質もよく似ている．

周期表の第 6 周期および第 7 周期の 3 族にはそれぞれ，ランタノイド元素

(15元素）とアクチノイド（15元素）が含まれているが，これらの元素群は原子番号の増大とともにf軌道に順次電子が配置されていき，外殻の電子配置は変化しないことから，化学的性質はきわめてよく似ている．

周期表の中の元素の分類には，他にも金属性の大小で区分する場合がある（図1-9）．大まかに分けると，**非金属元素**，**金属元素**，**両性元素**であるが，両性元素の区分は曖昧である．強いていえば，非金属元素と金属元素との中間の性質を持ち，その酸化物が塩基に対しては酸として，酸に対しては塩基として振る舞うような元素群（Al，Zn，Sn，Pb，Sbなど）が両性元素に分類される．なお，ここで金属性とは，電気伝導性，熱伝導性，延展性などの性質を指すことにする．

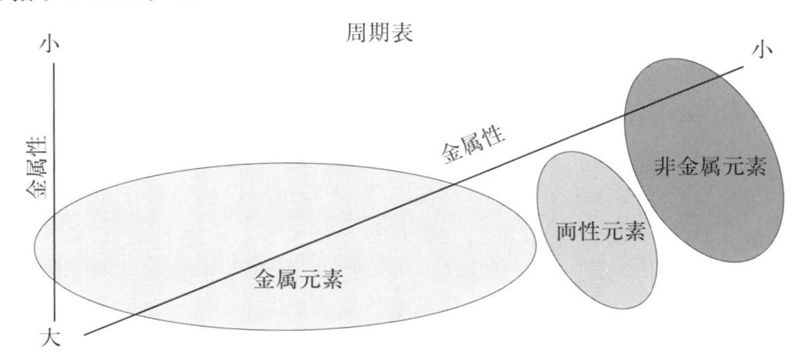

図1-9　元素の金属性の傾向

(5)　イオン化エネルギーと電子親和力の周期性

イオン化エネルギーとは「**気体の状態にある原子から電子を無限に遠ざけるために必要な最小のエネルギー**」をいう．最小のエネルギーで飛び出す電子は最も外側の軌道にある電子である．Aをある原子とするとつぎのよう

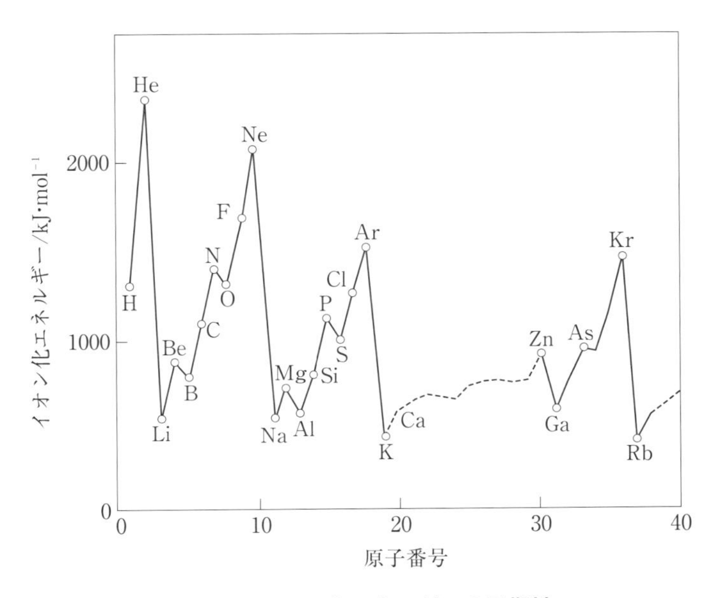

図1-10　イオン化エネルギーの周期性

に表される．

$$A \longrightarrow A^+ + e^-$$

イオン化エネルギーの小さい原子ほど，イオン化して陽イオンになりやすい．元素の原子番号を横軸に，イオン化エネルギーを縦軸にとったグラフを図 1-10 に示す．この図から，アルカリ金属元素のイオン化エネルギーは他の元素に比べて著しく小さい値であることがわかる．

希ガスのイオン化エネルギーは高いが，原子番号が大きくなるに従って，ややその値が小さくなる傾向にある．第 2 周期と第 3 周期の原子のイオン化エネルギーの変化には明らかに**周期性**が現れており，これは外殻の電子配置が同じであることによる．同じ族に属する元素のイオン化エネルギーはその原子番号が大きくなるほど低下する傾向にあるが，これは内側の電子による核電荷の**遮蔽**[*1] と**原子半径**の増大に起因している．このことは，アルカリ金属と水との反応性を考えるとき，原子番号が大きい原子のほうが，より反応性が増加するであろうことを予想させる．

[*1] 外殻にある電子から，中心の核を眺めたとき，核電荷は内殻にある電子に遮蔽されて，実際の核電荷よりも少し小さく見える．これを遮蔽効果という．

この程度を見積もる規則にスレーターの規則がある．

電子親和力（electron affinity）とは「**気体の状態にある原子に無限に離れているところから電子が近づき，陰イオンが生じたときに放出するエネルギー**」をいう．いいかえれば電子を 1 つ受け入れたときの原子の安定化エネルギーのことである．

$$A + e^- \longrightarrow A^-$$

図 1-11 に電子親和力を原子番号に対してプロットした．

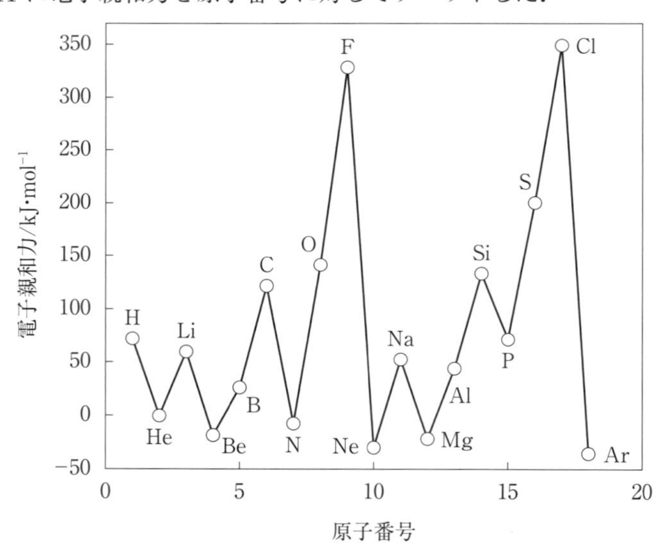

図 1-11　電子親和力の周期性

電子親和力の大きい原子ほど，電子を取り込んで陰イオンになりやすく，特にハロゲンは陰イオンになりやすいことがわかる．

（6）　原子の大きさとイオンの大きさの周期性

原子やそのイオンの大きさにも周期性がある．図 1-12 に各原子の原子半径[*2] を模式的に示した．一つの周期の中では原子番号が大きくなると原子半

[*2] 非金属原子については，単結合の共有結合半径を，1 対の電子で結合している 2 つの原子半径の和が，その核間距離に等しくなるものとして定義する．

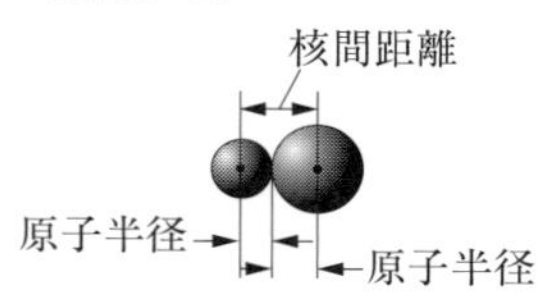

金属原子については，金属結晶中の隣接原子間距離の半分の値である．

径が小さくなっている．これは原子核の核電荷が次第に大きくなっているからである．１つの族の中では主量子数の増大とともに大きくなる．

図1-13に各原子のイオンを球と仮定したときのイオン半径[*1]を模式的に示した．イオン半径の模式図をみると，同一周期内では陰イオンの半径は陽イオンの半径よりも大きい．１つの周期内の陽イオンの電子配置は同じで，核電荷のみが右へ行くほど大きくなることから，核に引きつけられる度合いが原子番号が大きいほど強くなることがわかる．陰イオンの場合にも同じ周期内では同様である．

[*1] ２つのイオンからできている結晶での核間距離に等しくなるものとして定義されている．

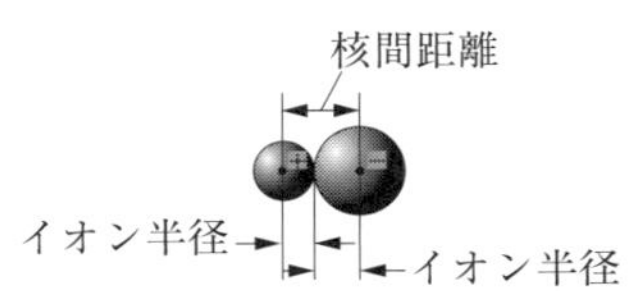

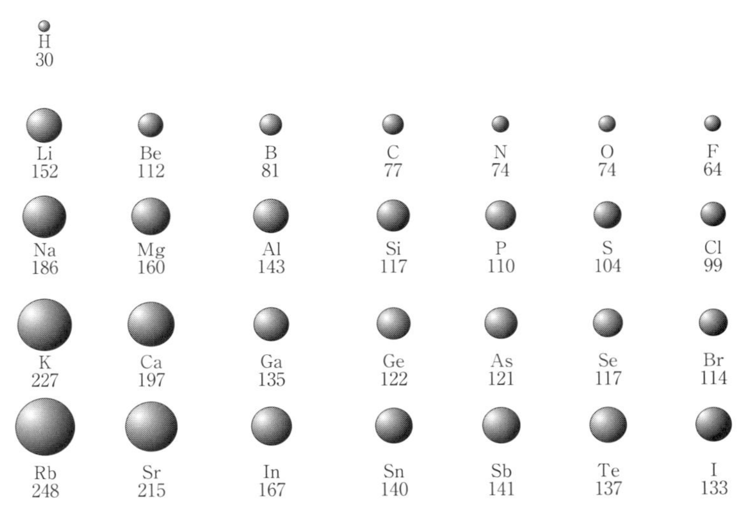

図1-12　原子半径の模式図
（数値の単位は pm）

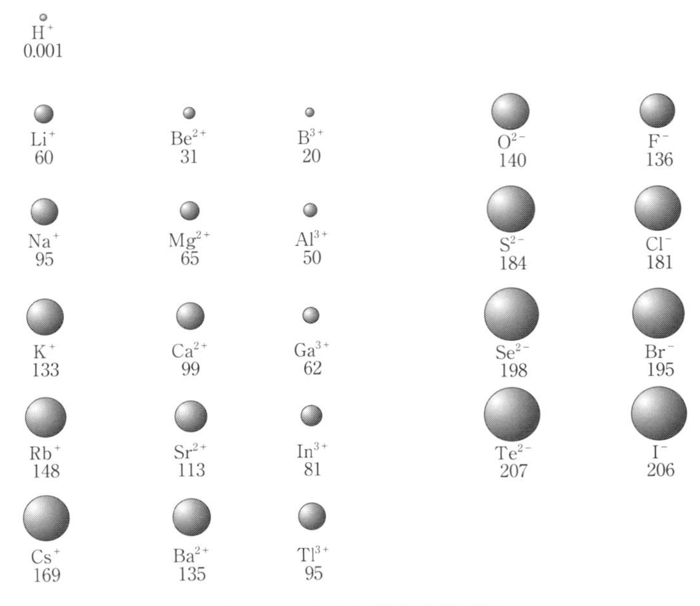

図1-13　イオン半径の模式図
（数値の単位は pm）

≪第１章のまとめ≫

1．原子の構造と原子量について

・原子は原子核（陽子と中性子）とそれをとりまく電子からなっている．

・原子番号は陽子の数と一致し，陽子と中性子の数の和を質量数という．

・陽子の数が同じで中性子の数が異なる原子を同位体という．

・1 mol の物質の集団に含まれる粒子の数 N_A をアボガドロ定数といい，$N_A=6.02\times10^{23}\ \mathrm{mol^{-1}}$ である．

2．電磁波とエネルギー

・電磁波の波長 λ，振動数 ν，光速 c とエネルギー ε の関係は，

$$\lambda\nu=c,\ \varepsilon=nh\nu,\ \varepsilon=nhc/\lambda$$

ここで，h はプランクの定数（6.626×10^{-34} J･s），n は自然数である．$n=1$ のときの $\varepsilon(=h\nu)$ をエネルギー量子という．

3．水素原子の発光スペクトル

・発光は輝線として現れ，不連続な電子状態の間で起こる遷移に起因する．バルマー系列，ライマン系列，パッシェン系列などの発光系列がある．発光輝線の波数 $\tilde{\nu}$ はリュードベリーによりつぎの式で示された．

$$\tilde{\nu}=\frac{1}{\lambda}=R\left(\frac{1}{n_1{}^2}-\frac{1}{n_2{}^2}\right)$$

この式で R はリュードベリー定数（$1.09737\times10^7\ \mathrm{m^{-1}}$），$n_1$，$n_2$ は自然数である．

・電子は原子核の周りで不連続なエネルギー状態にある．

4．ボーアの水素原子モデル

・ボーアの量子化条件の式は，$mvr=n\dfrac{h}{2\pi}$

・n 番目の軌道にある電子のエネルギーは，$E_n=-\dfrac{me^4}{8\varepsilon_0{}^2h^2}\dfrac{1}{n^2}$

・n 番目の軌道の半径は，$r_n=\dfrac{\varepsilon_0h^2}{\pi me^2}n^2$，$n=1$ のときをボーア半径といい，5.29177×10^{-11} m である．

5．電子の波動性と粒子性

・ドブロイは電子の波動性と粒子性をつぎの式で表した．

$$\lambda=h/mv=h/p$$

p は質量 m の電子が速度 v で運動するときの運動量である．

・波動性と粒子性を同時に示す電子のような微粒子の様子を表現するには，量子力学的原理に基づいたシュレーディンガーの波動方程式（$H\psi=E\psi$）がある．

6．4 つの量子数

・**主量子数 n** は軌道の大きさと広がり，エネルギー状態，**方位量子数 l** は軌道の形，**磁気量子数 m** は軌道の方向，**スピン量子数 m_s** は電子のスピンの向きを決める．

7．オービタル（s 軌道，p 軌道，d 軌道）の形

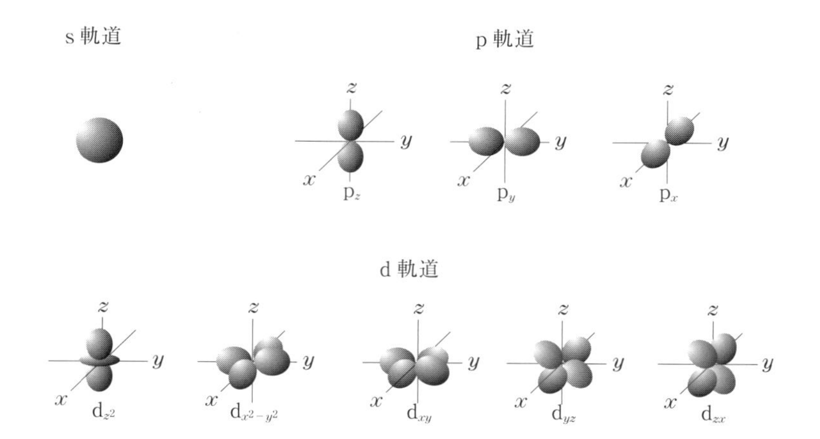

8．電子配置の書き方と法則

・パウリの排他原理「**n, l, m, m_s の４つの量子数によって規定される電子はただ１つである．**」

・フントの規則「**同じエネルギー準位を占める電子は，可能な限りスピンを平行にして異なる軌道に入る**」

・電子配置の表示例（酸素と鉄）

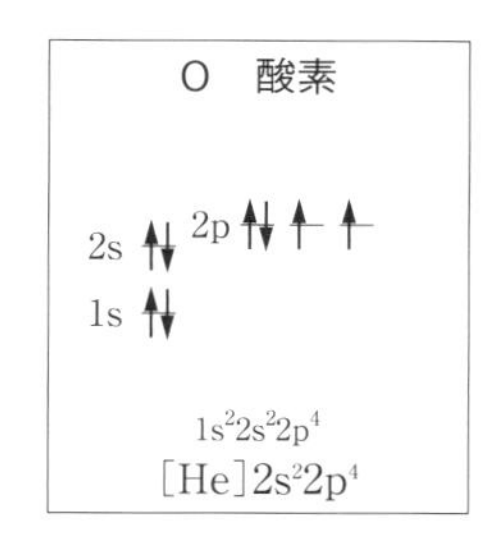

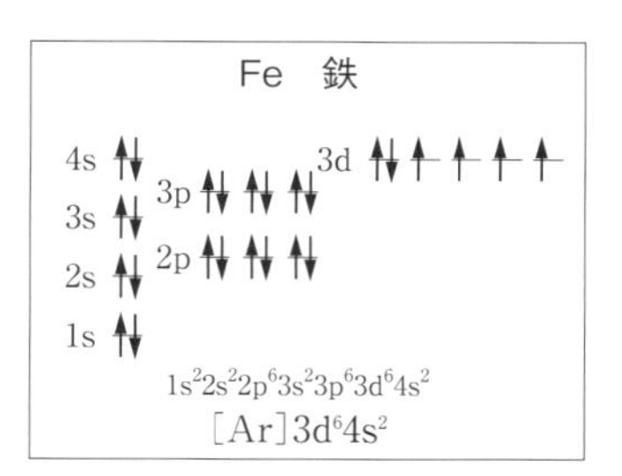

9．元素の性質の周期性と分類

・イオン化エネルギーとは「**気体の状態にある原子から電子を無限に遠ざけるために必要な最小のエネルギー**」で，周期性を示す．

・電子親和力とは「**気体の状態にある原子に無限に離れているところから電子が近づき，陰イオンが生じたときに放出するエネルギー**」で，周期性を示す．

・原子の化学的性質の多くは，いちばん外側の電子殻の電子，すなわち**価電子**（valence electron）に大きく依存する．

・**アルカリ金属**（Li，Na，K，Rb，Cs，Fr）は，一価の陽イオンになりやすい．

・**アルカリ土類金属**（Ca，Sr，Ba，Ra）は，二価の陽イオンになりやすい．

・**ハロゲン**（F，Cl，Br，I，At）は，一価の陰イオンになりやすい．

・**希ガス**（He，Ne，Ar，Kr，Xe，Rn）は安定な元素で，他の元素と反応しにくい．

第1章　練習問題

1．つぎの事項について説明しなさい．

同位体，原子の構造，ボーアの水素原子モデル，電子の波動性，量子数，フントの規則，パウリの排他原理，電子配置，価電子，電子対，不対電子，ハロゲン，希ガス，アルカリ金属，イオン化エネルギー，電子親和力

2．マグネシウムの原子量を化学的に求める実験を行った．0.9521 g の純粋な $MgCl_2$ 中に含まれる全ての塩素を AgCl にしたところ，得られた AgCl は 2.8664 g であった．Ag および Cl の原子量が 107.87 および 35.45 とすると，Mg の原子量はいくらになるか．

3．天然に存在する銅の同位体は ^{63}Cu と ^{65}Cu だけである．銅の原子量が 63.546 で，^{63}Cu および ^{65}Cu の原子質量が 62.930 u および 64.928 u であるとき，それぞれの天然存在比（%）はいくらか，小数点以下 2 桁まで求めなさい．

4．1 V の電位差で加速された電子のエネルギーは 1 eV である．10 V の電位差で加速された電子のドブロイ波長 λ（pm）はいくらか．

5．主量子数 n の軌道に入りうる電子の数を n で表しなさい．

6．水素のイオン化エネルギーを J および eV 単位で計算しなさい．

7．電子が軌道を占有する順序が，1 s → 2 s → 2 p → 3 s → 3 p → 4 s → 3 d → 4 p のとき，$_{23}V$ と $_{28}Ni$ の電子配置を矢印を使って示しなさい．また不対電子の数はいくつか．

8．かっこ内の正しい語句はどれか．

原子半径は 1 つの周期の中では原子番号が大きくなるほど（1．大きく，小さく）なる．1 つの族の中では下に行くほど（2．大きく，小さく）なる．イオン半径の場合，陽イオンについてはその原子半径よりも（3．大きく，小さく）なり，陰イオンについてはその原子半径よりも（4．大きく，小さく）なる．

ナトリウムイオンの半径はマグネシウムイオンの半径よりも（5．大きい，小さい）．フッ化物イオン（F^-）の半径は酸化物イオン（O^{2-}）の半径よりも（6．大きい，小さい）．ナトリウムイオンの半径はフッ化物イオン（F^-）の半径よりも（7．大きい，小さい）．

第2章　化学結合

≪この章で学ぶこと≫

1.　イオン結合・共有結合
2.　混成軌道の考え方と炭素—炭素結合
3.　配位結合と配位化合物
4.　水素結合と水の特性
5.　分子の極性とファンデルワールス力

第1章で述べてきた原子は，相互に何の影響も及ぼさない状態を想定した，いわば自由な原子である．ところが，実際には原子がこのような状態で存在することはほとんどなく，大部分の原子は数個から多数個が結合して1つの集合体，すなわち物質を形成している．

原子が集合体をつくる際の原子間の結びつきを化学結合といい，これは1章で学んだ原子の電子配置と密接に関係している．この章では原子がどのように結びついて物質を形づくるかを見ることにしよう．

2-1　化学結合

原子の集合体である物質を構成単位で分類すると
i）原子からイオンになり物質を形成するもの
ii）原子が共有結合して分子を形成するもの
iii）原子のままで物質を形成するもの
に大別でき，その各々の結合形態に対しイオン結合，共有結合，金属結合がある．これらの結合に関与する結合エネルギーは数百 $kJ \cdot mol^{-1}$ と大きく，これらの結合のみで巨視的意味での物質がつくられる例として無機塩類等のイオン結晶，金属等があげられる．

一方イオン結合，共有結合等によって生成した分子が，さらに二次的結合力（水素結合，ファンデルワールス力）等によって物質をつくる例も数多くあり，有機物質等の分子結晶，高分子物質，生体物質，液体等がこれに該当する．これらの結合力は数〜数十 $kJ \cdot mol^{-1}$ と小さく，一つ一つの結合は弱いが，これらが多数集積することにより大きな力となって物質の形成に寄与している．

（1）　イオン結合

金属ナトリウムと塩素ガスを反応させると，激しく反応して塩化ナトリウムを生成する．この反応を原子の電子配置から考察すると，ナトリウム原子は最外殻の 3 s 軌道の電子を容易に放出して一価の陽イオンとなり，一方，塩素原子は最外殻の 3 p 軌道に電子を 1 個取り込んで一価の陰イオンとなり，それぞれ最外殻が s^2p^6 の希ガス型の電子配置となって安定化する．そして Na^+ イオンと Cl^- イオンはクーロン力で互いに引き合って結合をつくる．このように，反対符号のイオンがクーロン力で引き合ってつくる結合を**イオン結合**（ionic bond）という．

$$\underset{1s^2 2s^2 2p^6 3s}{Na} + \underset{1s^2 2s^2 2p^6 3s^2 3p^5}{Cl} \longrightarrow \underset{\substack{1s^2 2s^2 2p^6 \\ \text{Ne 型電子配置}}}{Na^+} + \underset{\substack{1s^2 2s^2 2p^6 3s^2 3p^6 \\ \text{Ar 型電子配置}}}{Cl^-}$$

一般に 1 族のアルカリ金属や 2 族のアルカリ土類金属のように，イオン化エネルギーが小さく陽イオンになりやすい元素と，17 族のハロゲンや 16 族の酸素族のように，外から電子を取り込んで陰イオンになりやすい元素，すなわち電子親和力の大きい元素とが化合物をつくる際の結合はイオン結合である．

（2）　共有結合

水素は原子の状態では不安定であり，通常 H_2 分子として存在している．水素原子 2 モルから水素分子 1 モルを生成するときには 436 kJ の熱を放出する．

$$H + H \rightarrow H_2 \quad \Delta H = -436\ kJ^{*1}$$

このことは，H_2 分子における H-H の結合エネルギーが 1 モルあたり 436 kJ

*1　圧力を p，対象とする系の内部エネルギーを U および体積を V とすると，エンタルピー H は $H = U + pV$ で定義される．証明は省略するが，一定圧力のもとで起こる化学反応や溶解等の変化に伴って発生（または吸収）する熱量はエンタルピー変化 ΔH に等しいことが示される．発熱は $\Delta H < 0$，吸熱は $\Delta H > 0$ である．
p.148 の注＊4 も参照のこと．

であることを示している．

それでは H-H の結合力は何から生ずるのであろうか．

いま，2 個の水素原子が無限遠の距離より次第に近づいたと考える．近づくにつれて電子と原子核のクーロン力により，原子核どうしは互いに結びつけられるようになりポテンシャルエネルギーが急激に減少する．このことは 2 個の独立した原子として存在しているよりも，対をつくった方が安定であること，すなわち分子が形成されることを意味する．しかし両者の距離がある値を越えてさらに小さくなると，原子核どうしの反発力が働いてポテンシャルエネルギーは急に増加するから，引力と反発力がつり合った状態で分子が形成されるのである．この関係を表したのが図 2-1 である．図 2-1 で D_0 は H_2 分子の解離エネルギー[*1] 436 kJ･mol^{-1} に相当し，また r_0 は H_2 分子の核間距離（結合距離），74.1 pm に相当する．

[*1] 分子がより小さな分子あるいは原子に解離するのに伴うエネルギー変化分を解離エネルギーという．これはもとの分子と解離によって生成する物質との熱量（エンタルピーという）差に相当する．

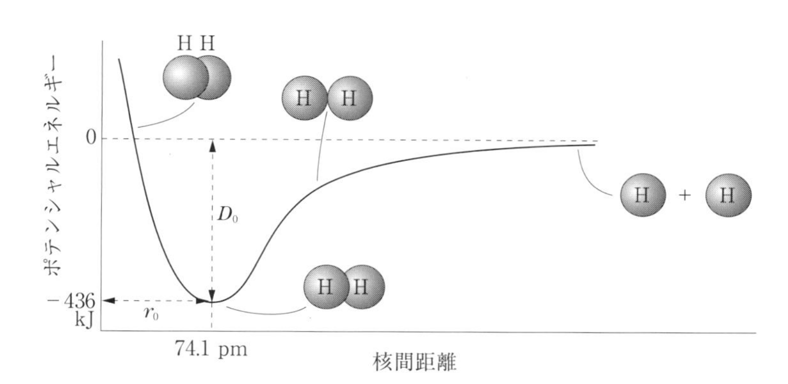

図 2-1　水素分子のポテンシャル曲線

つぎにこの様子を軌道の変化から見てみよう．

はじめに水素原子は互いに遠く離れて存在しているとする．このとき水素原子の電子は 1 s 軌道に存在し，原子核のまわりに球状をなして分布している．両原子が接近すると，それぞれの電子は相手の原子核にいくぶん引き寄せられる傾向を示す．さらに接近して 1 s 電子が分布している領域が重なったとする．このとき両原子の電子スピンがたがいに逆向きであると，反発することなく 2 個の電子の運動領域が重なり合うことができる．この状態では

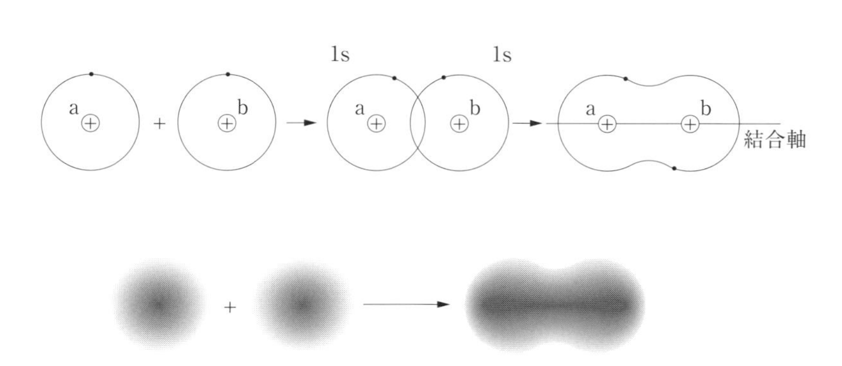

図 2-2　水素分子の生成

2つの原子核の中央付近で電子の存在確率がより高くなるので，正電荷の原子核を引き寄せる結果，2個の原子核は一定距離まで接近して分子を形成する．

このように，2つの電子が2つの原子核に共有されることによってできる結合を**共有結合**（covalent bond）という．

共有結合するためには，それぞれ対になっていない電子（不対電子）が存在しなければならない．またこれらの不対電子は，互いにスピンが逆平行になっている必要がある．

結合性軌道，反結合性軌道　共有結合を説明する考え方の一つに**分子軌道法**（molecular orbital method）がある．分子には分子全体に広がっている分子軌道があり，そこに電子を収容するという考え方である．図2-3に示す

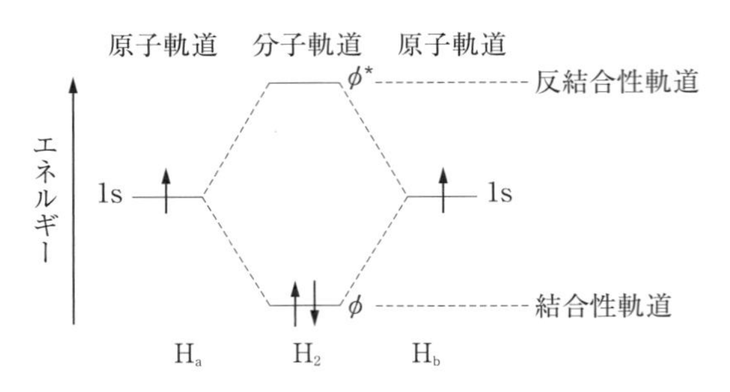

図 2-3　水素分子の分子軌道

ように水素分子には2つの分子軌道があり，1つは**結合性軌道**（bonding orbital）：ϕ，もう1つは**反結合性軌道**（anti-bonding orbital）：ϕ^* と呼ばれる．結合性軌道では2つの原子核間の領域の電子の存在確率が増大しており，エネルギー的に安定化している．一方，反結合性軌道では電子の存在確率が減少しエネルギー的に不安定化している．

2つの水素原子が近接すると，それぞれの電子はエネルギーの低い結合性軌道に入って安定化し，水素分子が形成される．もし電子が反結合性軌道に入ると，エネルギーは上がり2つの原子核は離れてしまう．

> **例題 1**　ヘリウムが He_2 としてではなく He として安定化する理由を分子軌道法により説明しなさい．

解答　He_2 では電子が4個あるので，それらは ϕ と ϕ^* に2個ずつ入る．したがって全体としてエネルギーは低下しない．そのような場合，He_2 分子となるより2個のHe原子でいる方がより自由に動き回ることができるので好ましい．

（3）　混成軌道

sp 混成軌道　「共有結合するためには，不対電子が存在しなければならない」この考えに基づいてベリリウム，ホウ素，炭素などの結合を論じようとすると問題が生じる．例えば，ベリリウム原子の基底状態での電子配置は $1s^2 2s^2$ であり，不対電子がないため結合をつくらないと予想される．しか

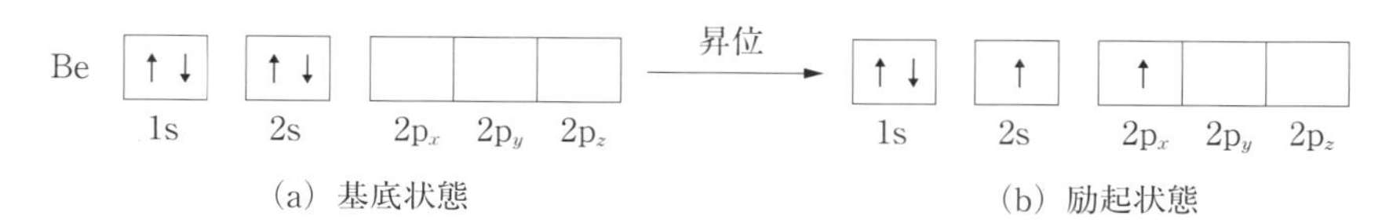

図 2-4　ベリリウム原子の昇位

し，ベリリウム原子は必要なエネルギーを受け取ると図 2-4 のように 2 s 電子の 1 個が 2 p 軌道に励起（このことを**昇位**（promotion）という）し，不対電子 2 個を持った励起状態の電子配置 $1s^2 2s^1 2p_x^1$ をとるため，2 つの共有結合をつくることが可能となる．この 2 つの不対電子の結合の様子を $BeCl_2$ を例にとり考えてみよう．

$BeCl_2$ の構造は 3 つの原子が同一線上にあり，また 2 つの Cl 原子は Be 原子をはさんで等価であることが X 線解析からわかっている（図 2-5）．

Cl —— Be —— Cl

図 2-5　$BeCl_2$ の構造

結合は軌道の重なりが最大となる方向で起こることから，Be 原子の不対電子を持つ 2 s，2 p_x の 2 つの軌道が Cl 原子の 3 p 軌道と別々に結合するとした場合，つぎの結合様式が考えられる．Be 原子の 2 p_x 軌道に対し Cl 原子の 3 p 軌道は x 軸方向から接近し一つの結合をつくるであろう．一方 Be 原子の 2 s 軌道に対しては，s 軌道が球形をとるため Cl 原子の 3 p 軌道はどの方向から接近しても重なりは等しくなり，結合に方向性はみられなくなるであろう．

この結果は X 線解析から求まる $BeCl_2$ の構造と矛盾するものであり，この矛盾を解決するための考え方として**混成軌道**（hybrid orbital）の概念が導入された．すなわち 2 s，2 p_x の各軌道は別々に結合にあずかるのではなく，図 2-6 のようにまず軌道の混成が行われ，2 つの等価な **sp 混成軌道**がつくられた後，図 2-7 のようにこの混成軌道を用い結合がつくられるという考え方である．

この混成軌道は，理論的にエネルギー状態を考慮した波動方程式を解くことによって得られる．sp 混成軌道は著しい方向性を持っており，その軸に沿ってのオービタルの広がりは混成に使った初めの p 軌道よりも大きい．すなわち，sp 混成軌道はより効果的なオービタルどうしの重なりをつくる

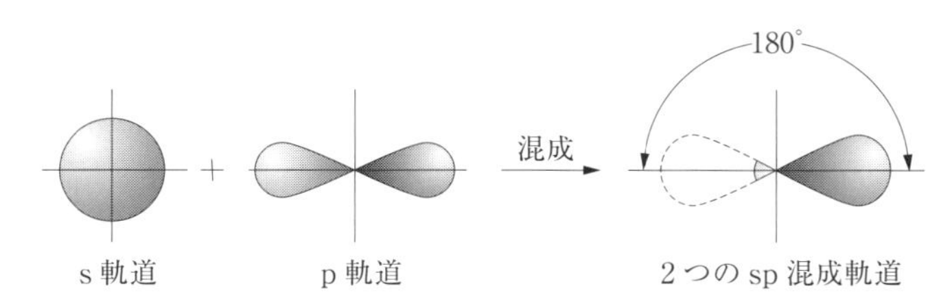

図 2-6　sp 混成軌道の成立

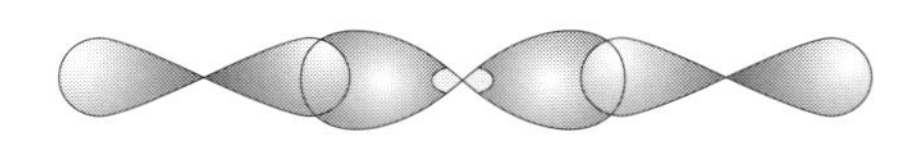

図 2-7　$BeCl_2$ の軌道

ことができるので，s 軌道や p 軌道の重なりでつくられる結合よりも強い結合になると考えられる．

ここでもう一度 $BeCl_2$ ができる過程を考えてみよう．

Be 原子の 2 つの不対電子から 2 つの等価な sp 混成軌道が形成される．これに対し 2 つの Cl 原子の 3 p 軌道は軸上を互いに反対側から接近し 3 つの原子が同一線上に並び，そして 2 つの Cl 原子は Be 原子を挟んで等価な結合をつくる．

sp^2 混成軌道　ホウ素原子の基底状態の電子配置は $1\,s^2 2\,s^2 2\,p_x^1$ である．励起状態では 2 s 電子の 1 個が 2 p 軌道に昇位し $1\,s^2 2\,s^1 2\,p_x^1 2\,p_y^1$ の電子配置をとる．この場合も不対電子を持つ 2 s，$2\,p_x$，$2\,p_y$ が別々に結合にあずかる

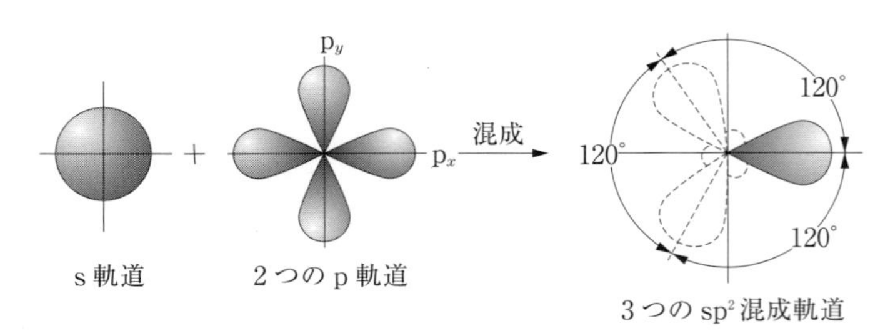

図 2-8　sp^2 混成軌道の成立

のではなく，まず混成軌道がつくられ（図 2-8）その混成軌道を使って結合がつくられると考えられている．1 個の s 軌道および 2 個の p 軌道からつくられる混成軌道を **sp^2 混成軌道**という．

ここでホウ素化合物である BCl_3 の結合を考えてみよう．B 原子の 3 つの不対電子から sp^2 混成軌道が形成される．3 つの等価な sp^2 混成軌道に対し，3 つの Cl 原子の 3 p 軌道は互いに 120° 離れた方向から接近し結合をつくる．すなわち B 原子および 3 個の Cl 原子は同一平面上に存在し，B 原子を中心に Cl 原子は 120° の角をなしている（図 2-9）．

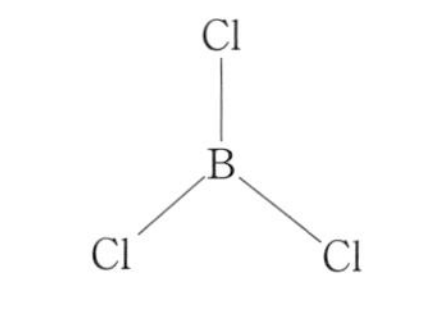

図 2-9　BCl_3 の構造

sp^3 混成軌道　炭素原子の基底状態の電子配置は $1\,s^2 2\,s^2 2\,p_x^1 2\,p_y^1$ であり，励起状態では 2 s 電子の 1 個が 2 p 軌道に昇位して不対電子を 4 個持つ電子配置 $1\,s^2 2\,s^1 2\,p_x^1 2\,p_y^1 2\,p_z^1$ をとる．これらを混成すると **sp^3 混成軌道**ができる（図 2-10）．

sp^3 混成軌道は sp，sp^2 混成軌道が一次元および二次元で表される平面軌道をとるのに対して，立体的な軌道をとり，4 つの混成軌道は各々正四面体の 4 つの頂点の方向を向いている．メタン（CH_4）は図 2-11 のように水素原子の 1s 軌道が炭素原子の sp^3 混成軌道と重なり合うことによってつくられ，結合角 H-C-H は 109.5° をとる．

窒素原子も sp^3 混成軌道をとると考えられる．基底状態の電子配置 $1\,s^2 2\,s^2 2\,p^3$ から 2 s 電子 1 個が 2 p 軌道に昇位すると，不対電子を 3 個持った励起状態の電子配置 $1\,s^2 2\,s^1 2\,p^4$ ができる．ここで sp^3 混成軌道がつくられるが，4 つの混成軌道中 3 つには不対電子が，残りの 1 つには対電子が入っている．

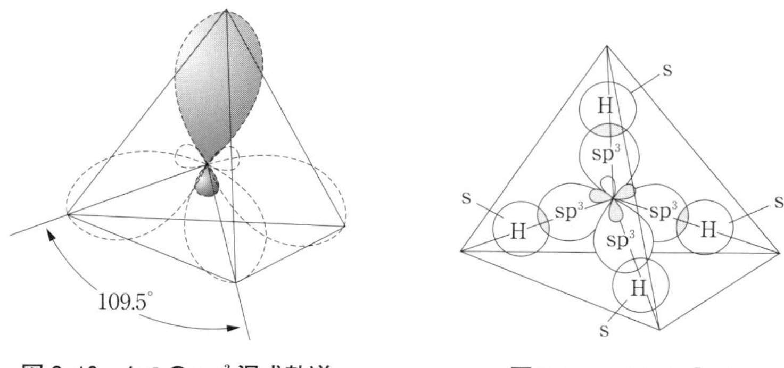

図 2-10　4 つの sp^3 混成軌道　　　　図 2-11　メタン分子

N 原子

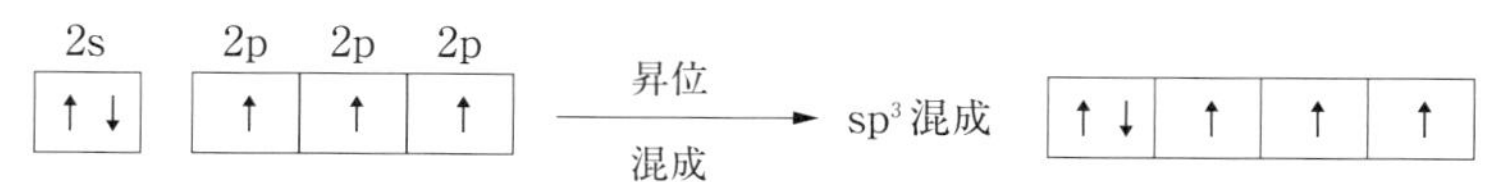

不対電子の入っている 3 つの混成軌道と 3 個の水素原子の 1 s 軌道が重なればアンモニア（NH_3）になる．この結合様式によれば，アンモニアの構造は図 2-12 のように正四面体の 3 つの頂点に水素原子が各々位置し，第 4 の

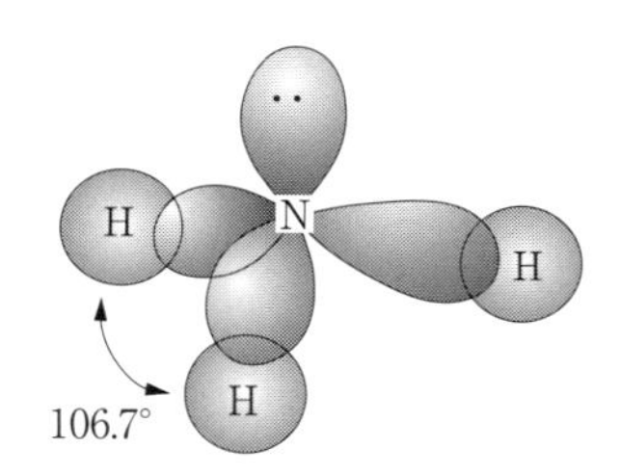

図 2-12　アンモニアの構造

頂点には**ローンペア**（lone pair）*1 がくる形となり，結合角 H-N-H は 109.5° となる．一方窒素原子が混成軌道をつくらず，基底状態の電子配置で水素原子の 1 s 軌道と結合をつくりアンモニアがつくられたとすると，その結合角 H-N-H は 90° となる．アンモニアの結合角の実測値は 106.7° であることから，窒素原子は sp^3 混成軌道をとり結合にあずかっていると考えることができる．

*1　非共有電子対あるいは孤立電子対ともいう．

O 原子

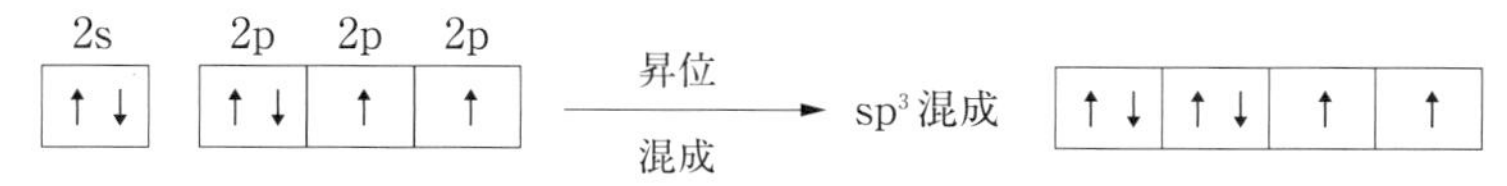

同様に酸素原子も sp^3 混成軌道をとると考えられる．酸素原子の sp^3 混成軌道には 2 個の不対電子があり，この混成軌道と 2 個の水素原子の 1 s 軌道が重なれば水になる．この結合様式によれば，水分子は水素原子が正四面体の 2 個の頂点を占め，他の 2 個の頂点はローンペアが占める形をとり，結合

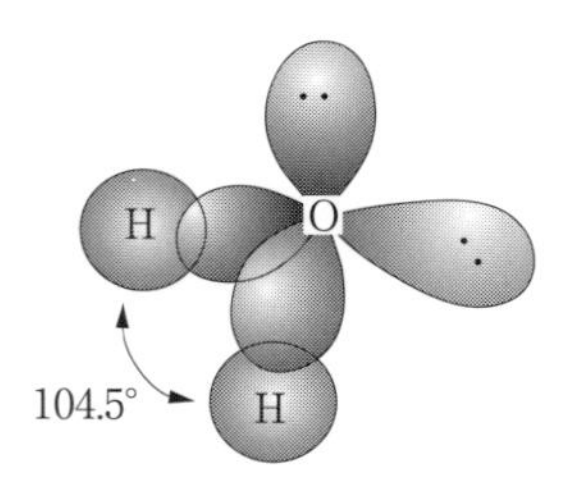

図 2-13　水の構造

ローンペアおよび結合電子対は，負電荷を有する電子の対である．したがって結合角はこれらの電子対の静電的反発によってきまる．すなわち，互いの電子対がもっとも離れた方向に向く．その結果 H-O-H の角度は 109.5° より狭くなる．

角 H-O-H は 109.5° となる．一方，酸素原子が混成軌道をつくらず，基底状態の電子配置で水素原子の 1 s 軌道と結合をつくり水がつくられたとすると，その結合角 H-O-H は 90° となる．しかし水は図 2-13 の構造をとり，結合角の実測値は 104.5° であることから，酸素原子も sp^3 混成軌道をとって結合にあずかるとの考え方が支持される．

（4）　炭素-炭素結合

炭素-炭素結合には単結合，二重結合，三重結合の 3 種類がある．ここではエタン（C_2H_6），エチレン（C_2H_4），アセチレン（C_2H_2）を各々単結合，二重結合，三重結合の例として用い，炭素-炭素結合について考えてみよう．

エタン　　エタンでは 2 個の炭素原子はいずれも sp^3 混成軌道をとっている．C-C 結合は両方の炭素原子の sp^3 混成軌道どうしの重なりによってつくられ，C-H 結合は炭素原子の sp^3 混成軌道と水素原子の 1 s 軌道との重なりによってつくられる．この C-C 結合あるいは C-H 結合のように，原子核どうしを結ぶ線上に軌道の重なりがある場合の結合を **σ（シグマ）結合**という．

H　H
H—C—C—H
H　H

エタン

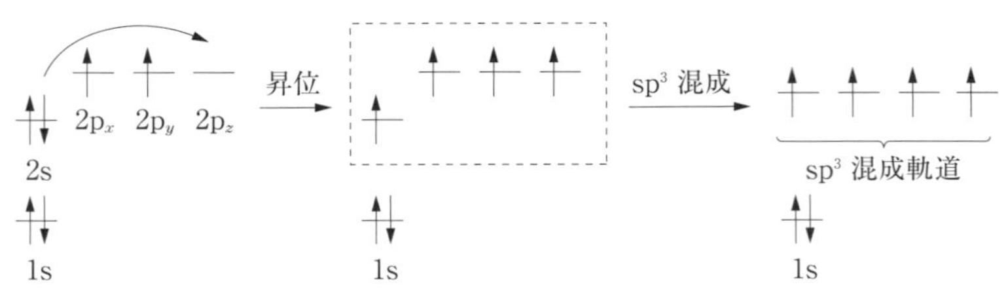

炭素の電子配置　　　炭素原子の sp^3 混成

H　　　H
　C=C
H　　　H

エチレン

エチレン　　エチレンでは炭素原子は sp^2 混成軌道をとっており，残った 1 個の p 軌道は混成にあずからないで sp^2 混成軌道の面に垂直に立っている．

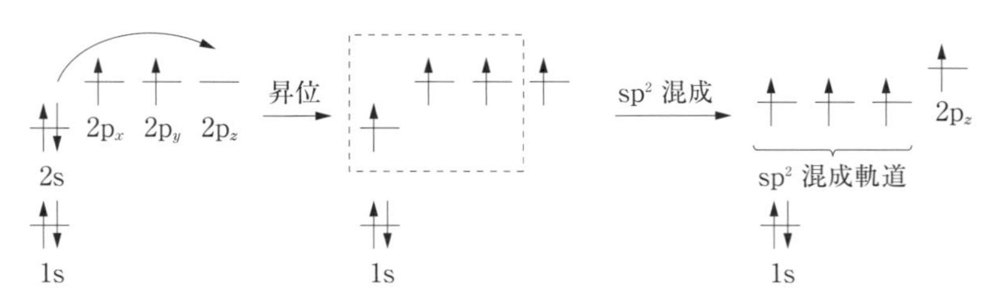

炭素の電子配置　　　炭素原子の sp^2 混成

C-C 結合の σ 結合は両方の炭素原子の sp^2 混成軌道どうしの重なりでつくられ，4 本の C-H 結合は残りの sp^2 混成軌道と水素原子の 1 s 軌道の重なりでつくられる（図 2-14(a)）．したがってすべての原子は同一平面上にあり，この平面に対し混成にあずからない 2 個の p 軌道が垂直に立っている（図 2-14(b)）．2 個の p 軌道は側面どうしで重なり合い，そこに結合が生じる．この重なりは σ 結合のように先端で重なるのとは違ってやや小さい．p 軌道の側面どうしの重なりによってつくられる結合のように，原子核どうし

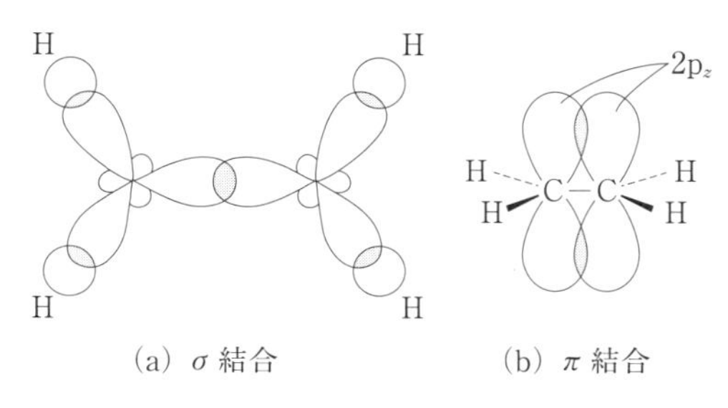

図 2-14　エチレンの σ 結合（a）
π 結合（b）

を結ぶ線から外れた位置に軌道の重なりがある場合の結合を **π（パイ）結合**といい，炭素-炭素二重結合は1つの σ 結合と1つの π 結合によってつくられている．

π 結合は重なりが小さい分だけ σ 結合に比べて弱い結合である．また重なり部分が分子面の上方および下方の2カ所にあるため，C=C 軸は自由回転ができない．

H—C≡C—H
アセチレン

アセチレン　アセチレンでは炭素原子は sp 混成軌道をとっており，残った2個の2p 軌道は混成にあずからないで sp 混成軌道に互いに垂直に立っている．

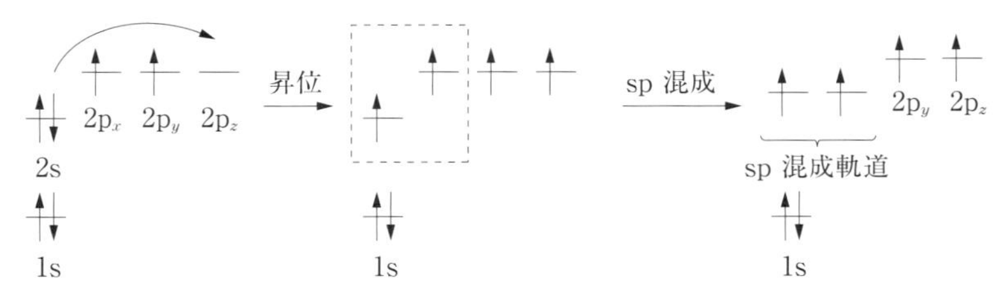

C-C 結合の σ 結合は両方の炭素原子の sp 混成軌道どうしの重なりによってつくられ，2つの C-H 結合は残りの sp 混成軌道と水素原子の1s 軌道の重なりでつくられる．したがって H-C-C-H は同一直線上に存在し，これに対して互いに垂直に立っている $2\,p_y$，$2\,p_z$ 軌道は側面どうしで重なり合い2つの π 結合をつくる（図 2-15）．すなわち炭素-炭素三重結合は1つの σ 結合と2つの π 結合によってつくられている．また実際には2つの π 結合は非局在化しており C-C 軸のまわりに電子密度の高い領域を形成している．

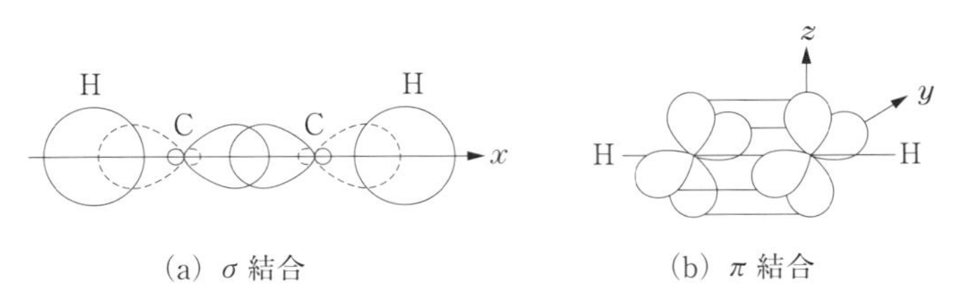

図 2-15　アセチレン分子の結合

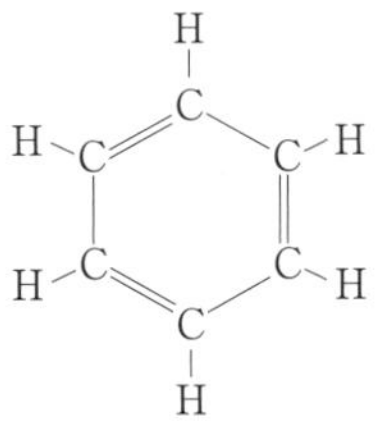

ベンゼン

ベンゼン　ベンゼンでは6個の炭素原子はいずれも sp^2 混成軌道をとっている．

C-C 結合の σ 結合および C-H 結合のいずれにも炭素の sp^2 混成軌道が関与しているため，すべての原子は同一平面上に存在し，結合角 C-C-C は 120°，すなわちベンゼン環は正六角形をとっている．この平面に対し混成にあずからない6個の p 軌道が垂直に立っており，環の上・下面で側面での重なりによる π 結合をつくるが，実際には π 電子は図 2-16 のように環全体に

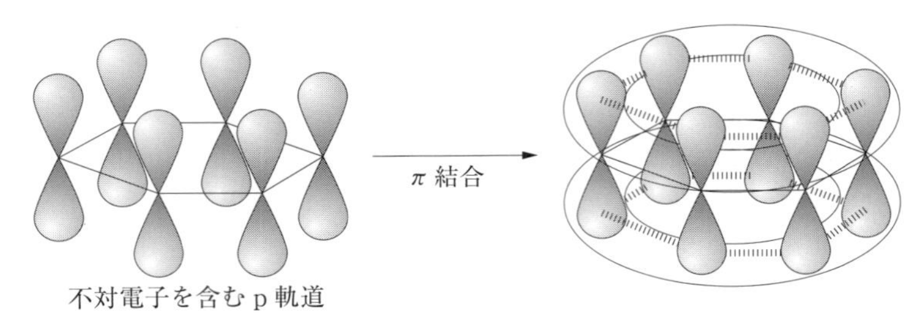

図 2-16　ベンゼンの分子軌道

非局在化されており，ベンゼン環の上・下面にドーナツ状の電子密度の高い領域を形成している．またベンゼン環の炭素-炭素結合の長さはいずれも一重結合と二重結合の中間の 140 pm であり[*1]，これらの結果ははじめに示したベンゼンの構造式とは矛盾している．

[*1] 炭素-炭素結合の結合距離
C−C　154 pm（エタン）
C=C　133 pm（エチレン）
C≡C　120 pm（アセチレン）

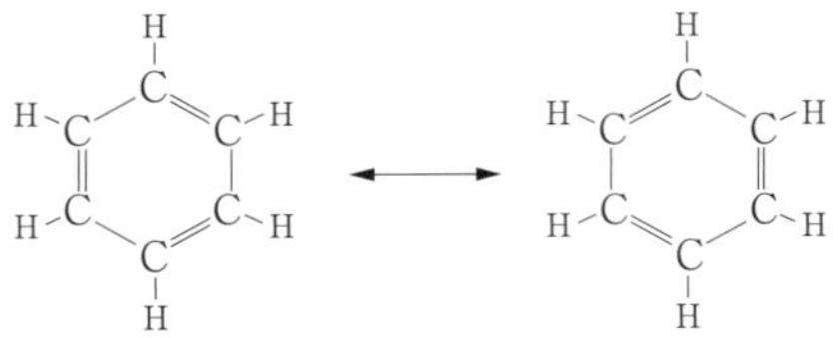

図 2-17　ベンゼンの共鳴構造

ベンゼンの構造は本来**共鳴混成体**（resonance hybrid）の形で表されるべきものであり，直接図示することはできないが図 2-17 の右と左の中間の構造をとっているとして理解するべきものである．ベンゼンは**共鳴構造**[*2]（resonance structure）をとっているため大きく安定化されており，そのエネルギー（共鳴エネルギーという）は 150 kJ·mol^{-1} と見積もられている．そのため π 電子系の化合物でありながら，π 電子系の特徴的反応である親電子付加反応（ベンゼン環が破壊される反応）を受けにくく，それにかわって親電子置換反応（ベンゼン環が保護される反応）を受ける[*3]．

[*2] 共鳴構造の関係は両矢印⟷を用いて表わす．

[*3] 第3章　3-3を参照．

（5）　配位結合

アンモニアは水素イオンと結合してアンモニウムイオンになる．この結合様式について考えてみよう．

$$NH_3 + H^+ \longrightarrow NH_4^+$$

アンモニアの3つの N-H 結合は窒素原子の sp^3 混成軌道と水素原子の 1s

軌道の重なりによってつくられ，残り1つの混成軌道はローンペアによって占められている．一方，水素イオンは1s軌道が空の状態になっている．両者が接近し結合がつくられるとき，結合に使われる電子は窒素原子のローンペアのみである．このように電子対結合に必要な電子が一方の原子だけから供出される結合方式を**配位結合**（coordinate bond）という．

配位結合の形成は一般式

$$\underset{\text{電子対供与体}}{\mathrm{X:}} \quad + \quad \underset{\text{電子対受容体}}{\mathrm{Y}} \longrightarrow \mathrm{X:Y}$$

で表され，これは3章で述べるルイスの定義による酸・塩基反応である．

図2-18に配位結合形成の例を示す．

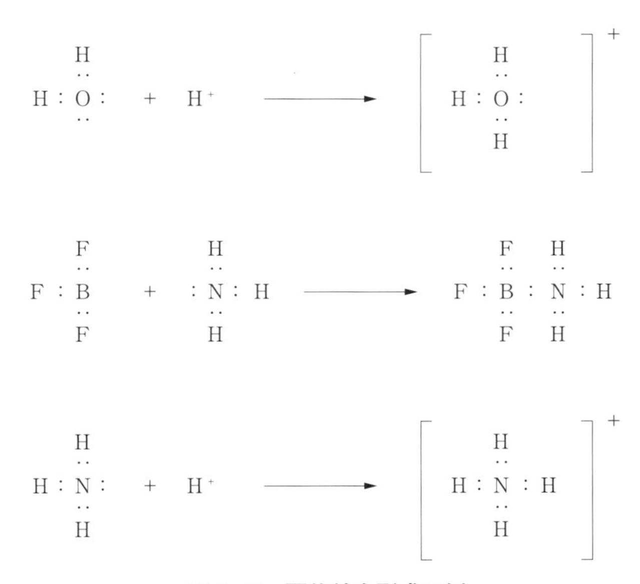

図2-18　配位結合形成の例

BF_3はローンペアを持つ化合物と配位結合によって付加物をつくることが知られている．これはホウ素原子が6個の電子でしか取り囲まれていないため，空軌道に外部から電子対をとり込んで**オクテット則**を満足させる安定な電子配置をとることに基づいている．

> **オクテット則（八偶子則）**
> **原子は最外殻を8個の電子でとり囲まれたときに，最も安定な構造となる．これはHe以外の希ガスの電子配置において，最外殻電子がs^2p^6という配置で8個存在していることからもうかがえる．**

配位結合は，金属イオンとローンペアを持った分子やイオンとの間にもよく見られる．ジアンミン銀(Ⅰ)イオン$[Ag(NH_3)_2]^+$，テトラアンミン銅(Ⅱ)イオン$[Cu(NH_3)_4]^{2+}$，ヘキサシアノ鉄(Ⅱ)酸イオン$[Fe(CN)_6]^{4-}$などがその代表的な例であり，金属イオンとローンペアを持った分子やイオンとの配位結合体を**金属錯体**，またそれが電荷を持つ場合には**錯イオン**(complex ion)

という．また $[Ag(NH_3)_2]^+$ における NH_3 のように，電子対を与えて配位結合をつくるものを**配位子** (ligand) といい，配位子の数をその金属イオンの**配位数** (coordination number) という．配位子として働くイオンあるいは分子には Cl^-，Br^-，OH^-，CN^-，SCN^-，NO_3^-，H_2O，NH_3 などがある．配位結合できるローンペアを2個以上持つ配位子（多座配位子）が，環を形成して中心金属に結合している錯体を**キレート錯体** (chelate complex)[*1] という．またこのような多座配位子を**キレート配位子**，キレート配位子を持つ化合物を**キレート化合物**という．キレート化合物は安定で，しかも特有の色を呈するものが多いため，金属イオンの検出や定量に用いられている．

[*1] キレート：ギリシャ語の "カニのはさみ" (chele) に由来する．キレート錯体の中心金属を配位子があたかもカニのはさみで挟み込んだような形をとることから名付けられた．

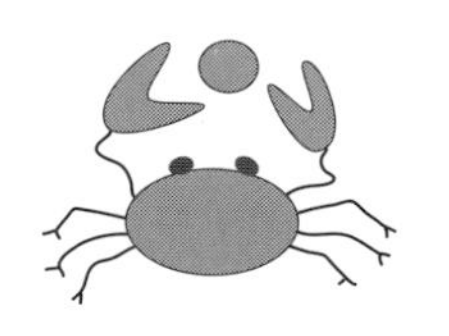

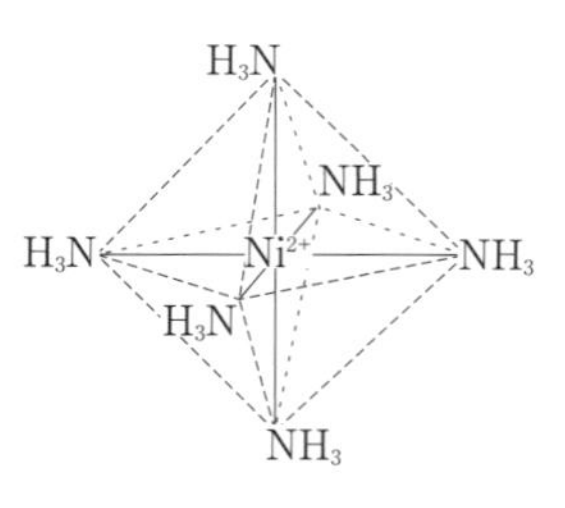

図 2-19 $[Ni(NH_3)_6]^{2+}$ の立体構造

金属錯体は立体構造をとる．図 2-19 に $[Ni(NH_3)_6]^{2+}$ の立体構造を示す．直線形，四面体形，三角両錘形，八面体形など錯体によっていろいろな立体構造が知られているが，錯体の立体構造を決定する要因はそれを構成している混成軌道である．

（6） 金属結合

金属原子は最外殻の軌道に数個の電子しか持っておらず，またこれらの電子のイオン化エネルギーは低い．金属はこのような原子が多数集まってできている．このような状況下では最外殻の軌道どうしは重なり合うため，電子は特定の原子核に固定されず，隣接する他の原子の最外殻軌道へも容易に移動することができる．金属の価電子はこのようにして金属全体に非局在化されており，これを**自由電子** (free electron) という．すなわち金属は金属イオンと自由電子とから成り立っており，自由電子による金属原子間の結合を**金属結合** (metallic bond) という．金属結晶は，自由電子の電子雲の中に金属イオンが存在する形になっている．この特異的な結合様式のため結合力に方向性がなく，展性や延性に富む．また自由電子が結晶内を自由に移動できることから，電気伝導性が高い．なお金属原子間の結合エネルギーは 200〜1000 $kJ \cdot mol^{-1}$ 程度である．

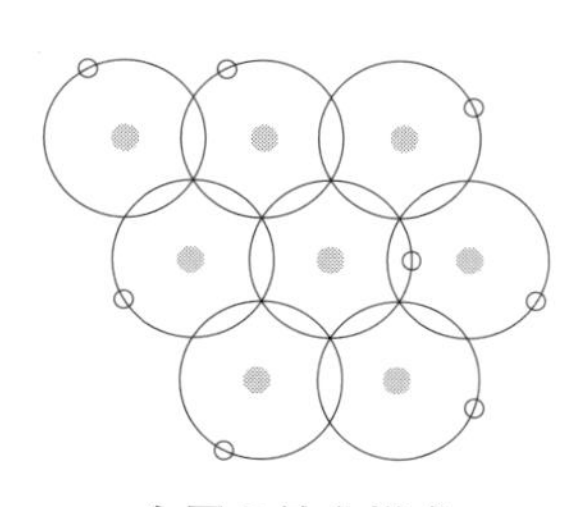

金属の結合様式

2-2 分子の極性

電気陰性度の大きく異なる原子どうしが共有結合により結ばれた場合，共有結合には分極が生じ，結合の分極は分子の極性をつくり出す．そして分子の極性は融点，沸点，溶解度等の物理的性質および反応等の化学的性質にも大きな影響を与える．

(1) 電気陰性度

電気陰性度 (electronegativity) とは2つの原子A，Bが結合をつくるときに，A原子とB原子のそれぞれが電子を引き付けようとする傾向を表す尺度と定義されている．ポーリング[*1]は各元素に固有の値として表2-1のように数値化している．

[*1] ポーリング L. Pauling (1901～1994) アメリカの化学者，生化学者．カリフォルニア工科大学教授．量子論の化学への応用に関心を向け化学結合の一般理論を導く．ノーベル化学賞を受賞 (1954)．電気陰性度の提案者ポーリングは，ある程度任意的にフッ素を4.0，希ガスを0として結合エネルギーのデータから各元素の電気陰性度の値を求めた．その値は相対的な大きさを表す尺度であって単位は特につけない．

表2-1　ポーリングの電気陰性度

H							
2.1							
Li	Be	B		C	N	O	F
1.0	1.5	2.0		2.5	3.0	3.5	4.0
Na	Mg	Al		Si	P	S	Cl
0.9	1.2	1.5		1.8	2.1	2.5	3.0
K	Ca	Sc	Ti—Ga	Ge	As	Se	Br
0.8	1.0	1.3	1.7±0.2	1.8	2.0	2.4	2.8
Rb	Sr	Y	Zr—In	Sn	Sb	Te	I
0.8	1.0	1.2	1.9±0.3	1.8	1.9	2.1	2.5
Cs	Ba	La—Lu	Hf—Tl	Pb	Bi	Po	At
0.7	0.9	1.1	1.9±0.4	1.8	1.9	2.0	2.2
Fr	Ra	Ac	Th→				
0.7	0.9	1.1	1.3→				

アルカリ金属の電気陰性度は小さく，ハロゲンのそれは大きい[*2]．また同族で比較すると原子番号の大きいものほど電気陰性度は小さくなる傾向を示す．電気陰性度の値は単に2原子間の結合のイオン性の目安となるだけでなく，元素の化学的性質を理解する上で半定量的なパラメータとして有効に用いられている．

[*2] 電気陰性度の値は，結合型の判定基準として便利である．その差が1.7以上あるような原子間の結合は，イオン結合性が50%以上となる．

> **例題2**　同一族の元素では，周期表で下側の元素ほど電気陰性度は小さくなる．この理由を説明しなさい．

解答

周期表で下側の元素ほど最外殻軌道が原子核より遠くなり，さらに内核軌道の電子によって原子核に引き寄せられる力が弱められ，したがって結合に関与している最外殻軌道の電子を引き寄せる力が弱まっている．

> **例題3**　つぎの化合物で棒線（－）部の σ 結合電子がどちら側の原子に引き寄せられているかを示しなさい．
> 1) H-Cl　2) H-OH　3) CH_3-NH_2

解答

1) H ⟶ Cl　2) H ⟶ OH　3) CH_3 ⟶ NH_2

電気陰性度の大きい原子の方へ電子は引き寄せられる．H, Cl, O, C, Nの電気陰性度はそれぞれ2.1, 3.0, 3.5, 2.5, 3.0である．

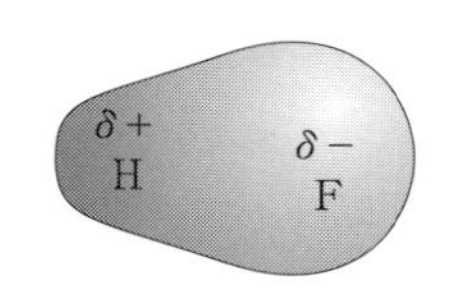

図 2-20　フッ化水素の分子内分極

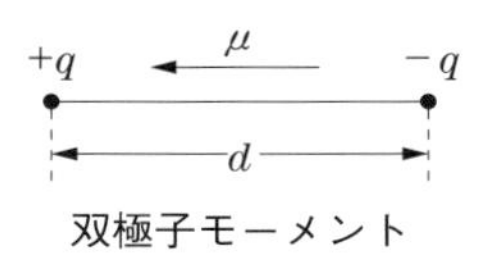

双極子モーメント

(2)　分子の極性

図 2-20 のフッ化水素のように，分子内で負電荷の中心と正電荷の中心が一致しなければ分子は極性を持つ．極性分子では 2 個の大きさが等しく符号が反対の電荷が離れて存在しており，すなわち双極子を構成している．分子の極性の程度を表す尺度として**双極子モーメント**[*1]（dipole moment）があり双極子モーメント μ は電荷 q と電荷の中心間の距離 d の積で表される．

$$\mu = q \times d$$

いくつかの分子の双極子モーメントの値を表 2-2 に示す．

表 2-2　分子の双極子モーメント

分子名	分子式	$\mu/10^{-30}$ C・m
フッ化水素	HF	6.09
塩化水素	HCl	3.70
水素分子	H_2	0
酸素分子	O_2	0
塩素分子	Cl_2	0
水	H_2O	6.47
アンモニア	NH_3	4.90
三フッ化窒素	NF_3	0.78
メタン	CH_4	0
モノクロロメタン	CH_3Cl	6.20
四塩化炭素	CCl_4	0
塩化ベリリウム	$BeCl_2$	0
三フッ化ホウ素	BF_3	0

*1　双極子モーメントはベクトル量であり，その方向は負電荷から正電荷に向かっている．モーメントの方向の取り方には正電荷から負電荷へのものもある．この場合，双極子の方向を示すのに＋端から－端へ＋字のついた矢印で示す．

フッ化水素は 6.09×10^{-30} C・m という大きな双極子モーメントを持っている．電気陰性度の非常に大きなフッ素が水素から強く電子を引きつけているため，d は小さいが q が大きく，結果として μ は大きな値をとる．

H_2，O_2 のような等核 2 原子分子は双極子モーメントを持たない．つまり無極性である．2 個の同じ原子は同じ電気陰性度で同等に電子を共有しているためである．

メタンや四塩化炭素では双極子モーメントが零である．各結合は極性を持つが，対称な正四面体配置をとっているためたがいに極性を打ち消し合っている．しかしモノクロロメタン CH_3Cl では炭素-塩素結合の極性は打ち消されず，6.20×10^{-30} C・m の双極子モーメント[*2]を持つ．したがって**分子の極性は，電気陰性度の違いにもとづく結合の極性だけではなく結合の方向，つまり分子の形にも依存する**．

*2　分子全体の双極子モーメントは各結合モーメントのベクトル和になる．

例題 4　　つぎの化合物を極性の高い方から順に並べなさい．

1)（a）CH_3F　（b）CH_3Cl　（c）CH_3Br　（d）CH_3I

2)（a）CH_3Cl　（b）CH_2Cl_2　（c）$CHCl_3$　（d）CCl_4

解答

1) a＞b＞c＞d

CH_3-X において X の電気陰性度が大きいほど結合電子の片寄りが大きく，

極性が高い．電気陰性度は F＞Cl＞Br＞I の順に大きい．

2）a＞b＞c＞d

いずれの化合物も C 原子は sp^3 混成軌道をとる．CH_3-Cl の C-Cl 結合の電荷の偏りを Q とすると，近似的に CH_2Cl_2 の各 Cl の電荷を Q/2，$CHCl_3$ の各 Cl の電荷を Q/3 と考えることができる．C-Cl の結合距離はほぼ同じと考え各結合モーメントのベクトル和を考える．

> **例題 5**　つぎの化合物について双極子モーメントの有無および方向を示しなさい．
>
> 1）NH_3　　2）BCl_3

解答

1）有

NH_3 の N 原子は sp^3 混成軌道をとり，ローンペアを持つ．N と H の電気陰性度を考慮するとベクトルの向きはつぎのようになる．

2）無

B と Cl の電気陰性度は B＜Cl であるが，BCl_3 の B 原子は sp^2 混成軌道をとり，3 個の Cl 原子は等価であるため相殺され双極子モーメントは 0 となる．

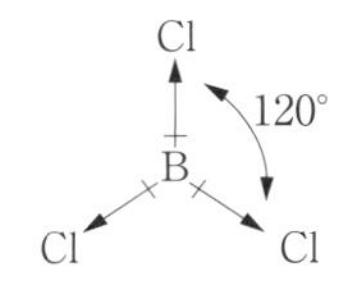

（3）　水素結合

電気的に陰性な 2 つの原子 A，B が水素原子で結ばれている結合を**水素結合**（hydrogen bond）という．電気陰性度の大きい原子 A と水素原子が共有結合によって結ばれている場合を考えてみよう．このとき 2 つの原子間の電子雲はゆがめられ，電子密度は A のほうにかたよるので強い双極子ができる．一方他の原子と結合した電気陰性原子 B も，別の双極子の負極となるであろう．こうしてできた 2 つの双極子が $A^{\delta-}-H^{\delta+}\cdots B^{\delta-}$ のように近づくと，双極子 $A^{\delta-}-H^{\delta+}$ の正の極と B の陰電荷とのクーロン引力は電荷どうしの反発にうち勝つことになり，そこに結合が生じるようになる．しかし双極子どうしが近づいて結合と呼べる強い作用が現れるのは，小さな水素原子が 2 つの電気陰性度の大きな原子のあいだを結びつけるときだけであり*1，また結合と認められる水素結合ができるのは，フッ素，酸素，窒素などに限られる*2．水素結合の結合エネルギーは 10〜40 $kJ \cdot mol^{-1}$ 程度と，イオン結合，共有結合，金属結合の結合エネルギーに比べてかなり小さい．

*1　H が内殻電子を持っていないことが水素結合生成に重要な働きをしている．すなわち内殻電子がないので他の電気陰性原子 B との間で電子反発が起こらない．

*2　酢酸の蒸気は水素結合により 2 分子会合している．

氷の構造と水の特性　氷の中の H_2O 分子は，規則正しく配列して結晶格子をつくっている．この場合図 2-21 に示すように 1 つの H_2O 分子中の O

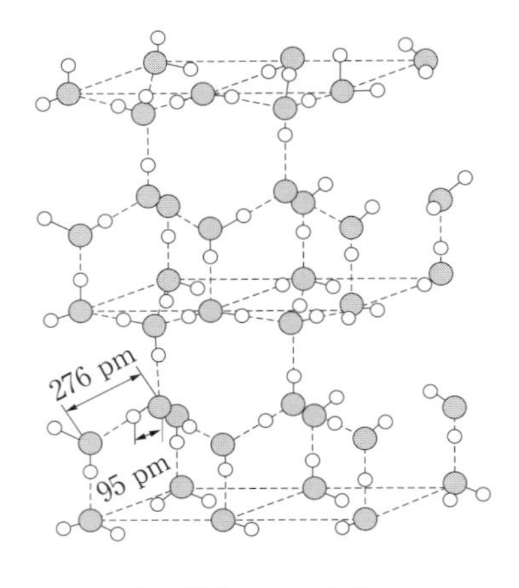

図 2-21　氷の結晶構造

原子は4個のH原子によって四面体型にかこまれ，そのうち2個は共有結合，残りの2個は隣接している水分子のH原子であり，O原子と水素結合している．

氷のこのような結晶格子は，液体の水に比べて比較的すきまが多い．0℃で氷が溶けて液体の水になると，ところどころの水素結合の結晶格子がくずれ，すきまに水分子が入り込んで体積は減少することになる．これが氷より水の密度が大きい，すなわち氷が水に浮く原因である．

また0℃付近の水では部分的に四面体構造が残っていると考えられる．一般に温度が上がるにつれて熱運動により体積は増加傾向を示し，密度は小さくなる．しかし0℃付近の水では，温度が上がるにつれ四面体構造は徐々にくずれ体積が減少し密度が大きくなる現象が同時に起きている．このような相反する2つの挙動の結果として水の密度は4℃で最大となる．

≪コーヒーブレイク≫

Ⅱ型包接水和物の結晶模型．メタンのような疎水性物質が水と低温で共存してできる結晶で，その昔アルキメデスが考えた正5角12面体などのかご状水素結合からなる．カナダやロシアの凍土地帯に大量に眠っていて，石油に代わる新しい資源として熱い注目を集めている．

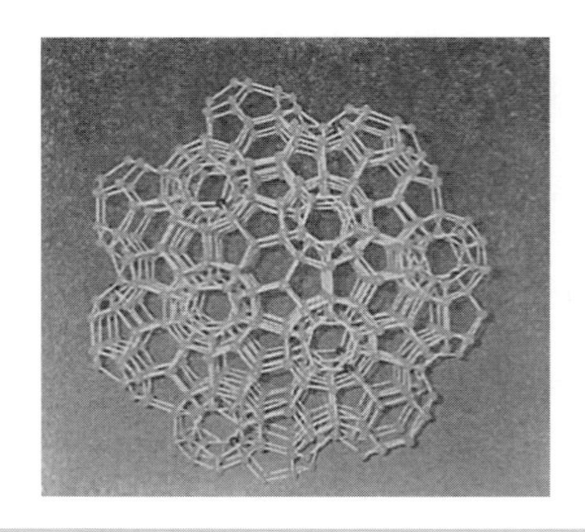

(4)　ファンデルワールス力

第4章の気体の項ででてくる実在気体の状態方程式は，理想気体の状態方程式に分子間相互作用と分子の占める体積を考慮して導かれたものであり，この種の分子間に働く引力をその発見者ファンデルワールス*1 の名前をとって**ファンデルワールス力**（van der Waals' force）と呼ぶ．この力は $4\ \mathrm{kJ \cdot mol^{-1}}$ 程度と共有結合（200～900 $\mathrm{kJ \cdot mol^{-1}}$），イオン結合（数百～3000 $\mathrm{kJ \cdot mol^{-1}}$）に比べて小さいが，分子結晶および液体の凝集エネルギーの主な部分はこの力に基づいている．

*1　ファンデルワールス van der Waals（1837～1923）オランダの物理学者．アムステルダム大学教授．状態方程式の研究から分子間引力を解明する．ノーベル物理学賞（1910）．

ファンデルワールス力は(ｉ)双極子-双極子相互作用　(ⅱ)双極子-誘起双極子相互作用　(ⅲ)**分散力**（dispersion force）の3種類に分けて考えることができる（図2-22）．

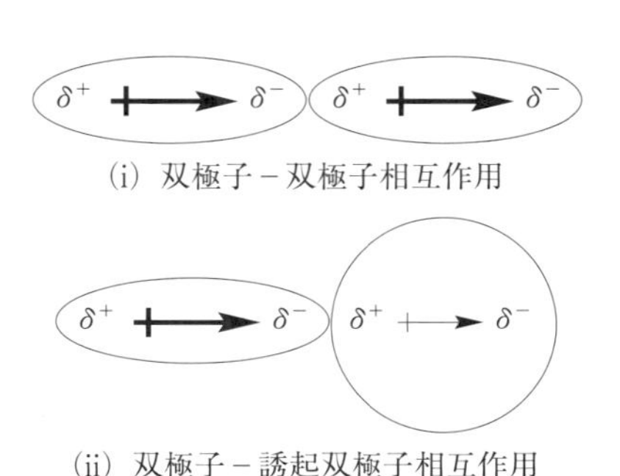

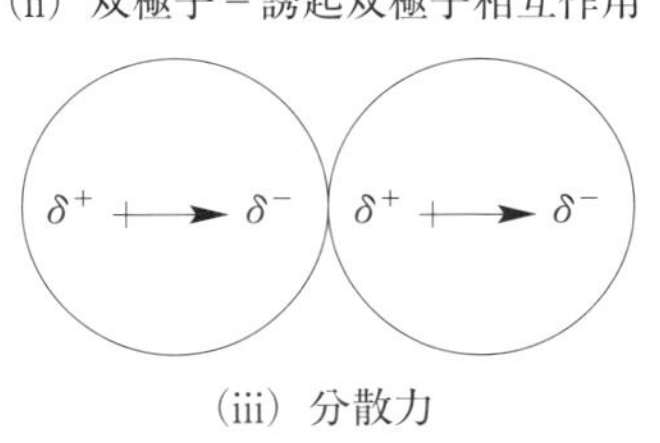

図2-22　ファンデルワールス力
（太い矢印は双極子モーメントを，細い矢印は誘起双極子モーメントおよび瞬間的に存在する小さい双極子モーメントを表す）

(ｉ)　極性を持つ分子が互いに接近して，図(ｉ)のように配列した場合分子間にクーロン引力が生じる．これが双極子-双極子相互作用である．

(ⅱ)　無極性分子に極性分子が近接すると，無極性分子に図(ⅱ)のように双極子が誘起され，この誘起双極子と極性分子の双極子との間にクーロン引力が生じる．これを双極子-誘起双極子相互作用という．

(ⅲ)　(ｉ)(ⅱ)の場合，極性分子の存在が必要であるが，無極性分子どうしの間にも弱い引力が作用している．図(ⅲ)のように無極性分子でも，電子の運動により瞬間的には電子の分布に片寄りができ，双極子が形成されて極性分子となる．この双極子は隣の分子に双極子を誘起させ，これらの分子間に相互作用が生じる．これを分散力といい，この作用はロンドン（F. London）により量子力学的に説明されたことからロンドンの分散力とも呼ばれる．

例題 6　つぎの化合物を沸点の高い順に並べなさい．

1)（a）CH_3OCH_3　（b）$CH_3CH(OH)CH_3$　（c）$CH_3OCH_2CH_3$

2)（a）$CH_3CH_2CH_3$（b）$CH_3(CH_2)_2CH_3$（c）$CH_3(CH_2)_3CH_3$
（d）$(CH_3)_2CHCH_3$

解答　液体では多数の分子が分子間力によって互いに引き合っている．この力に相当するエネルギーを外部から加えると，各分子は互いの束縛をときはなってバラバラになり気体となる．液体の蒸気圧と大気圧が等しくなったときの温度が沸点である．したがって分子間力により互いに引き合う力の強いものほど沸点は高い．

1) b＞c＞a

（b）はOH基による分子間水素結合により強く引き合っているが（a），（c）には水素結合はない．

2) c＞b＞d＞a

ファンデルワールス力，特に分散力による分子間相互作用は接触面積すなわち分子の表面積が大きいほど強い．

同じ炭素原子数を持つ分子でも，枝分かれ構造をとるもののほうが分子の形は球形に近づき，分子の表面積は小さくなる．

≪第2章のまとめ≫

1．原子が集合体をつくる際の原子間の結びつきを化学結合といい，これは原子の電子配置と密接に関係している．

2．陽イオンと陰イオンがクーロン力で引き合っている結合をイオン結合といい，イオン化エネルギーが小さい原子と電子親和力の大きい原子との間で化合物をつくる際の結合がこれに相当する．

3．2つの電子が2つの原子核に共有されることによってできる結合を共有結合という．2つの原子が共有結合するためには，それぞれに不対電子が存在しなければならない．またこれらの不対電子は，結合を形成する際に互いにスピンが逆平行になっている必要がある．

4．s軌道とp軌道の混成軌道にはsp，sp^2，sp^3混成軌道があり，炭素-炭素結合の三重，二重，単結合はそれぞれこれらの混成軌道を使って説明される．

5．共有結合に必要な電子が一方の原子だけから供出される結合方式を配位結合といい，この結合方式は金属イオンとローンペアを持った分子やイオン間でよく見られる．

6．金属は金属イオンと自由電子とから成り立っており，自由電子による金属原子間の結合を金属結合という．

7．化学結合には，イオン結合，共有結合などのように，結合エネルギーの大きい結合以外に，結合エネルギーが数～数十kJと小さい水素結合，ファンデルワールス力がある．

8．分子の極性は分子を構成する原子の電気陰性度および分子の形によってきまる．

第2章　練習問題

1．つぎの化合物あるいはイオン中，＊印をつけた原子の混成軌道を示しなさい．

(1) $\overset{*}{N}H_4Cl$　(2) $\overset{*}{B}F_3$　(3) $CH_3\overset{*1)}{C}\overset{*2)}{N}$

(4) $CH_3\overset{*}{N}=NCH_3$　(5) $\overset{*}{S}O_4^{2-}$　(6) $\overset{*}{C}O_2$

(7) $H_2\overset{*1)}{C}=\overset{*2)}{C}=O$　(8) $\underset{*}{N}$　(9) $\overset{*}{P}H_4^{+}$

(10) $\overset{*1)}{C}H_3\overset{*2)}{C}OCH_3$

2．ハロゲン化水素のうち，イオン結合性の最も大きいもの，共有結合性の最も大きいものを示し，その理由を簡単に述べなさい．

3．三フッ化ホウ素はジエチルエーテル $(C_2H_5)_2O$ と反応して1：1の付加物をつくる．なぜこの反応が起こるかを説明しなさい．

4．つぎの化合物中，双極子モーメントを有するものを選び出しなさい．

（1）CH_3COCH_3　（2）NH_3　（3）CH_2Cl_2

（4）CH_3CN　（5）$BeCl_2$　（6）$(CH_3)_2O$

（7）C_6H_6　（8）CS_2

5．つぎの化合物を極性の高い順に並べなさい．

（1）（a）*o*-ジクロロベンゼン　（b）*m*-ジクロロベンゼン

（c）*p*-ジクロロベンゼン

（2）

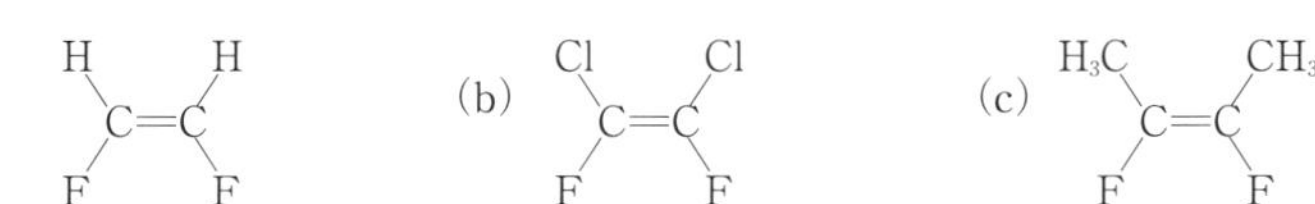
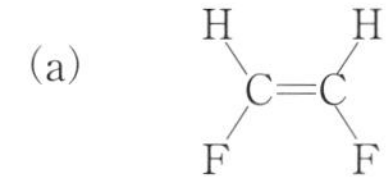

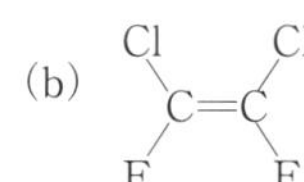

(c) H_3C, CH_3, C=C, F, F

6．ジクロロエチレンの異性体中，双極子モーメントが0であるものを示しなさい．

第3章　化学反応

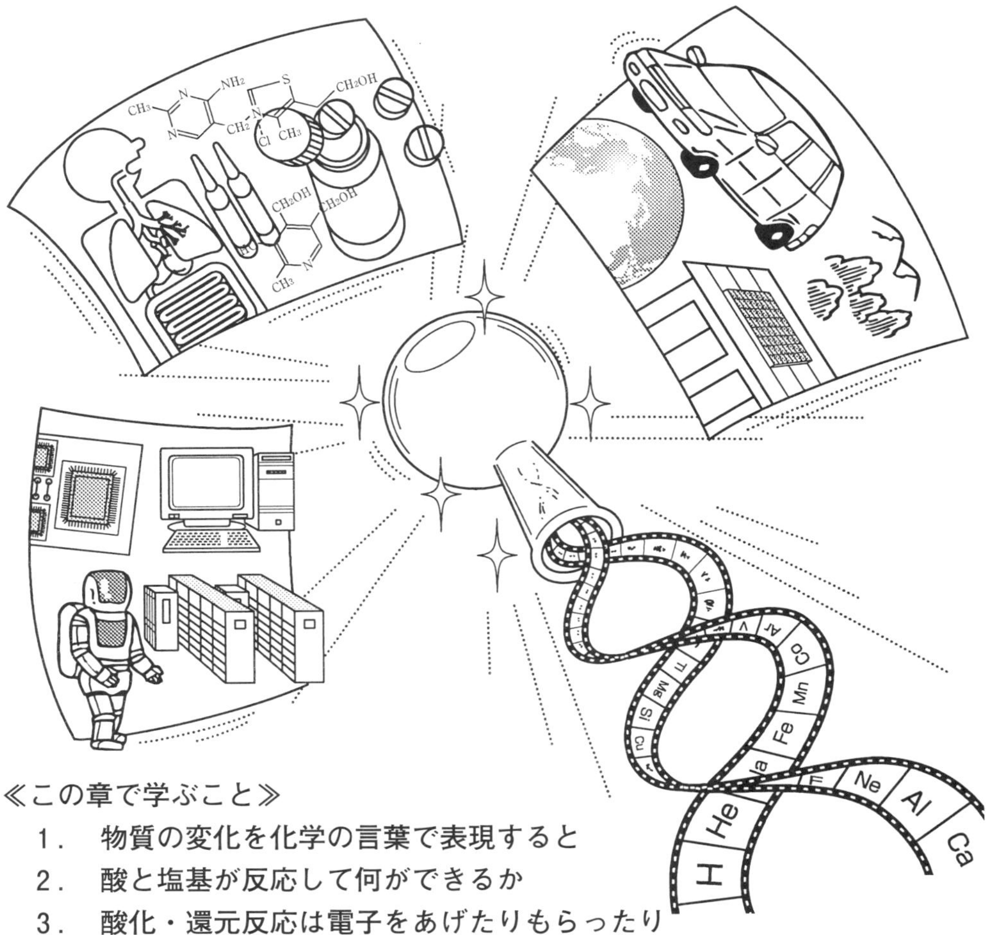

≪この章で学ぶこと≫

1．　物質の変化を化学の言葉で表現すると
2．　酸と塩基が反応して何ができるか
3．　酸化・還元反応は電子をあげたりもらったり
4．　無限の可能性を秘めた有機化合物の反応は

天然から得られる物質は，種類，量，性質に限りがあるので，目的に合ったより有用な物質を創り出す研究は絶えず続けられている．

われわれが利用しているコンピュータ，携帯電話などは化学反応によりつくり出された金属や合成樹脂等の材料に包まれている．それらの頭脳である集積回路も数々の化学反応の行程を経て製造されている．車などは燃料と酸素の燃焼反応を利用して，エネルギーを産み出し動いている．火力発電所でも同様にエネルギーを得て，発電機を動かし電気を得ている．医薬品，農薬，液晶など有用な化合物も化学反応により製造されている．

われわれが化学エネルギーの利用，有用な物質の創造，生命の本質の探求を自然と調和した地球環境を維持しながら今後も続けていくためには，化学反応をより深く理解することが必要である．

この章では，自然界で絶えず行われている基本的な化学反応である酸と塩基の反応，酸化還元反応および有機化合物の反応について学んでいく．

3-1　化学反応の基本概念

化学の醍醐味は化学反応により新しい物質をつくり出すことにある．化学反応の過程は複雑であり，不明な点も多いが基本は結合の組み替えであり，化学反応により新たに原子が生成することもなければ消滅することもない．

(1)　化学反応をどのように表すか

最近注目をあびている金属にチタン[*1]がある．軽くて，丈夫で，錆びなく，資源的にも多い金属である．チタン金属の製法（精錬）は鉱石であるルチル（酸化チタン）に高温で炭素と塩素を作用させ，まず四塩化チタンを製造する．つぎにこの四塩化チタンをマグネシウムと反応させて金属チタンを得ている．四塩化チタンを製造する過程を化学反応式で示すとつぎの式となる．

TiO_2	+	$2Cl_2$	+	$2C$	⟶	$TiCl_4$	+	$2CO$
1分子の TiO_2		2分子の Cl_2		2原子の C		1分子の $TiCl_4$		2分子の CO
1 mol の TiO_2		2 mol の Cl_2		2 mol の C		1 mol の $TiCl_4$		2 mol の CO
1原子の Ti 2原子の O		4原子の Cl		2原子の C		1原子の Ti 4原子の Cl		2原子の C 2原子の O

この反応式は1分子の TiO_2 と，2分子の Cl_2 と，2原子の C が反応して1分子の $TiCl_4$ と2分子の CO が生成することを示している．さらに式の左側（反応物質）と右側（生成物質）では各々の原子数が一致していることを確認してほしい．

*1　チタンは実用金属としてアルミニウム，鉄，マグネシウムに次いで多い元素である．金属チタンは軽く，丈夫で生体親和性に優れているが，高価であるため利用が進んでいない．

最近900℃程度で溶融した塩化カルシウム中で直接酸化チタンを電解還元し高純度の金属チタンを得る方法が見いだされた．商業規模の生産が可能になれば現在の1/3程度の生産コストになると考えられている．

地殻に存在する元素の割合（推定値）を以下に示す．数値の単位は質量%である．

O (46.6), Si (27.7), Al (8.13)
Fe(5.00), Ca(3.63), Na(2.83)
K (2.59), Mg (2.06), H (0.14)
Ti (0.44), P (0.1), Mn (0.09)

例題1　四塩化チタンとマグネシウムから金属チタンを得る過程の化学反応式を示しなさい．また100 g の金属チタンを得るためには何グラムの四塩化チタンが必要か．

解答　反応物質から生成物質を予想する．チタン以外の生成物質として塩化マグネシウムが予想できる．

すべての反応物質，生成物質を化学式で示し，反応式を書く．

$$TiCl_4 + Mg \longrightarrow Ti + MgCl_2$$

式の左右でそれぞれの原子数を合わせるように係数をつける．つぎに反応物質，生成物質の質量関係を調べる．

$TiCl_4$	+	$2Mg$	⟶	Ti	+	$2MgCl_2$
1 mol $TiCl_4$		2 mol Mg		1 mol Ti		2 mol $MgCl_2$
(47.9+4×35.5)g		(2×24.3)g		47.9 g		2×(24.3+2×35.5)g

反応式よりチタンと四塩化チタンの物質量は等しいので，チタンの質量を物質量に換算し，相当する四塩化チタンの質量を求める．

$$\frac{100\ \mathrm{g}}{47.9\ \mathrm{g \cdot mol^{-1}}} = 2.09\ \mathrm{mol(Ti)},\ 2.09\ \mathrm{mol} \times 189.9\ \mathrm{g \cdot mol^{-1}} = 396.9\ \mathrm{g(TiCl_4)}$$

(2)　化学式と元素分析

燃焼反応を利用して，生成する H_2O，CO_2 などの質量から有機分子の元素組成を知る元素分析法は化学反応に基づく分析法である．酸素気流中高温では酸素以外の構成元素は，それぞれ酸素と反応し酸化物を生成する．すなわち試料中のCは CO_2 を，Hは H_2O を，他の元素はそれらの酸化物を生成する．

$$CH_3CH_2CH_3+5O_2 \longrightarrow 3CO_2+4H_2O$$
$$CH_3CH_2OH+3O_2 \longrightarrow 2CO_2+3H_2O$$
$$Si(CH_3)_4+8O_2 \longrightarrow SiO_2+4CO_2+6H_2O$$

これらの反応式から，試料中に含まれている炭素原子数は生成する CO_2 の分子数と等しく，水素原子数は生成する H_2O 分子数の2倍となることがわかる．

例題2　炭素，水素，酸素からなる有機化合物の2.00 mgを元素分析したところ，4.40 mgの CO_2 と1.44 mgの H_2O が得られた．この有機化合物の組成式を求めなさい．

解答　試料中に含まれる炭素，水素，酸素の質量を求める．

$$C：4.40\ \mathrm{mg}\times\frac{12}{44}=1.20\ \mathrm{mg}\quad H：1.44\ \mathrm{mg}\times\frac{2}{18}=0.16\ \mathrm{mg}$$

$$O：2.00-1.20-0.16=0.64\ \mathrm{mg}$$

つぎに質量比を物質量比に換算する．

$$C：H：O=\frac{1.20\ \mathrm{mg}}{12\ \mathrm{g{\cdot}mol^{-1}}}：\frac{0.16\ \mathrm{mg}}{1\ \mathrm{g{\cdot}mol^{-1}}}：\frac{0.64\ \mathrm{mg}}{16\ \mathrm{g{\cdot}mol^{-1}}}=1：1.6：0.4$$

整数比（炭素：水素：酸素の原子数の比に等しい）で表す．

C：H：O＝5：8：2となり，組成式は $C_5H_8O_2$ となる．

3-2　化学反応の種類

化学反応は多種多様であり無数に存在する．それら多くの反応を反応原理，反応形式等により分類し整理してみると，無数にある反応もいくつかのカテゴリーで考えることができる．ここでは化学反応の基本となる酸と塩基の反応，酸化・還元反応について学ぶ．

(1)　酸と塩基の反応

酸と塩基の概念は化学の基本となる重要な概念の1つである．歴史的にはアレニウス（S. Arrhenius）の理論（1884）で幕を開け，1923年にブレンステッド（J. N. Brφnsted）とローリー（T. M. Lowry）は独立に適用範囲を広げた新しい概念を発表した．時を同じくしルイス（G. N. Lewis）は，物質あるいはイオンに依存しない新しいルイス酸，ルイス塩基の概念を発表した．

アレニウスの理論　アレニウスは水溶液中で塩酸のように電離して H^+（プロトン）を生成する物質を**酸**（acid），水酸化ナトリウムのように OH^-（水酸化物イオン）を生成する物質を**塩基**（base）とした．H^+ イオンは，陽子のみの極めて小さい粒子で，正の電荷がそこに局在化しているため，水溶液中では水分子と配位結合し，H_3O^+（オキソニウムイオン）として存在している．

酸と塩基は反応し**塩**（salt）と**水**を生じる．

$$酸：HCl \longrightarrow H^+ + Cl^- \qquad 塩基：NaOH \longrightarrow Na^+ + OH^-$$

$$\underset{酸}{HCl} + \underset{塩基}{NaOH} \rightarrow \underset{塩}{NaCl} + \underset{水}{H_2O}$$

ブレンステッド-ローリーの理論　ブレンステッドとローリーは別々に酸と塩基の新しい概念を提唱した．アレニウスは H^+，OH^- の2種類のイオンを用いて考えていたが，ブレンステッドとローリーの理論では H^+ のみで酸と塩基を定義している．酸は H^+ を与えることのできる物質であり，塩基は H^+ を受け取ることのできる物質である．酸は H^+ を放出し**共役塩基**（conjugate base）に，塩基は H^+ と結合して**共役酸**（conjugate acid）になる．陰イオンあるいはローンペアを持つ物質はすべて塩基と考えることができる．

酸と塩基は反応し，それぞれ共役の関係にある塩基と酸を生成する．

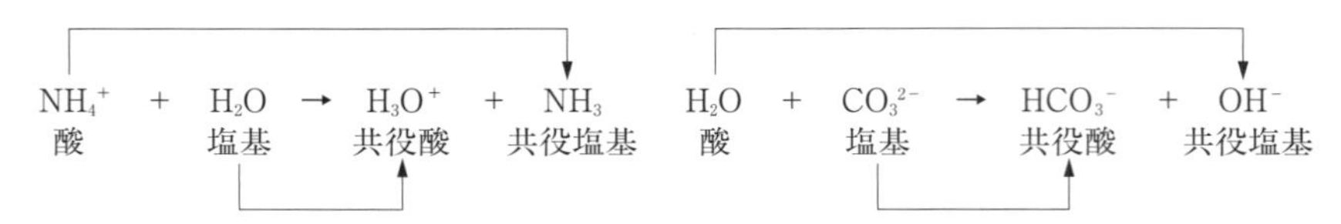

> **例題3**　つぎに示す塩基に共役な酸の化学式と名称を示しなさい．
> （a）NH_3　（b）HCO_3^-　（c）Cl^-　（d）HS^-　（e）NO_3^-

解答　共役酸＝塩基＋H^+，共役塩基＝酸－H^+

（a）NH_4^+，アンモニウムイオン　（b）H_2CO_3，炭酸　（c）HCl，塩酸

（d）H_2S，硫化水素　（e）HNO_3，硝酸

ルイスの理論　ルイスは，酸を H^+ に限定するのではなく，H^+ の持つ性質を酸と考えた．塩基についても同様に考え，電子対の授受を基本とした理論を提唱した．**ルイス酸**（Lewis acid）は他の物質（塩基）から電子対を受け入れることのできる空の軌道を持っている物質，そして**ルイス塩基**（Lewis base）は電子対を相手に与えることのできる物質である．酸と塩基の反応は錯体あるいは塩を生成する．このとき生成する結合は，塩基が電子対を供給する配位結合（第2章参照）である．

$$\underset{ルイス酸}{A} + \underset{ルイス塩基}{:B} \rightarrow \underset{錯体または塩}{A:B}$$

たとえばエチルアミンと三フッ化ホウ素の反応では安定な錯体が得られる．三フッ化ホウ素のホウ素は6個の電子により取り囲まれており，電子対を受け入れることのできる空のp軌道を持っているので，ルイス酸である．一方，エチルアミンは，窒素原子に1つのローンペアを持っているのでルイス塩基である．すなわちこの反応はルイス酸とルイス塩基の反応である．

ルイスの酸・塩基の考え方を用いると，単なる酸と塩基の反応のみならず錯体の生成反応，有機化学反応まで広範囲の反応を酸・塩基反応として取り

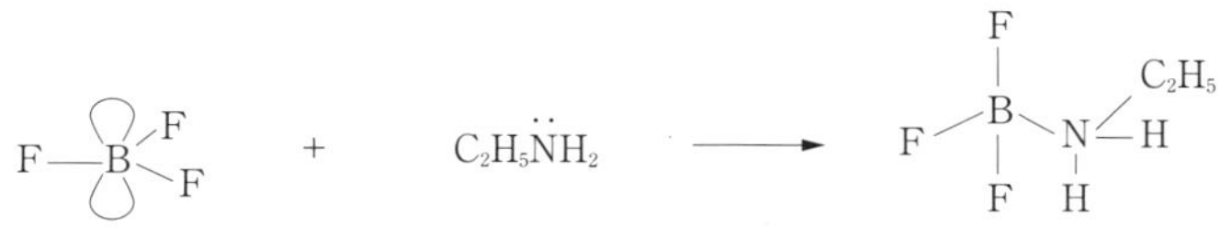

$$F-BF_2 + C_2H_5\ddot{N}H_2 \longrightarrow F_3B-N(H)(H)C_2H_5$$

三フッ化ホウ素　　エチルアミン　　錯体

扱うことができる．

第2章でのべたように多くの金属イオンは，ルイス塩基であるアンモニアと反応しいろいろな錯体を生成する．たとえば銀イオンはアンモニアと容易に反応して水によく溶ける無色の錯イオンを生成する．メタノールとヨウ化水素の反応でヨウ化メチルと水が生成する反応も酸と塩基の反応と考えることができる．ここで $H_3N\rightarrow$ や $\leftarrow NH_3$ の矢印は NH_3 が電子対を与えていることを示している．

$$Ag^+ + 2NH_3 \longrightarrow [H_3N \rightarrow Ag \leftarrow NH_3]^+$$

酸　塩基　　　錯体

$$CH_3\text{-}OH + H\text{-}I \longrightarrow CH_3\text{-}I + H\text{-}OH$$

酸-塩基　酸-塩基　　酸-塩基　酸-塩基

表3-1　酸と塩基の定義

	アレニウス	ブレンステッド-ローリー	ルイス
酸	H^+ 供与体	H^+ 供与体	電子対受容体
塩基	OH^- 供与体	H^+ 受容体	電子対供与体

例題4　つぎの物質をルイス酸とルイス塩基に分類しなさい．
（a）Cu^{2+}　（b）$(CH_3)_3Al$　（c）NH_2OH　（d）SO_2；(SO_2+BF_3 $\longrightarrow$ $O_2S\text{-}BF_3$)　（e）$Zn(OH)_2$；($Zn(OH)_2+2OH^-$ $\longrightarrow$ $[Zn(OH)_4]^{2-}$)

解答　ルイス酸：（a），（b），（e）　ルイス塩基：（c），（d）
（a）陽イオンである．（b）トリメチルアルミニウムのAlは6個の電子により取り囲まれており，空軌道を持つ．（c）NとO原子にローンペアがある．（d）三フッ化ホウ素のBは6個の電子により取り囲まれており，空軌道を持つのでルイス酸として SO_2（ルイス塩基）に作用している．（e）$Zn(OH)_2$ は陰イオンを受け入れているので，ルイス酸として反応．

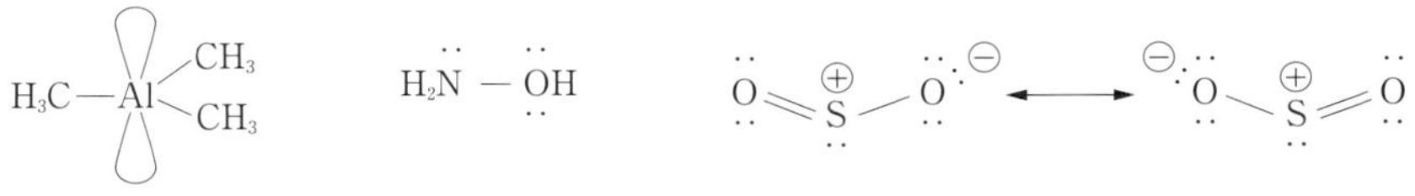

$H_3C-Al(CH_3)_2$　　$H_2\ddot{N}-\ddot{O}H$　　$O=S^{\oplus}-O^{\ominus} \longleftrightarrow {}^{\ominus}O-S^{\oplus}=O$

（b）$(CH_3)_3Al$　（c）NH_2OH　（d）SO_2

（2）酸化・還元反応

物質が酸素原子と化合する反応，あるいは水素原子を失う反応を**酸化反応**（oxidation reaction）といい，その反対の酸素原子を失う反応，あるいは水素原子を得る反応を**還元反応**（reduction reaction）という．

金属の主要な精錬法は鉱石（金属酸化物）を炭素と加熱し金属を得る方法である．酸化スズ（IV）の反応を示す．ここでは炭素は還元剤として働き，酸化物を還元し，自分自身は酸化を受けて一酸化炭素になっている．一方，金属酸化物は炭素を酸化し，自分自身は還元されている．

還元された

$$SnO_2 + 2C \rightarrow Sn + 2CO$$

酸化剤　還元剤

酸化された

このように酸化・還元反応では，一方の物質が酸化されるとき，他方の物質はかならず還元される．すなわち酸化剤は還元され，還元剤は酸化される．

現在の電子の移動という概念では，**酸化反応とは電子を失う反応**，**還元反応とは電子を得る反応**である．物質が電子を受け取ったとき，その物質は還元されたという．物質が電子を与えたとき，その物質は酸化されたという．

硫酸銅の水溶液に亜鉛板を浸すと亜鉛が溶解し，銅が析出する．この反応式を酸化反応と還元反応に分けて書くと電子の移動の様子がよくわかる．

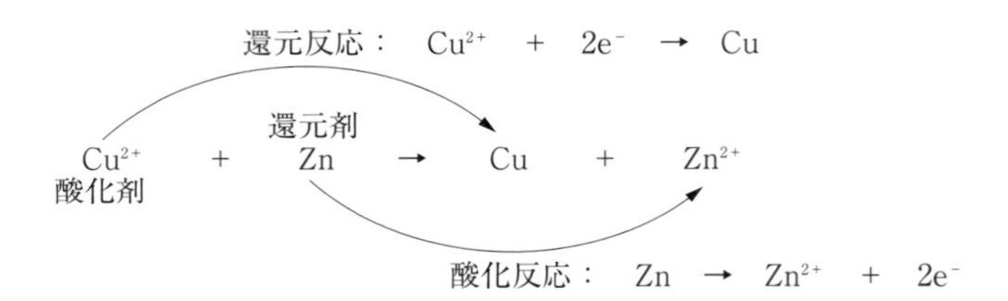

酸化数　物質の酸化・還元状態を考えるとき，**酸化数**（oxidation number）の概念を導入すると便利である．酸化数とは，電荷的に中性の原子の酸化数を基準（0）にして，どれだけ電子を失っているか，またどれだけ電子を獲得しているかを整数で示したものである．物質を構成している原子の酸化数は，つぎのように考える．

1．単体の原子の酸化数は0である．

$$Zn(0),\ N_2(0),\ I_2(0),\ S_6(0)$$

2．単原子から成るイオンの酸化数はイオンの持つ電荷の数に等しい．

$$Zn^{2+}(+2),\ Al^{3+}(+3),\ Cl^-(-1),\ S^{2-}(-2)$$

3．共有結合性化合物の各原子の酸化数は，共有結合電子対を形式的につぎの規則で割り当てたときの原子の電荷の数になる．（ｉ）異なる原子間で結合している場合には共有結合の電子対をすべて電気陰性度の大きい原子に割り当てる．（ii）同じ原子どうしで結合している場合は共有結合の電子を均等に割り当てる．たとえばCH_3OHとC_2H_6の例を下に示す．ここで・は

H:C:O:H ⟹ H^+ :C:$^{2-}$:O:$^{2-}$ H^+（H^+, H^+）

Cの酸化数（−2）

H:C:C:H ⟹ H^+ :C·$^{3-}$ ·C:$^{3-}$ H^+（H^+ H^+, H^+ H^+）

Cの酸化数（−3）

電子を意味する．

ほとんどの場合Hの酸化数は$+1$，Oの酸化数は-2である．例外的に金属の水素化合物NaH，KH，AlH_3等では水素の酸化数は-1である．もう1つの例外はH_2O_2などの過酸化物中の酸素（-O-O-）であり，その酸化数は-1である．

4．電荷を持たない化合物については各原子の酸化数の総和は0である．複数の原子から成るイオンにおいては，各原子の酸化数の総和はそのイオンの価数に等しい．

$Al_2O_3=(2Al^{3+})(3O^{2-})$　　総和$=0=2(+3)+3(-2)$

$Mg(OH)_2=(Mg^{2+})(2O^{2-})(2H^+)$　　総和$=0=(+2)+2(-2)+2(+1)$

$MnO_4^-=(Mn^{7+})(4O^{2-})$　　総和$=-1=(+7)+4(-2)$

$Cr_2O_7^{2-}=(2Cr^{6+})(7O^{2-})$　　総和$=-2=2(+6)+7(-2)$

この関係はある原子の酸化数を調べるのに利用できる．たとえば硫酸H_2SO_4のS原子の酸化数を調べてみる．

$H_2SO_4=(2H^+)(S^n)(4O^{2-})$　総和$=0=2(+1)+(n)+4(-2)$　$n=+6$

酸素原子や水素原子で示したように，同じ元素でも化合状態により異なる酸化数となることも多い．窒素と炭素の酸化数と化合物を図3-1に示す．

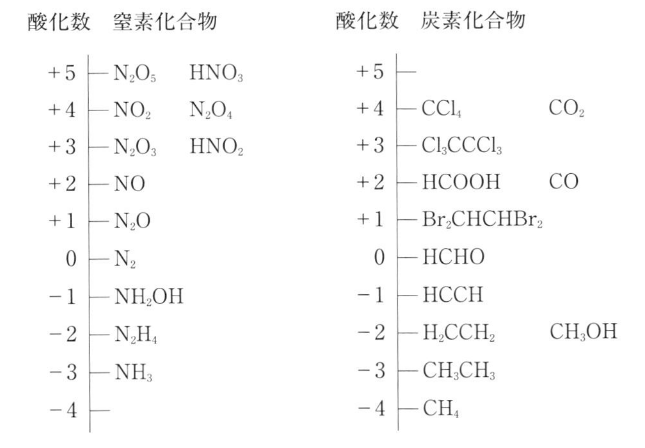

図3-1　化合物内の窒素と炭素の酸化数

> **例題5**　次の化合物中の各原子の酸化数を決めなさい．
> （a）Na_2O　（b）AlH_3　（c）$S_2O_3^{2-}$　（d）PO_4^{3-}　（e）$NaHSO_4$
> （f）K_2CrO_4

解答　酸化数の総和を考える．（a）Na(+1)O(−2)；総和は0　（b）Al(+3)H(−1)；総和は0　金属の水素化合物なのでHの酸化数は-1となる．（c）S(+2)O(−2)；総和は-2　（d）P(+5)O(−2)；総和は-3　（e）Na(+1)H(+1)S(+6)O(−2)；総和は0　（f）K(+1)Cr(+6)O(−2)；総和は0

酸化数という概念を利用することにより，反応の前後でどの原子の酸化状態が変化しているかを容易に知ることができる．酸化数に変化があればその反応は酸化・還元反応であり，酸化数は酸化により増加し，還元により減少する．

つぎの反応式で各原子の酸化数の変化を考えてみよう．

$$\underset{(+2)(-2)}{ZnO}+\underset{(0)}{C}\rightarrow\underset{(0)}{Zn}+\underset{(+2)(-2)}{CO}$$

$$\underset{(0)}{Zn}+\underset{(0)}{Br_2}\longrightarrow\underset{(+2)(-1)}{ZnBr_2}$$

酸化亜鉛と炭素の反応式では，Zn の酸化数は +2 → 0，C の酸化数は 0 → +2 と変化し，O の酸化数には変化がない．亜鉛と臭素の反応式では Zn の酸化数は 0 → +2，2 つの Br の酸化数はそれぞれ 0 → −1 と変化している．

これらの反応は，酸化数に変化があるので，いずれも酸化・還元反応である．また，いずれも酸化数の変化が 2 であるので，2 電子が関与している反応であることがわかる．

酸化・還元のいろいろな定義をまとめて表 3-2 に示す．

表 3-2　酸化・還元反応

	酸素の授受	水素の授受	電子の授受	酸化数の増減
酸化（される）	酸素を得る	水素を失う	電子を失う	酸化数が増加
還元（される）	酸素を失う	水素を得る	電子を得る	酸化数が減少

例題 6　つぎの反応は酸化・還元反応であるか．酸化・還元反応であるならば酸化および還元されている物質を示しなさい．
（a）$Fe+2HCl \longrightarrow FeCl_2+H_2$　（b）$NaOH+HCl \longrightarrow NaCl+H_2O$　（c）$3ZnS+8HNO_3 \longrightarrow 3ZnSO_4+8NO+4H_2O$

解答　反応前後での酸化数の変化を調べる．

（a）$\underset{(0)}{Fe}+\underset{(+1)(-1)}{2HCl}\longrightarrow\underset{(+2)(-1)(0)}{FeCl_2+H_2}$

（b）$\underset{(+1)(-2)(+1)}{NaOH}+\underset{(+1)(-1)}{HCl}\longrightarrow\underset{(+1)(-1)}{NaCl}+\underset{(+1)(-2)}{H_2O}$

（c）$\underset{(+2)(-2)}{3ZnS}+\underset{(+1)(+5)(-2)}{8HNO_3}\longrightarrow\underset{(+2)(+6)(-2)}{3ZnSO_4}+\underset{(+2)(-2)}{8NO}+\underset{(+1)(-2)}{4H_2O}$

（a）Fe が H^+ を H_2 に還元し，自身は酸化される．H^+ が Fe を酸化し，自身は還元される．Fe が還元剤として作用し，H^+ が酸化剤として作用している．

（b）この反応は各原子の酸化数に変化がないので酸化還元反応でない．

（c）S の酸化数が −2 → +6，N の酸化数が +5 → +2 と変化している．この変化より硫化亜鉛の硫黄原子は酸化され，硝酸の窒素原子は還元されていることがわかる．すなわち硫化亜鉛は還元剤，硝酸は酸化剤として作用している．

酸化・還元の反応式をどのようにつくるか　酸化・還元反応の反応式を，まちがいなく完成させることは，それほど簡単ではない．反応を酸化反応と還元反応に分けて考え，その後それらをあわせて完成させる方法が，簡便であると同時に反応の理解に有用である．

水溶液中では，酸化剤に含まれる酸素原子（酸化数 -2）は酸性を示す物質と反応し，一方還元剤に含まれる水素原子（酸化数 $+1$）は塩基性を示す物質と反応する．酸性物質あるいは塩基性物質は相対的に決まるものであり，酸性水溶液中ではそれぞれ H^+ と H_2O となるが，塩基性水溶液中ではそれぞれ H_2O と OH^- となる．これらの関係，反応をまとめて表3-3に示す．

表3-3　水溶液中での H（+1）と O（−2）の反応

酸性水溶液		塩基性水溶液	
酸物質 H^+	塩基物質 H_2O	酸物質 H_2O	塩基物質 OH^-
$H_2O \rightleftarrows O(-2)+2H^+$ $H_3O^+ \rightleftarrows H(+1)+H_2O$		$2OH^- \rightleftarrows O(-2)+H_2O$ $H_2O \rightleftarrows H(+1)+OH^-$	

中性付近あるいは塩基性下での過マンガン酸イオンの還元反応はつぎのようになる（酸性下での還元反応は例題7を参照）．

$$MnO_4^- + 2H_2O + 3e^- \longrightarrow MnO_2 + 4OH^-$$

MnO_4^- の2個の $O(-2)$ 原子は，同数の2個の H_2O と反応し，4個の OH^- イオンを生成している．表3-3中の式と見くらべて意味を理解してほしい．

> **例題7**　酸性溶液中での過マンガン酸イオン MnO_4^- とシュウ酸 $(COOH)_2$ の反応式を完成しなさい．

解答　酸化反応，還元反応に分けて考える．

還元反応（酸化剤）　$MnO_4^- \longrightarrow Mn^{2+}$

酸化反応（還元剤）　$(COOH)_2 \longrightarrow CO_2$

酸性溶液中では酸素に対し H_2O を，つぎに水素に対し H^+ を加えて，左辺と右辺の酸素原子，水素原子数を等しくする．

$$MnO_4^- + 8H^+ \longrightarrow Mn^{2+} + 4H_2O$$

$$(COOH)_2 \longrightarrow 2CO_2 + 2H^+$$

反応式の左右の電荷を電子を加えて等しくする．

$$MnO_4^- + 8H^+ + 5e^- \longrightarrow Mn^{2+} + 4H_2O$$

$$(COOH)_2 \longrightarrow 2CO_2 + 2H^+ + 2e^-$$

酸化反応，還元反応の電子数を等しくし，両式を合わせる．

$$2MnO_4^- + 16H^+ + 10e^- \longrightarrow 2Mn^{2+} + 8H_2O$$

$$5(COOH)_2 \longrightarrow 10CO_2 + 10H^+ + 10e^-$$

$$2MnO_4^- + 16H^+ + 5(COOH)_2 \longrightarrow 2Mn^{2+} + 8H_2O + 10CO_2 + 10H^+$$

共通物質を除いて整理すると反応式が完成する．

$$2MnO_4^- + 6H^+ + 5(COOH)_2 \longrightarrow 2Mn^{2+} + 8H_2O + 10CO_2$$

酸化還元滴定　酸化還元反応を利用した滴定法は，簡便であり広く用いられている．中和滴定の当量点は H^+ と OH^- イオン数の一致した点であった．酸化還元滴定の当量点は酸化剤の受け取る電子数と，還元剤の放出する電子数が一致した点である．酸化剤の 1 mol が受け取れる電子数を a，濃度を c_O(mol·L^{-1})，体積を V_O(mL) とし，還元剤の 1 mol が放出できる電子数を b，濃度を c_R(mol·L^{-1})，体積を V_R(mL) とすると，当量点で式 (3-1) の関係が成り立つ．

$$a \times c_O \times \frac{V_O}{1000} = b \times c_R \times \frac{V_R}{1000} \quad \cdots\cdots(3\text{-}1)$$

例題 8　ある濃度の過酸化水素水 20.00 mL を，硫酸酸性下で 0.010 mol·L^{-1} の過マンガン酸カリウム水溶液で滴定したところ，12.00 mL を要した．過酸化水素水の濃度（mol·L^{-1}）はいくらか．

解答　過酸化水素，過マンガン酸カリウムはつぎのように反応する．

酸化剤；$MnO_4^- + 8H^+ + 5e^- \longrightarrow Mn^{2+} + 4H_2O$

還元剤；$H_2O_2 \longrightarrow 2H^+ + O_2 + 2e^-$

H_2O_2 の濃度を c(mol·L^{-1}) とすると次式が成り立つ．

$$2 \times c \times 20.00 = 5 \times 0.010 \times 12.00 \quad c = 0.015\ \text{mol·L}^{-1}$$

表 3-4　酸化剤とその反応

酸化剤	反応	例
酸　素	$O_2 + 4H^+ + 4e^- \rightarrow 2H_2O$	$2Cu + O_2 \rightarrow 2CuO$
オゾン	$O_3 + 2H^+ + 2e^- \rightarrow O_2 + H_2O$	$2KI + O_3 + H_2O \rightarrow I_2 + O_2 + 2KOH$
過酸化水素	$H_2O_2 + 2H^+ + 2e^- \rightarrow 2H_2O$	$2HI + H_2O_2 \rightarrow I_2 + 2H_2O$
ハロゲン	$Cl_2 + 2e^- \rightarrow 2Cl^-$	$Cl_2 + SO_2 + 2H_2O \rightarrow 2HCl + H_2SO_4$
酸化マンガン(Ⅳ)	$MnO_2 + 4H^+ + 2e^- \rightarrow Mn^{2+} + 2H_2O$	$4HCl + MnO_2 \rightarrow MnCl_2 + 2H_2O + Cl_2$
過マンガン酸イオン	$MnO_4^- + 8H^+ + 5e^- \rightarrow Mn^{2+} + 4H_2O$	$2KMnO_4 + 8H_2SO_4 + 10FeSO_4 \rightarrow K_2SO_4 + 2MnSO_4 + 5Fe_2(SO_4)_3 + 8H_2O$
二クロム酸イオン	$Cr_2O_7^{2-} + 14H^+ + 6e^- \rightarrow 2Cr^{3+} + 7H_2O$	$K_2Cr_2O_7 + 4H_2SO_4 + 3Na_2SO_3 \rightarrow K_2SO_4 + Cr_2(SO_4)_3 + 3Na_2SO_4 + 4H_2O$
濃硝酸	$HNO_3 + H^+ + e^- \rightarrow H_2O + NO_2$	$Cu + 4HNO_3 \rightarrow Cu(NO_3)_2 + 2H_2O + 2NO_2$
希硝酸	$HNO_3 + 3H^+ + 3e^- \rightarrow 2H_2O + NO$	$3Cu + 8HNO_3 \rightarrow 3Cu(NO_3)_2 + 4H_2O + 2NO$
熱濃硫酸	$H_2SO_4 + 2H^+ + 2e^- \rightarrow 2H_2O + SO_2$	$Cu + 2H_2SO_4 \rightarrow CuSO_4 + SO_2 + 2H_2O$

表 3-5　還元剤とその反応

還元剤	反応	例
水素	$H_2 \rightarrow 2H^+ + 2e^-$	$CuO + H_2 \rightarrow Cu + H_2O$
過酸化水素	$H_2O_2 \rightarrow 2H^+ + O_2 + 2e^-$	$2KMnO_4 + 3H_2SO_4 + 5H_2O_2 \rightarrow K_2SO_4 + 2MnSO_4 + 8H_2O + 5O_2$
炭素	$C \rightarrow C^{2+} + 2e^-$	$PbO + C \rightarrow Pb + CO$
アルミニウム	$Al \rightarrow Al^{3+} + 3e^-$	$Fe_2O_3 + 2Al \rightarrow Al_2O_3 + 2Fe$
ナトリウム	$Na \rightarrow Na^+ + e^-$	$2Na + 2H_2O \rightarrow 2NaOH + H_2$
二酸化硫黄	$SO_2 + 2H_2O \rightarrow SO_4^{2-} + 4H^+ + 2e^-$	$SO_2 + 2H_2O + Br_2 \rightarrow 2HBr + H_2SO_4$
硫化水素	$H_2S \rightarrow 2H^+ + S + 2e^-$	$H_2S + Cl_2 \rightarrow 2HCl + S$
スズ(Ⅱ)イオン	$Sn^{2+} \rightarrow Sn^{4+} + 2e^-$	$SnCl_2 + 2HgCl_2 \rightarrow SnCl_4 + Hg_2Cl_2$
鉄(Ⅱ)イオン	$Fe^{2+} \rightarrow Fe^{3+} + e^-$	$2KMnO_4 + 8H_2SO_4 + 10FeSO_4 \rightarrow K_2SO_4 + 2MnSO_4 + 5Fe_2(SO_4)_3 + 8H_2O$
シュウ酸	$H_2C_2O_4 \rightarrow 2H^+ + 2CO_2 + 2e^-$	$2KMnO_4 + 5H_2C_2O_4 + 3H_2SO_4 \rightarrow 2MnSO_4 + K_2SO_4 + 8H_2O + 10CO_2$

≪コーヒーブレイク≫

「青は藍より出でて藍より青し」(筍子)

「藍」とは，植物性の藍色（青，紺色）の染料である．日本ではタデアイ，ヨーロッパではウォード，インドではインド藍などの植物から藍が取られていた．いま，手作り独特の暖かさを求め藍染めも見直されてきている．

藍の生成と染色

タデアイなどの藍植物は，インジゴの前駆体であるインジカンを葉に多く持っている．インジカンはインドキシルにグルコースが結合した形の配糖体の一種で，無色の水溶性物質である．葉が傷ついたり，枯れるとインジカンはインドキシルに加水分解され，さらにその 2 分子が空気酸化を受けて青い色素（インジゴ）に変化する．インジゴは水に不溶であるが，還元により得られるロイコインジゴは塩基性水溶液に可溶である．ロイコインジゴは容易に空気酸化を受け，再びインジゴにもどる．これらの性質を利用し藍の染色が行われている．

インジカン（無色）—加水分解→ インドキシル（無色）—空気酸化→ インジゴ（水に不溶，藍色）

インジゴ（水に不溶，藍色）⇄ ロイコインジゴ(ナトリウム塩)（水に可溶，無色）（還元(塩基性)／空気酸化）

昔の人々が身のまわりにある物，植物，生物を利用して行ってきた藍染法から人々の工夫のすばらしさを感じてほしい．

（1）タデアイの葉を刻み乾燥した葉を，3～4 日ごとに水をやり 100 日程度発酵させ，「すくも」と呼ばれる染料にする．

（2）土の中に埋め込んだ瓶の中に，すくも・小麦ふすま（発酵の栄養源）・灰汁（アルカリ）を入れ，1 週間ほど発酵させ，すくも中のインジゴを還元して水溶性にして，染色に用いる．

有機化合物を表す式

$C_2H_4O_2$
分子式

CH_3COOH
示性式

構造式

簡略化した構造式

*1　炭素以外に酸素や，窒素原子を環の一部に含む，環状の化合物を複素環式化合物という．

フラン

ピロリジン

3-3　有機化合物の反応

（1）　有機化合物

有機化学（organic chemistry）は**有機化合物**（organic compound）に関する化学である．有機化合物は，生体の力を借りなければつくることのできない化合物と考えられていたが，化学の進歩によりそれらも人工的につくることが可能となった．現在，いくつかの例外があるが，炭素の化合物を有機化合物という．数百万の有機化合物が知られているが，そのほとんどの化合物

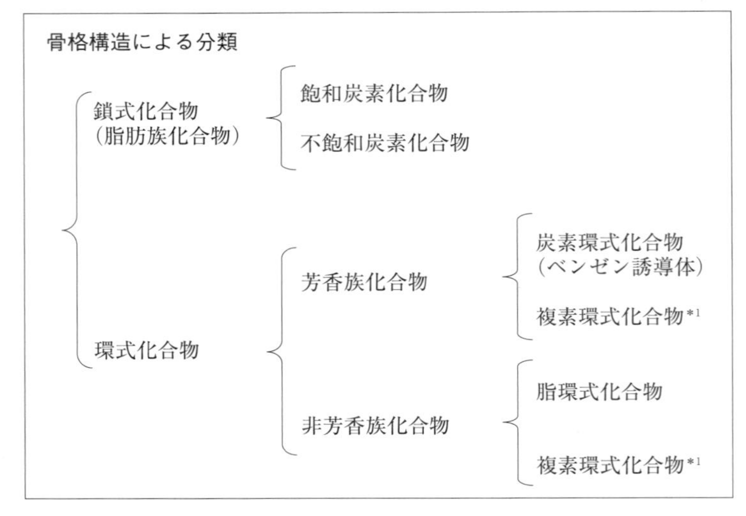

図 3-2　炭素骨格による有機化合物の分類

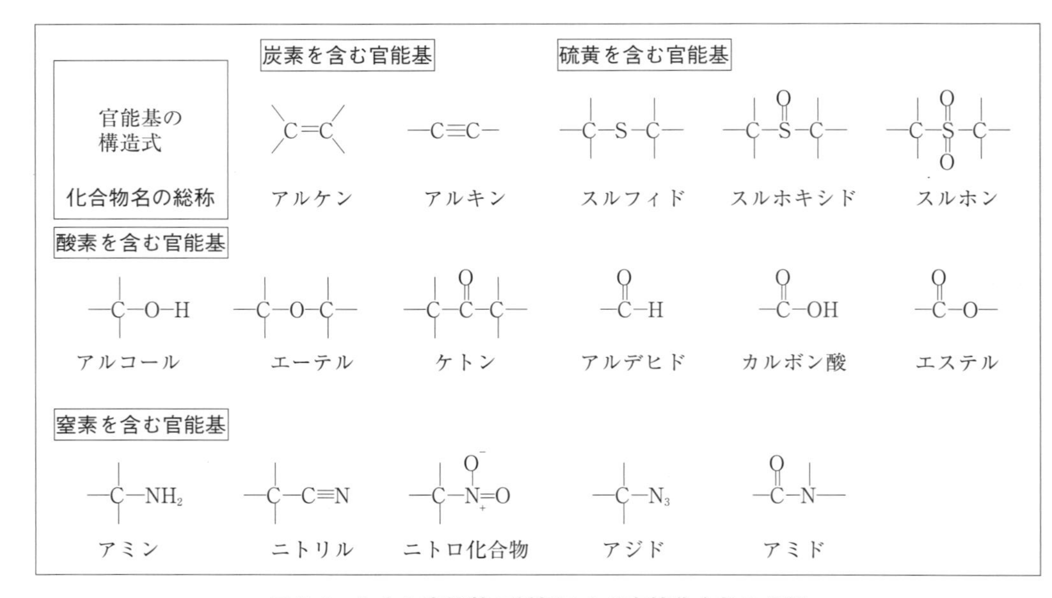

図 3-3　おもな官能基の種類による有機化合物の分類

は炭素，水素，酸素，窒素の4元素から構成されている．有機化合物の分類には，炭素骨格による分類と，**官能基**（functional group）による分類が併用されている．

官能基とはすべての結合が単結合である特徴のない炭化水素（飽和炭化水素）に，それぞれ特徴のある性質を付与する原子，または原子団をいう．官能基は有機分子の性質を決めるだけでなく，他の官能基に変換したり，新しい炭素—炭素結合をつくる手がかりとなる．したがって官能基の化学的，物理的性質を理解することは重要である．

例題9　図3-3の官能基を持つ炭素数の最も少ない化合物の構造式と名称を示しなさい．

解答　$CH_2{=}CH_2$，エテン（エチレン）；H-C≡C-H，エチン（アセチレン）；CH_3SCH_3，ジメチルスルフィド；CH_3SOCH_3，ジメチルスルホキシド；$CH_3SO_2CH_3$，ジメチルスルホン；CH_3OH，メタノール；CH_3OCH_3，ジメチルエーテル；CH_3COCH_3，2-プロパノン（アセトン）；HCHO，メタナール（ホルムアルデヒド）；HCOOH，メタン酸（ギ酸）；$HCOOCH_3$，メタン酸メチル（ギ酸メチル）；CH_3NH_2，メチルアミン；CH_3CN，エタンニトリル（アセトニトリル）；CH_3NO_2，ニトロメタン；CH_3N_3，メチルアジド；$HCONH_2$，メタンアミド（ホルムアミド）．（かっこ内の名称は慣用名）

（2）共有結合の開裂と有機化学反応

有機分子が化学反応するためには結合の開裂と，再結合による原子の組み替えが必要である．結合が開裂する様式は2種類あり，その1つは共有結合を形成している共有電子対を，それぞれの原子が均等に1個ずつ持って開裂する**ホモリシス**（homolysis）または**ホモ開裂**である．この開裂の結果それぞれの原子は，奇数個の電子を持つ電気的に中性な化学種となる．この化学種は**ラジカル**（radical）あるいは**遊離基**と呼ばれ，最外殻が閉殻となっていないため，非常に反応性に富む化学種である．もう1つの開裂様式は，共有結合電子対が開裂する原子の一方に電子対として局在化する**ヘテロリシス**（heterolysis）または**ヘテロ開裂**である．この開裂により陽イオンと陰イオンを生成する．

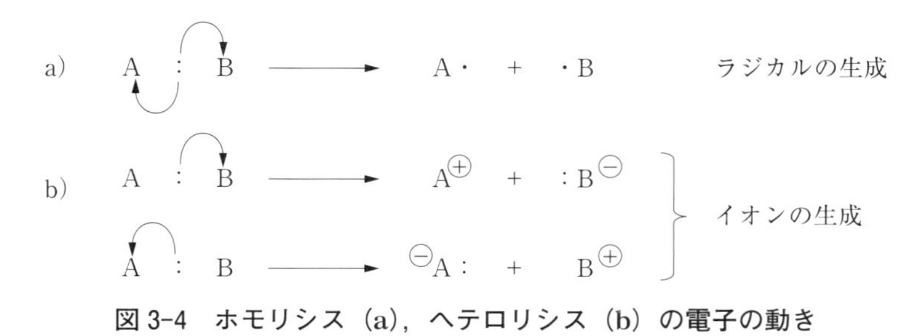

図3-4　ホモリシス（a），ヘテロリシス（b）の電子の動き

例題10　臭化水素を高温で反応させるとき，ホモリシスとヘテロリシスでどちらが起こると予想されるか．ただしH-Brの結合エネルギーは 367 kJ·mol^{-1}，H のイオン化エネルギーは 1315 kJ·mol^{-1}，Br の電子親和力は 344 kJ·mol^{-1} である．

$$\mathrm{H{-}Br} \longrightarrow \mathrm{H\cdot + \cdot Br}$$
$$\mathrm{H{-}Br} \longrightarrow \mathrm{H^+ + Br^-}$$

解答　ホモリシスに必要なエネルギーは結合エネルギーに対応するので 367 kJ·mol^{-1} となる．ヘテロリシスに必要なエネルギー E は

E＝(結合エネルギー)＋(イオン化エネルギー)－(電子親和力)
＝367＋1315－344＝1338 kJ·mol^{-1}

となる．この結果より，ホモリシスに要するエネルギーは 367 kJ·mol^{-1}，ヘテロリシスに要するエネルギーは 1338 kJ·mol^{-1} となり，ホモリシスが有利な経路であることがわかる．しかし私たちは水溶液中で，HBr がイオンに解離していることを知っている．これは開裂により生成するイオンが溶媒和[*1]により安定化されるためである．

[*1] 溶媒和については第 5 章を参照．

（3） 飽和炭化水素の反応

原子間の結合がすべて単結合である炭化水素を飽和炭化水素（**アルカン**：alkane）という（表 3-6）．飽和炭化水素のうち，常温で気体の物質は

表 3-6　直鎖飽和炭化水素（alkanes）

分子式	物質名	沸点（℃）	融点（℃）
CH_4	メタン	−161	−184
C_2H_6	エタン	−88	−183
C_3H_8	プロパン	−42	−188
C_4H_{10}	n-ブタン	−0.5	−138
C_5H_{12}	n-ペンタン	36	−130
C_6H_{14}	n-ヘキサン	69	−90
C_7H_{16}	n-ヘプタン	98	−91
C_8H_{18}	n-オクタン	126	−57
C_9H_{20}	n-ノナン	150	−54
$C_{10}H_{22}$	n-デカン	174	−30

おもに石油ガス，天然ガスなどから得られ[*2]，沸点範囲がおよそ 30℃～170℃のもの（ナフサ）は，原油の常圧蒸留により得られる．これらは官能基を持たないので，化学反応しにくい化合物群である．しかし熱や光が加わると，酸素，ハロゲン（F_2，Cl_2，Br_2）と反応する．メタンと塩素を混合して紫外線（$h\nu$）をあてると，種々の塩素化メタンを生成する．

$$\underset{\text{メタン}}{CH_4} \xrightarrow[-HCl]{Cl_2,\ h\nu} \underset{\text{モノクロロメタン}}{CH_3Cl} \xrightarrow[-HCl]{Cl_2,\ h\nu} \underset{\text{ジクロロメタン}}{CH_2Cl_2}$$
$$\xrightarrow[-HCl]{Cl_2,\ h\nu} \underset{\text{クロロホルム}}{CHCl_3} \xrightarrow[-HCl]{Cl_2,\ h\nu} \underset{\text{四塩化炭素}}{CCl_4}$$

この反応は 2 つの反応物質がそれぞれの原子を交換して，新しい 2 つの生成物質に変化している．この反応形式を**置換反応**（substitution reaction）という．

[*2] 液化天然ガス（LNG）（liquefied natural gas）
主成分はメタンであり，天然ガスを精製後，加圧冷却して液化したもの．硫黄分が全く含まれていないため，クリーンエネルギーとしての利用価値が高い．各種燃料および化学原料として使用されている．
液化石油ガス（LPG）（liquefied petroleum gas）
天然ガスや石油精製から得られる，プロパンやブタンを主成分とするガスを加圧冷却して液化したもの．
各種燃料および化学原料として使用されている．
石油化学用語辞典（石油化学工業会）

置換反応：A—B　＋　C—D　⟶　A—C　＋　B—D

CH_3—H　＋　Cl—Cl　⟶　CH_3—Cl＋H—Cl

つぎに反応の進行過程“反応機構”について考えてみよう．飽和炭化水素類は紫外，可視領域に吸収を持たないが，塩素は紫外から可視領域に吸収を持つ黄緑色の気体である．この塩素が光を吸収し，ホモリシスにより反応性に富む塩素ラジカルを生成することで反応が開始される．生成した塩素ラジカルはメタンから水素原子を引き抜き，メチルラジカルと塩化水素になる．メチルラジカルはつぎに塩素分子と反応しモノクロロメタンを生成し，同時に塩素ラジカルを再生する．再生した塩素ラジカルがこの反応を繰り返すことにより，塩素化メタン類が得られる．反応は系に存在するラジカルの再結合により終了する．

$$\mathrm{Cl:Cl} \xrightarrow{h\nu} \mathrm{2Cl\cdot}\ \text{(開始反応)}$$

$$\left.\begin{array}{l}\mathrm{Cl\cdot + CH_4 \longrightarrow CH_3\cdot + H\text{-}Cl} \\ \mathrm{CH_3\cdot + Cl:Cl \longrightarrow CH_3\text{-}Cl + Cl\cdot}\end{array}\right\}\ \text{(連鎖反応)}$$

$$\left.\begin{array}{l}\mathrm{CH_3\cdot + Cl\cdot \longrightarrow CH_3\text{-}Cl} \\ \mathrm{CH_3\cdot + CH_3\cdot \longrightarrow CH_3\text{-}CH_3}\end{array}\right\}\ \text{(停止反応)}$$

この反応は光照射によりエネルギーを与える光化学反応である．光化学反応では，反応系に存在する特定の物質が吸収する波長の光を照射し，その物質を選択的に活性化することが可能である．一方，熱反応ではこのような選択性はなく，加熱により系に存在するすべての物質を活性化する．

（4）　不飽和炭化水素の反応

分子中に炭素-炭素2重結合を持つ化合物は**アルケン**（alkene），3重結合を持つ化合物は**アルキン**（alkyne）と呼ばれ，これらの総称は**不飽和炭化水素**（unsaturated hydrocarbon）である（表3-7）．2重結合は1つのσ結合と，1つのπ結合から，3重結合は1つのσ結合と，2つのπ結合からできている．

表3-7　不飽和炭化水素（alkenes and alkynes）

化学式	組織名	慣用名
$CH_2{=}CH_2$	エテン	エチレン
$CH_3CH{=}CH_2$	プロペン	プロピレン
$CH_3CH_2CH{=}CH_3$	1-ブテン	
$CH_3CH{=}CHCH_3$	2-ブテン	
$CH_2{=}CHCH{=}CH_2$	1,3-ブタジエン	
H-C≡C-H	エチン	アセチレン
$CH_3C{\equiv}C\text{-}H$	プロピン	メチルアセチレン
$CH_3CH_2C{\equiv}C\text{-}H$	1-ブチン	エチルアセチレン

付加反応　　π結合はσ結合に比べ弱い結合であり，その軌道は分子骨格の外に大きく広がっている[*1]．そのためπ結合の電子対は動きやすく，多く

[*1] エチレンのπ軌道

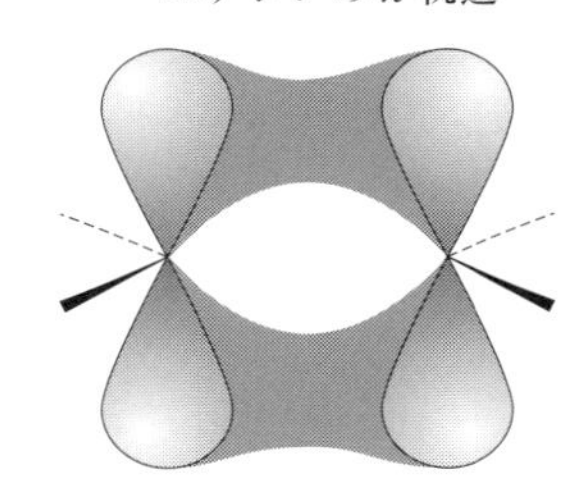

の物質にルイス塩基として作用し，**付加反応**（addition reaction）を起こす．付加反応とは2つの反応物質が一緒になり1つの新しい物質を生成する反応である．

$$付加反応：A+B \longrightarrow C$$

エチレン（ethylene）[*1]，プロピレン（propylene），ブタジエン（butadiene）は石油化学の基礎製品であり，主としてナフサの熱分解により製造されている．これらからプラスチック，繊維，合成ゴム，合成洗剤等の原料となる化合物が製造されている．エチレンから製造されているおもな誘導製品を図3-5に示す．

*1　エチレンは成長・分化・老化を調整する植物ホルモンである．とくに，リンゴや，梨，マンゴなどの果実の成熟時に生成量が著しく増加する．冷蔵庫の中などでは，このエチレン（極めて低濃度，ppbオーダー）が他の果実，野菜の老化（熟成）を促進する．

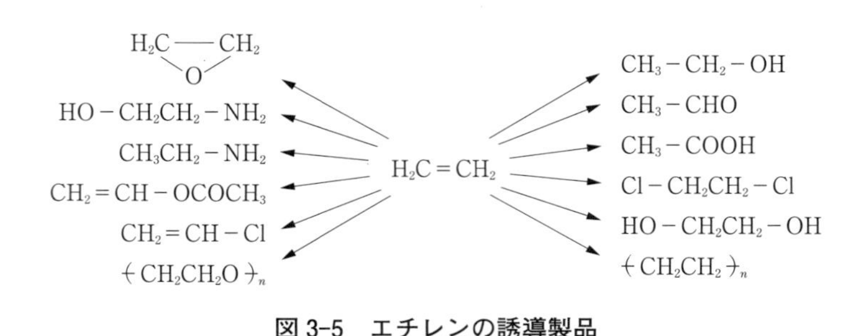

図3-5　エチレンの誘導製品

例題11　図3-5の化合物の名称を記しなさい．

解答　H_2C-CH_2（O架橋），エチレンオキシド；$HO\text{-}CH_2CH_2\text{-}NH_2$，エタノールアミン；$CH_3CH_2\text{-}NH_2$，エチルアミン；$CH_2{=}CH\text{-}OCOCH_3$，酢酸ビニル；$CH_2{=}CH\text{-}Cl$，塩化ビニル；$(CH_2CH_2O)_n$，ポリエチレングリコール；$CH_3CH_2\text{-}OH$，エタノール；$CH_3\text{-}CHO$，アセトアルデヒド；$CH_3\text{-}COOH$，酢酸；$Cl\text{-}CH_2CH_2\text{-}Cl$，1, 2-ジクロロエタン；$HO\text{-}CH_2CH_2\text{-}OH$，エチレングリコール；$(CH_2CH_2)_n$，ポリエチレン

親電子付加反応　　つぎのプロピレンに対する臭化水素の付加反応を例に，ヘテロリシスの過程を経る**親電子付加反応**（electrophilic addition reaction）の反応機構について考えてみる．

$$CH_3CH{=}CH_2 \quad + \quad HBr \longrightarrow H_3C-\underset{Br}{\overset{H}{C}}-\underset{H}{\overset{H}{C}}-H$$

大きく分極している臭化水素がプロピレンに接近し，プロピレンのπ電子対を受けとると同時に，H-Brがヘテロ開裂してカルボカチオン（炭素陽イオン）中間体と臭化物イオンを生成する．ここで2種類のカルボカチオン（中間体Aと中間体B）の生成が可能であるが，相対的に安定なAが生成する[*2]．この陽イオンに陰イオンが結合して反応が完結する．

*2　炭素陽イオンの安定性

陽イオン		生成エンタルピー ΔH/kJ·mol^{-1}
CH_3^+	メチル	1092
$CH_3CH_2^+$	1級	901
$(CH_3)_2CH^+$	2級	798
$(CH_3)_3C^+$	3級	693

この表のΔHの値は気相での値であり，溶液中の値とは本質的に異なる．しかし，ここから相対的な安定性が，メチル<1級<2級<3級と増加することを見ることができる．

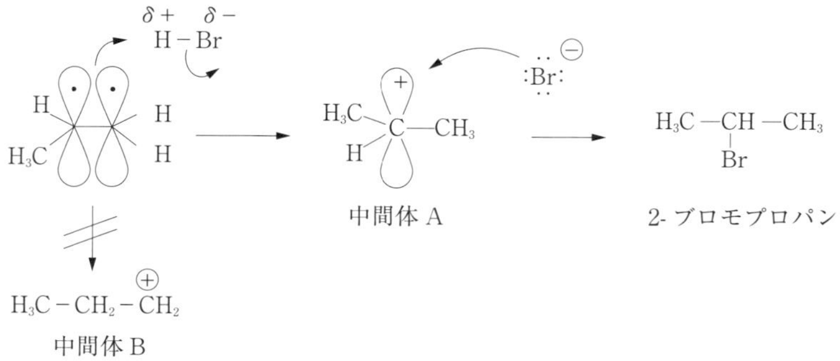

$\delta+$　$\delta-$
H－Br

H, H_3C ／ H, H → H_3C, H, C—CH_3 (+) ← :Br:⊖ → H_3C—CH—CH_3 (Br)

中間体 A　　2-ブロモプロパン

$H_3C-CH_2-\overset{+}{C}H_2$
中間体 B

マルコウニコフ（V. V. Markovnikov）は，多くのアルケンへの HX の付加反応を調べ，1869 年に「**H はアルキル置換基の少ない炭素につき，X はアルキル置換基の多い炭素につく**」という経験則を提唱した．このマルコウニコフ則による生成物は，相対的に安定なカルボカチオンに X^- が付加した生成物と同じである．

例題 12　　つぎの反応の生成物を予測しなさい．

a)　(1-エチルシクロペンテン, CH_2CH_3)　$\xrightarrow{HBr}$　　b)　(メチレンシクロペンタン, $=CH_2$)　$\xrightarrow{HBr}$

解答　　親電子付加反応の中間体の相対的安定性を考える．

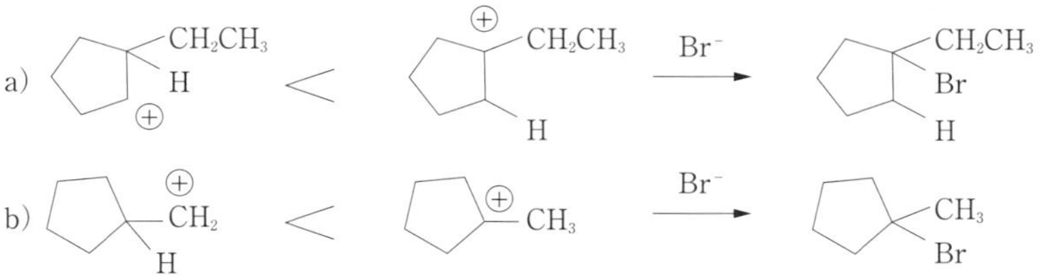

a)　(CH_2CH_3, H, ⊕)　<　(⊕, CH_2CH_3, H)　$\xrightarrow{Br^-}$　(CH_2CH_3, Br, H)

b)　(⊕ CH_2, H)　<　(⊕ CH_3)　$\xrightarrow{Br^-}$　(CH_3, Br)

ラジカル付加反応　　アルケンは高い親電子付加反応性を示すばかりでなく，ラジカル付加反応も起こすことが知られている．アルケンのラジカル付加反応は**重合反応**（polymerization reaction）として高分子化合物の合成に広く利用されている．

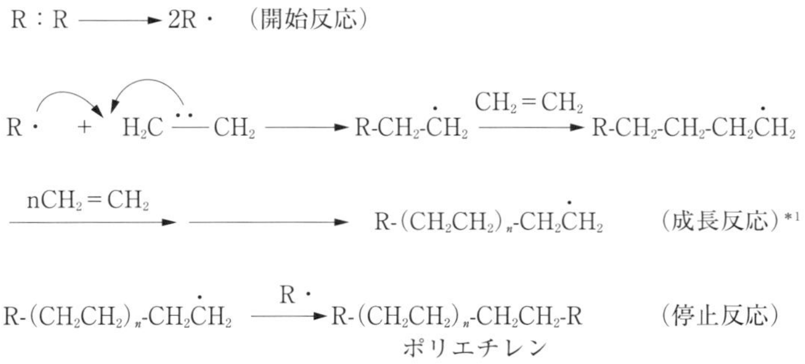

R：R ⟶ 2R・　（開始反応）

R・　+　H_2C ⋅⋅ CH_2 ⟶ R-CH_2-$\dot{C}H_2$ $\xrightarrow{CH_2=CH_2}$ R-CH_2-CH_2-$CH_2\dot{C}H_2$

$\xrightarrow{nCH_2=CH_2}$ ⟶ R-$(CH_2CH_2)_n$-$CH_2\dot{C}H_2$　　（成長反応）[*1]

R-$(CH_2CH_2)_n$-$CH_2\dot{C}H_2$ $\xrightarrow{R\cdot}$ R-$(CH_2CH_2)_n$-CH_2CH_2-R　　（停止反応）
ポリエチレン

図 3-6　エチレンのラジカル重合反応（停止反応は 1 つだけ示してある）

[*1]　水素引き抜きによるつぎのような連鎖移動反応も同時に起きている．
R-(CH_2CH_2)-$_n$$CH_2\dot{C}H_2$+R′-H
→ R-(CH_2CH_2)-$_n$$CH_2CH_3$
+R′・

エチレンの重合は，通常少量のラジカル開始剤を用いて高温（100—250℃），高圧（100—300 MPa）で行われている．このようにして数千から数万のエチレン単位からなるポリエチレンが製造される．ラジカル連鎖反応が起き，完結するには，開始反応（initiation），成長反応（propagation），連鎖移動反応，停止反応（termination）の反応段階が必要である．

表 3-8　ラジカル重合で得られる高分子と用途

高分子名	高分子構造	用途
ポリ塩化ビニル	$\left(CH(Cl)-CH_2\right)_n$	パイプ，電線被覆，雨樋，各種成型品
ポリアクリロニトリル	$\left(CH(CN)-CH_2\right)_n$	セーター，毛布，カーペット
ポリスチレン	$\left(CH(Ph)-CH_2\right)_n$	工業部品，容器，家庭用品，玩具
ポリメチルメタクリレート	$\left(C(COOCH_3)(CH_3)-CH_2\right)_n$	看板，照明器具，塗料

（5）　芳香族化合物の反応

芳香族化合物（aromatic compound）とは，共役した環状の π 電子系を持つ安定な化合物である．炭素のみの 6 員環からなるベンゼン，トルエン，キシレン*1，および炭素原子以外の原子（これをヘテロ原子という）を含むピリジン，フラン，チオフェン，ピロールなど複素環芳香族化合物が知られている．

CH_3　H_3C—　—CH_3　N　O　S　N H

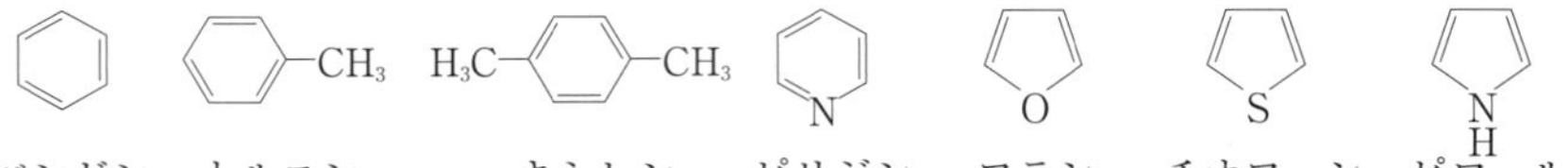

ベンゼン　トルエン　p- キシレン　ピリジン　フラン　チオフェン　ピロール

親電子置換反応　芳香族化合物も不飽和炭化水素と同様に π 電子系を持つので，ルイス塩基として作用し，親電子剤（ルイス酸）と反応する．しかしアルケンの場合とは異なり親電子剤の付加反応は起きず，芳香環の水素と置換反応を起こす．この反応形式を**親電子置換反応**（electrophilic substitution reaction）という．

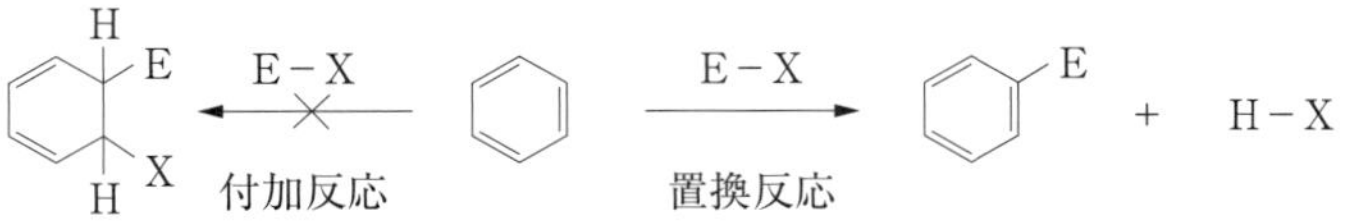

H E　E−X　E−X　E　+　H−X
H X　付加反応　置換反応

ベンゼンは正 6 角形の構造であり，炭素—炭素結合は 2 章で述べたように共鳴構造をとっているので 1.5 重結合である．ベンゼンの 1.5 重結合の**親電子剤**（electrophile）に対する反応性は，アルケンの 2 重結合に比べかなり低い．たとえば四塩化炭素溶液中の臭素は，アルケンとは速やかに反応するが，ベンゼンとは反応しない．それゆえベンゼンの臭素化を行うためにはルイス

*1　ベンゼン，トルエン，キシレンは化学工業の基礎製品でこれらは BTX と呼ばれている．キシレンには *o*（オルト），*m*（メタ），*p*（パラ）の 3 種類の異性体がある．*o*-および *m*-キシレンの構造式を省略しないで示す．

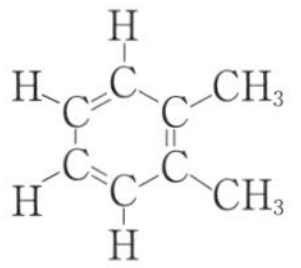

H　H　C　CH_3　C　C　C　C　H　C　CH_3　H

o-キシレン

CH_3　H　C　H　C　C　C　C　H　C　CH_3　H

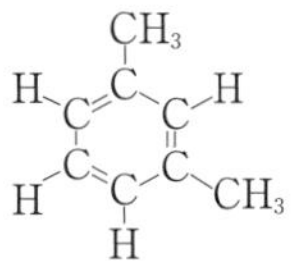

m-キシレン

酸触媒を必要とする．このようにベンゼン環の親電子置換反応は，ルイス酸触媒を必要とすることが多い．適切な反応条件，親電子剤（反応剤）を選ぶことにより，ベンゼン環の水素原子をハロゲン（-F，-Cl，-Br，-I），ニトロ基，スルホ基，アルキル基，アシル基（-COR）等に置換することができる．

ハロゲン化　ニトロ化
X–（ハロベンゼン）　–NO_2（ニトロベンゼン）
アルキル化　アシル化　スルホン化
R–（アルキルベンゼン）　R–C(=O)–（アシルベンゼン）　–SO_3H（ベンゼンスルホン酸）

いずれも同様の反応機構で進行しているので，ハロゲン化について考えてみる．臭化鉄(Ⅲ)を触媒としてベンゼンに臭素を反応させると，ブロモベンゼンが得られる．触媒の臭化鉄(Ⅲ)は，反応性の低い臭素分子を分極させ，強力な親電子剤となる錯体 $FeBr_4^-Br^+$ に変える働きをしている[*1]．

$$\mathrm{Br\text{-}Br} \xrightarrow{\mathrm{FeBr_3}} \overset{\delta^+}{\mathrm{Br}}\cdots\cdots\mathrm{Br}\cdots\overset{\delta^-}{\mathrm{FeBr_3}} \longrightarrow \mathrm{Br^+[FeBr_4]^-}$$

生成した強力な親電子剤にベンゼン環の π 電子対が配位結合し，陽イオン中間体を生成する．この中間体はもはや芳香族化合物ではないので，かなり不安定なエネルギー状態にある．つぎに安定な芳香環を再生するために水素イオンが脱離し，ブロモベンゼンと臭化水素が生成する．

[*1] 鉄粉をハロゲン化の触媒に用いることがあるが，鉄が触媒作用を示すのではない．反応中に鉄がハロゲンと反応してハロゲン化鉄(Ⅲ)となり触媒として働く．

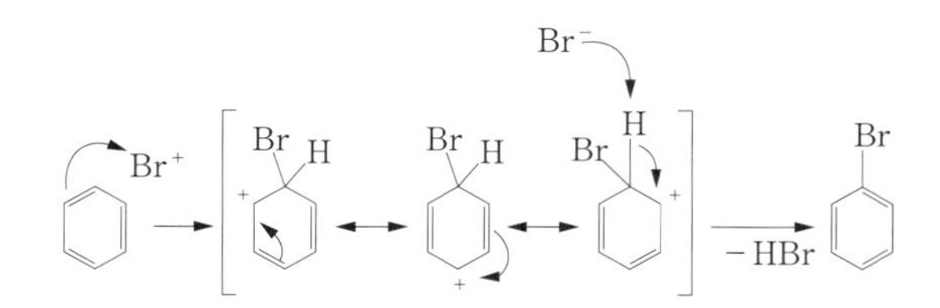

≪第３章のまとめ≫

1．酸と塩基

（１）酸とは，H^+ を放出することのできる化合物，あるいは電子対を受け取ることのできる物質である．

（２）塩基とは，OH^- を放出することのできる化合物，H^+ を受けとることのできる化合物，あるいは電子対を供与することのできる物質である．

（３）酸と塩基は反応し，水と塩，塩，あるいは錯化合物を生成する．

2．酸化・還元反応

（１）酸化反応とは酸素と結合する反応，水素を失う反応，あるいは電子を失う反応である．その結果，注目している原子の酸化数は増加する．

（２）還元反応とは酸素を失う反応，水素と結合する反応，あるいは電子を受け取る反応である．その結果，注目している原子の酸化数は減少する．

（3）酸化剤は相手を酸化し，自身は還元される．還元剤は相手を還元し自身は酸化される．

（4）酸化反応と還元反応は必ず同時に起きる．

3．有機化合物の分類と反応

有機化合物の分類

（1）有機化合物は炭素原子間の共有結合を基本とする化合物であり，炭素骨格により，鎖式化合物と環式化合物に大別される．鎖式化合物はさらに飽和化合物，不飽和化合物に分類され，環式化合物は脂環式化合物，芳香族化合物に分類される．

（2）有機化合物の性質は官能基により特徴づけられる．

有機化合物の反応

（1）飽和炭化水素は化学的に安定であるが，ラジカル反応により置換反応を起こす．

（2）不飽和結合は反応性に富み，親電子剤と付加反応する．またラジカルにより付加重合反応が進行し高分子が合成される．

（3）芳香族化合物は親電子剤と置換反応を起こす．ベンゼン環は相当する親電子剤によりハロゲン化，ニトロ化，スルホン化，アルキル化，アシル化などの反応を受ける．親電子剤を活性化するのにルイス酸触媒が用いられる．

第3章　練習問題

1．つぎの反応式を完成しなさい．

（a）アルミニウムと塩素から塩化アルミニウムを生成する．

（b）三フッ化ホウ素と水からフッ化水素とホウ酸が生成する．

（c）モノクロロエチレンの酸素中での燃焼反応．

（d）炭化カルシウムと水の反応．

（e）酸化鉄(Ⅲ)の炭素による還元反応（一酸化炭素が生成する）．

2．プロパンの燃焼熱は 2219 $kJ \cdot mol^{-1}$ である．22190 kJ のエネルギーを得るのには何キログラムのプロパンと酸素が必要か．またこの燃焼で何キログラムの二酸化炭素が発生するか．

3．六フッ化硫黄はフッ素化合物の中で最も安定な無色，無臭の気体であり，電気絶縁用の気体として使用されている．このガスは硫黄（S_8）にフッ素ガスを作用させて製造される．730 g の六フッ化硫黄をつくるのに硫黄とフッ素ガスそれぞれ何グラム必要か．

4．過塩素酸イオン（ClO_4^-）の Cl 原子の酸化数を示し，構造を電子式で示しなさい．

5．つぎの錯体および錯イオン中の金属原子の酸化数はいくつか．

（a）$Pt(NH_3)_2Cl_2$　（b）$[Co(en)_2Cl_2]^+$　en：$H_2NCH_2CH_2NH_2$

（c）$Ni(CO)_4$

6．過マンガン酸カリウム，水，*p*-クロロトルエンの混合液を，過マンガン酸イオンの色が消えるまで加熱すると，*p*-クロロ安息香酸塩と二酸化マンガンが得られる．この反応の全イオン反応式を完成しなさい．反応条件が酸性と塩基性では過マンガン酸カリウムの反応は異なる．

$$Cl-C_6H_4-CH_3 + MnO_4^- \longrightarrow Cl-C_6H_4-COO^- + MnO_2$$

7．つぎの有機化合物を硫酸酸性溶液中で二クロム酸カリウムを用いて酸化したとき得られる化合物の構造式と名称を示しなさい．この反応条件では１級アルコールはカルボン酸まで酸化される．

（a）メタノール　（b）エタノール　（c）2-プロパノール

（d）2-メチル-2-プロパノール

8．プロペンとつぎの物質の反応を示しなさい．

（a）Br_2　（b）HBr　（c）H_2，Pd触媒　（d）H_2O，酸触媒

≪コーヒーブレイク≫

エタノールの功罪

アルコールは体内でアセトアルデヒド，酢酸を経て水と二酸化炭素に代謝される．飲み過ぎると毒性の強いアセトアルデヒドが処理しきれず，血液中に入り込む．これが二日酔いの主な原因となる．

$$CH_3CH_2OH \longrightarrow CH_3CHO \longrightarrow CH_3COOH \longrightarrow CO_2+H_2O$$

ところで渋柿を甘くする方法（渋抜き）を知っているだろうか．炭酸ガスやアルコールが用いられる．これらを加えて密封すると，細胞が酸欠状態になり正常な呼吸ができなくなる．このような状態ではアセトアルデヒド等が蓄積され，渋味の原因である可溶性のタンニン（タンパク質と反応する性質のある天然ポリフェノール成分の総称）と反応しタンニンを不溶性にするため，渋味を感じなくなる．一方，甘柿の場合は，種が生長する時にアルコールが分泌されるため，樹上で自ら渋抜きしてしまう．

第4章　気体―液体―固体

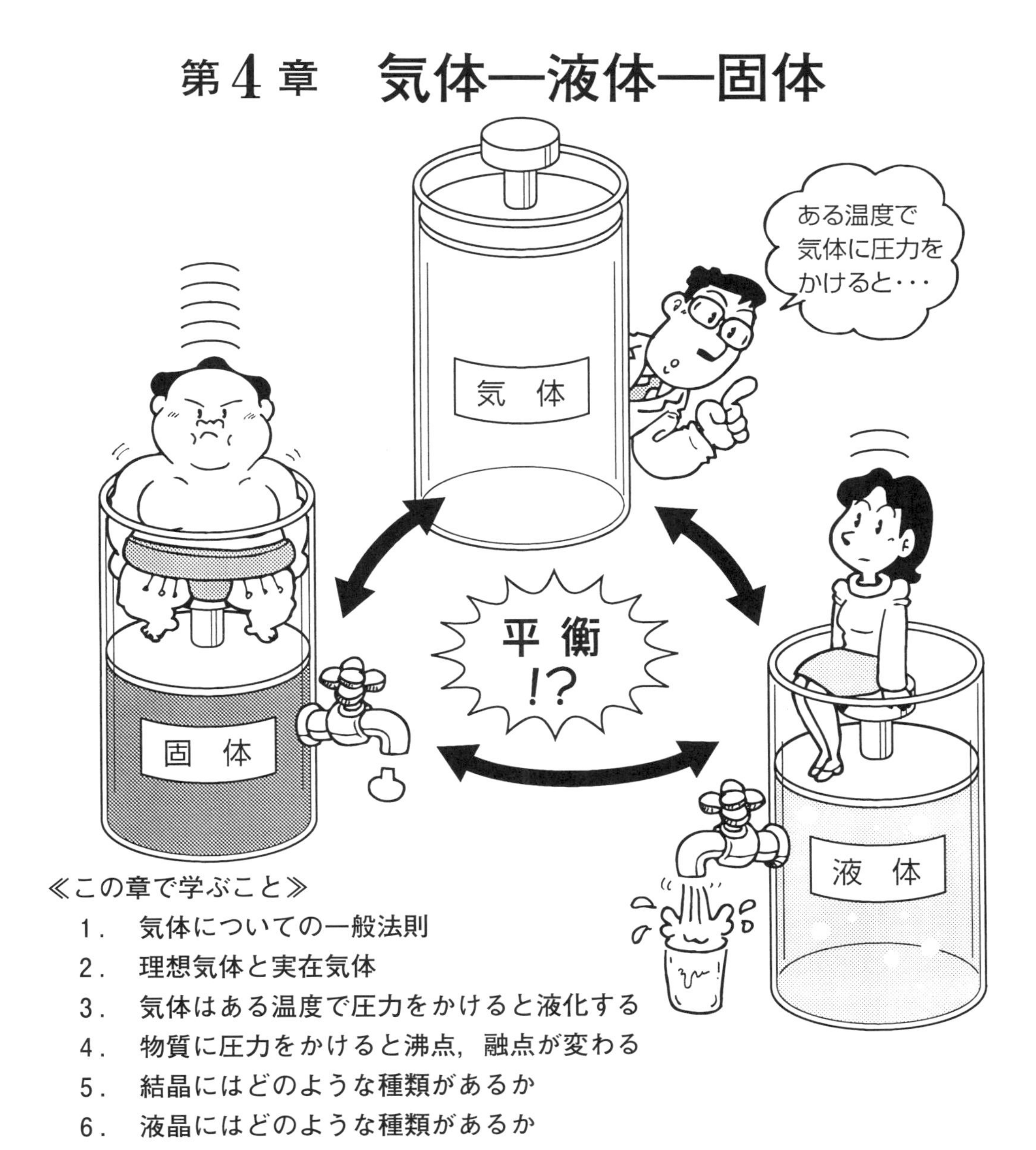

≪この章で学ぶこと≫

1．　気体についての一般法則
2．　理想気体と実在気体
3．　気体はある温度で圧力をかけると液化する
4．　物質に圧力をかけると沸点，融点が変わる
5．　結晶にはどのような種類があるか
6．　液晶にはどのような種類があるか

物質には気体，液体，固体の状態があり，それらを物質の3態という．物質を構成する粒子（原子，分子，またはイオン）がある一定の規則で集合して固い状態を固体，粒子間の距離がある程度離れていて流動性がある状態を液体，粒子どうしが十分に距離をおいて自由に飛び回っている状態を気体という．本章では，これらのうち気体が最も単純な状態なのではじめに学ぶ．すなわち，気体の状態を表すにはどうすればよいのか．気体は外からの温度，圧力などの条件によりどのように変わるのか．また，実験からどのような法則が見出されたのか．これを理論的に取り扱うにはどうすればよいか．つぎに気体を液体にするにはどうすればよいか．さらに，固体の状態はどのような手段で調べられるのかなどについて学ぶ．また，液体と固体の中間状態についても学ぶ．

4-1 気　体

気体についての一般法則，ボイルの法則やシャルルの法則，理想気体の状態方程式，気体分子が自由に飛び回っているときの速度，気体分子運動論など，主として気体の基本的な性質について学ぶ．

（1） ボイルの法則

ボイル（R. Boyle）は**「一定温度のもとで，一定質量の気体の体積（V）は圧力（p）に反比例する」**ことを実験的に確かめた．これを**ボイルの法則**（Boyle's law）という．

$$V \propto 1/p \text{ もしくは } pV = \text{一定} \quad (\text{温度一定})$$

ボイルの法則がよく合うのは低圧のときである．この法則は後で述べるように気体分子運動論からも理論的に導かれる．

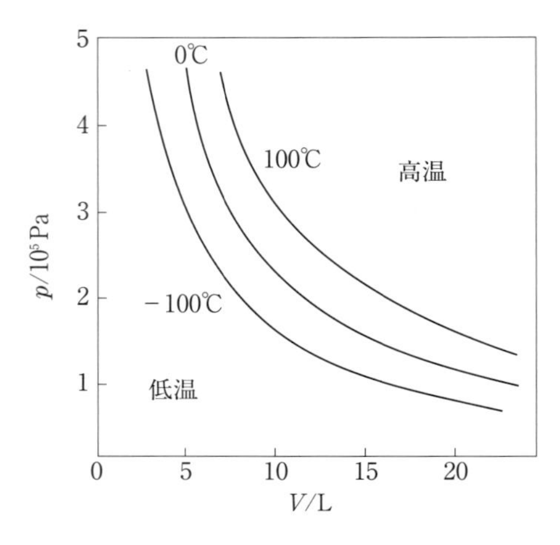

図 4-1　気体の体積と圧力

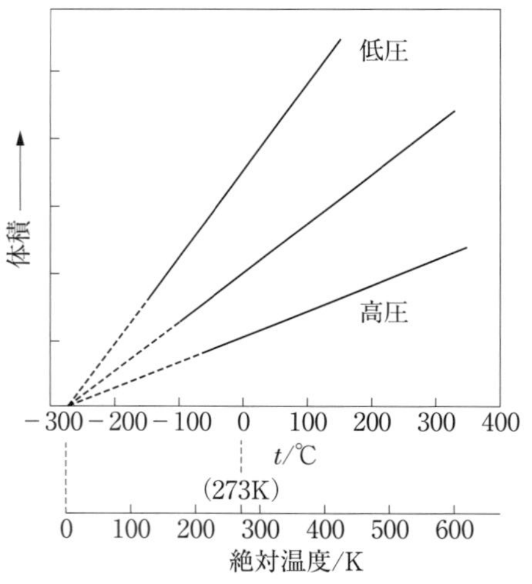

図 4-2　気体の体積と温度との関係

(2)　シャルルの法則

シャルル (J. A. C. Charles) は，「**一定圧力のもとで，一定質量の気体の温度を変えたとき，気体の体積の変化量は温度の変化量に比例する**」ことを発見した．しかし，シャルルは当時この発見を公表せず，後にゲイリュサック (Gay Lussac) が詳細な実験を行い，圧力一定のもとで，一定質量の気体の体積 (V) はつぎの式で表されることを発表した．

$$V = V_0\left(1 + \frac{t}{273}\right) \tag{4-1}$$

ここで，t はセルシウス温度 (単位℃)，V_0 は 0℃における気体の体積である．この式で $T = 273 + t$ とおくと，

$$\frac{V}{T} = \text{const.} \tag{4-2}$$

が得られる．

式 (4-2) の関係を図示したのが図 4-2 であり，-273℃で体積がゼロ (0) になる．体積が負になることはあり得ないので，この温度より下の温度は存在しないことになる．この気体の体積がゼロとなる温度をゼロとした温度表示を**絶対温度** (absolute temperature) と呼ぶ．厳密に測定すると，絶対零度は -273.15℃になるので，絶対温度 (T) とセルシウス温度 (t) との関係は，

$$T = 273.15 + t \tag{4-3}$$

となり，その単位として K (ケルビン) が用いられる．

これにより「**一定圧力のもとで，一定質量の気体の体積 (V) は絶対温度 (T) に比例する**」ことになり，これを**シャルルの法則**[*1] (Charles' law) という．

シャルルの法則も後で述べるように気体分子運動論から理論的に導かれる．

[*1] **ゲイリュサックの法則** (Gay Lussac's law) とも呼ばれる．

(3)　ボイル-シャルルの法則

一定質量の気体を状態 I $[p_1, V_1, T_1]$ から状態 M$[p_2, V_M, T_1]$ に変えたとき，ボイルの法則から $p_1V_1 = p_2V_M$ が成り立つ．次に状態 M から状態 II $[p_2, V_2, T_2]$ に変えたとき，シャルルの法則から $V_M/T_1 = V_2/T_2$ が成り立つ．この2式から V_M を消去すると，次の式が得られる．

$$\frac{p_1V_1}{T_1} = \frac{p_2V_2}{T_2} = \text{const.} \tag{4-4}$$

状態 I，状態 II は任意の状態であるから，式 (4-4) は式 (4-5) に帰着する．

$$\frac{pV}{T} = \text{const.} \tag{4-5}$$

この関係，すなわち「**一定質量の気体の体積 (V) は，絶対温度 (T) に比例し，圧力 (p) に反比例する**」を**ボイル-シャルルの法則** (Boyle-Charles' law) という．

アボガドロ[*2] は，気体について，「**同温・同圧のもとにおいて，すべての気体は同体積中に同数の分子を含む**」ことを提案した．これを**アボガドロの法**

[*2] アボガドロ A. Avogadro (1776～1856) イタリアの物理学者．トリノ大学教授．ドルトンの原子説とゲイリュサックの気体反応法則を発展させ，アボガドロの法則発見．研究は電気，液体の膨張，比熱など多方面にわたる．

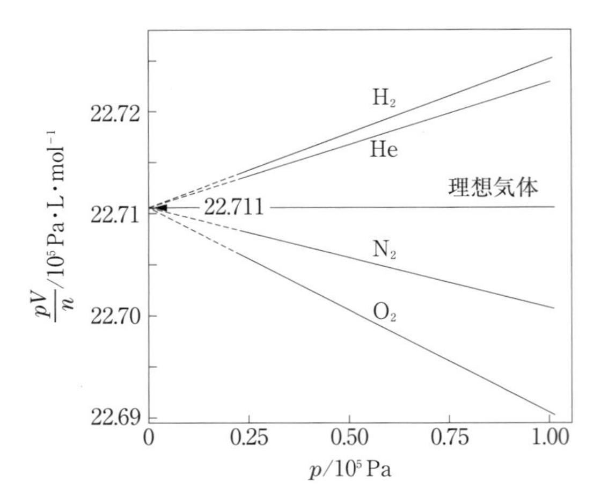

図 4-3　0℃における pV/n と p との関係

則（Avogadro's law）という．

理想気体の状態方程式　ボイル-シャルルの法則とアボガドロの法則を組み合わせると，n mol の気体について

$$pV = nRT \qquad (4\text{-}6)$$

が得られる．ここで R は比例定数である．式（4-6）は実在気体に対しては近似的にしか成立しないが，この式に厳密に従う仮想的な気体を**理想気体**（ideal gas）と定義し，式（4-6）を**理想気体の状態方程式**（equation of state of ideal gas）という．

比例定数 R の値は実在気体を用いて実験的に求めることができる．図 4-3 に種々の実在気体について，0℃における 1 mol 当たりの体積と圧力の積（pV/n）と圧力（p）の関係を示す．圧力を 0 に補外したとき，pV/n は気体の種類によらず一定値 22.711×10^5 Pa·L·mol^{-1} になる．すなわち，実在気体は圧力が低くなればなるほど理想気体に近づくことがわかる．これより，

$$R = \frac{pV}{n}\cdot\frac{1}{T} = 22.711\times10^5\ \mathrm{Pa\cdot L\cdot mol^{-1}}\times\frac{1}{273.15\ \mathrm{K}}$$

$$= 8.3144\times10^3\ \mathrm{Pa\cdot L\cdot mol^{-1}\cdot K^{-1}} = 8.3144\ \mathrm{J\cdot K^{-1}\cdot mol^{-1}}$$

が得られる．この R を**気体定数**[*1]（gas constant）という．

これらより，気体を扱うときにしばしば引用される標準的な条件における理想気体のモル体積（V_m）はつぎのようになる．

0℃（273.15 K），1×10^5 Pa(1 bar)；$V_m = 22.711$ L·mol^{-1}

0℃（273.15 K），1.01325×10^5 Pa（標準大気圧）；

$V_m = 22.414$ L·mol^{-1}

分子量の測定　液体の有機化合物を，それより沸点の高い物質の蒸気で加熱された密閉容器中で気化させ，その気体の体積から，理想気体の状態方程式を用いて分子量を求める方法に，**ビクトルマイヤー法**（Victor Meyer method）がある．いま，質量 w の試料を気化させたとき，測定した体積が V であれば，そのときの圧力を p，温度を T として，モル質量は $M = wRT/pV$ として求められる．単位 g·mol^{-1} で表したモル質量から単位を除去した数

[*1] 2019 年の国際単位系（SI）の変更により，気体定数 R はボルツマン定数 k とアボガドロ定数 N_A の積で定義され，有効数字 10 桁で以下の数値となる．
$R = 8.314\,462\,618$ J·K^{-1}·mol^{-1}

値（無次元）が分子量に相当する（p.159参照）．すなわち，モル質量を求めることと分子量を求めることは同等である．

> **例題1**　ある気体0.616 gの体積は，85℃，101 kPaで649 mLであった．この気体の分子量を求めよ．

解答　この気体のモル質量は，

$$M=\frac{wRT}{pV}=\frac{0.616\times8.314\times10^3\times(273+85)}{101\times10^3\times649\times10^{-3}}=28.0\ \mathrm{g\cdot mol^{-1}}$$

となる．単位$\mathrm{g\cdot mol^{-1}}$で表したモル質量の数値が分子量であるから，

答　28.0

4-2　気体分子の運動論

分子が空間を自由に飛び回っている状態がある．気体は最も集合状態の粗いものであり，比較的高い温度，低い圧力で存在し，一般的に密度は小さい．また，圧力と温度により体積が変化しやすい．一定の形状を持たず，固体や液体と異なり，自分自身のつくる表面を持たない．分子の集合状態が粗いので分子間相互作用が小さい．どんな物質でも十分に温度が高くなると気体になる．

気体では分子が空間をたえずあらゆる方向にさまざまな速度で飛び回っている．このような気体の性質を理解する理論として気体分子運動論がある．この理論はつぎの仮定のもとに成り立っている．

（i）気体分子自身の体積は無視できるほど小さい．

（ii）分子は剛体の球とみなし，衝突に際して運動エネルギーが保存される．

（iii）分子間には反発も引力も働かない．

（1）　気体の分子運動

気体分子の平均速度　気体分子はたえず運動し，分子どうしの衝突を繰り返している．この衝突によって分子の速度はたえず変化している．したがって，個々の分子の速度は異なるが，一定温度ではその速度分布は一定になる．気体分子の速度分布は1860年マックスウェル（J. C. Maxwell）によって計算され，その後，この分布則をボルツマン（L. E. Boltzmann）が一般化した．**マクスウェル-ボルツマン分布**（Maxwell-Boltzmann distribution）によれば，速度がvと$v+\mathrm{d}v$の間にある分子数の割合は

$$\frac{\mathrm{d}N}{N_0}=4\pi\left(\frac{m}{2\pi kT}\right)^{3/2}v^2\exp\left(-\frac{mv^2}{2kT}\right)\mathrm{d}v \qquad (4\text{-}7)$$ [*1]

で与えられ，この式はマクスウェル-ボルツマンの速度分布式と呼ばれる．ここで，$\mathrm{d}N/N_0$はN_0個の分子の中で速度がvと$v+\mathrm{d}v$の間にある分子の割合，mは分子の質量，Tは絶対温度，また，kはボルツマン定数といわれるものである．

[*1] expはexponentialの略記．$\exp(a)=e^a$．

分子のある速度が現れる確率$\left(\frac{\mathrm{d}N}{N_0\mathrm{d}v}\right)$を縦軸に，速度を横軸にとり，2つ

の温度における分子速度のマクスウェル-ボルツマン分布を図 4-4 に示す．

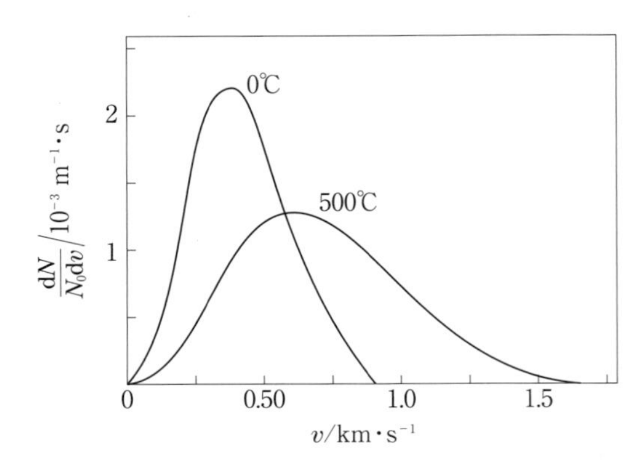

図 4-4　分子速度のマクスウェル-ボルツマン分布（O_2）

このように温度が高くなるほど速度分布が広がり，極大の速度（最大確率速度）は大きくなる．

マクスウェル-ボルツマンの速度分布を使うと，気体についての種々の速度を求めることができる．

気体分子の平均速度 $\bar{v}$ は次式で与えられる．

$$\bar{v}=\frac{1}{N_0}\int v\mathrm{d}N=4\pi\left(\frac{m}{2\pi kT}\right)^{3/2}\int_0^\infty v^3\exp\left(-\frac{mv^2}{2kT}\right)\mathrm{d}v$$
$$=\sqrt{8kT/\pi m}$$

また，$\mathrm{d}N/N_0$ が最大になる速度，すなわち最大確率速度 v_m はつぎのようにして求まる．

$$\frac{\partial}{\partial v}\left(\frac{\mathrm{d}N}{N_0}\right)=4\pi\left(\frac{m}{2\pi kT}\right)^{3/2}\left(2-\frac{mv^2}{kT}\right)v\exp\left(-\frac{mv^2}{2kT}\right)\mathrm{d}v$$
$$=0$$
$$v_\mathrm{m}=\sqrt{2kT/m}$$

さらに，根平均二乗速度 $\sqrt{\overline{v^2}}$ はつぎのようにして求まる．

$$\overline{v^2}=\frac{1}{N_0}\int v^2\mathrm{d}N=4\pi\left(\frac{m}{2\pi kT}\right)^{3/2}\int_0^\infty v^4\exp\left(-\frac{mv^2}{2kT}\right)\mathrm{d}v$$
$$=3kT/m$$
$$\sqrt{\overline{v^2}}=\sqrt{3kT/m}$$

例題 2　気体分子の平均速度：根平均二乗速度：最大確率速度の比を求めよ．

解答

$$\bar{v}:\sqrt{\overline{v^2}}:v_\mathrm{m}=\left(\frac{8kT}{\pi m}\right)^{1/2}:\left(\frac{3kT}{m}\right)^{1/2}:\left(\frac{2kT}{m}\right)^{1/2}$$
$$=\sqrt{8/\pi}:\sqrt{3}:\sqrt{2}$$
$$=1:1.09:0.886$$

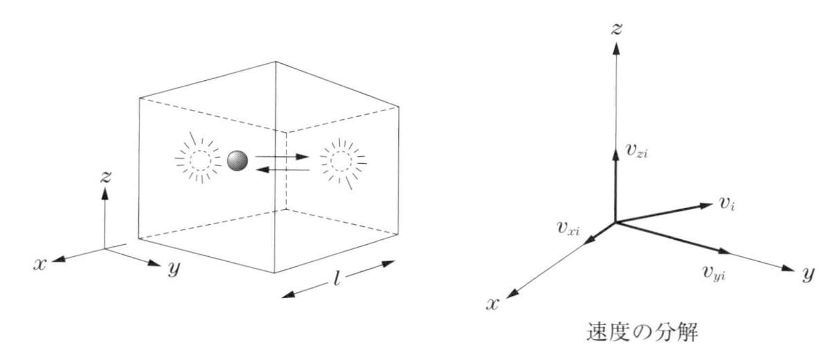

図 4-5　速度 v の気体分子（立方体容器に入っているモデル）

（2）　気体の圧力

一辺の長さ l の立方体の容器の中に質量 m の気体分子が N 個入っているとする．分子 i の速度を $v_i(v_x, v_y, v_z)$ とする．

この分子1個が壁に衝突したとき x 軸方向での運動量の変化は $2\,mv_x\{=mv_x-(-mv_x)\}$ である．この分子が1秒間に壁に衝突する回数は，$v_x/2\,l$ となる．この衝突による単位時間あたりの運動量の変化は $mv_x{}^2/l$ となる．単位面積あたり壁に与える力は $mv_x{}^2/l^3$ となり，すなわちこれは圧力に等しい．したがって，N 個の分子による圧力 p_x は，N 倍して

$$p_x=Nm\overline{v_x{}^2}/V \tag{4-8}$$

になる．ただし，$V=l^3$ である．

ここで，前にも述べたように各分子の速度は必ずしも同じでないので，平均二乗速度

$$\overline{v_x{}^2}=\frac{1}{N}\sum_{i=1}^{N}v_{xi}{}^2 \tag{4-9}$$

を用いる．また，気体分子の運動速度は x，y，z の方向で等価であるから，

$$\overline{v_x{}^2}=\overline{v_y{}^2}=\overline{v_z{}^2}=\overline{v^2}/3 \tag{4-10}$$

とおける．したがって，

$$p=\frac{1}{3}Nm\overline{v^2}/V \tag{4-11}$$

が得られる．これが気体分子運動論から導かれる気体の圧力である．アボガドロ定数 N_A を用いて，式（4-11）をかきなおすと，気体1 mol あたりの平均運動エネルギーは次式となる．

$$pV=N_Am\overline{v^2}/3=2/3\times(1/2)N_Am\overline{v^2}=(2/3)\overline{E}_m$$

温度が一定ならば $\overline{E}_m$ は一定なので，pV の値は一定になる．これが気体分子運動論から得られるボイルの法則である．

根平均二乗速度　　式（4-11）を理想気体の状態方程式と比較することにより，

$$\overline{v^2}=3nRT/mN$$

ここで，mN/n はモル質量 M を示すので根平均二乗速度は

$$\sqrt{\overline{v^2}}=\sqrt{3RT/M}$$

となる．これは，前にマクスウェル-ボルツマンの速度分布式から導いた根

平均二乗速度と一致する．

平均運動エネルギー　運動している N 個の気体分子の持つ平均運動エネルギー $\overline{E}$ は，

$$\overline{E}=N\times\frac{1}{2}m\overline{v^2} \qquad (4\text{-}12)$$

である．一方，気体 1 分子当たりの平均運動エネルギーは絶対温度 T に比例し，1 自由度について $(1/2)kT$ である．ここで，k はボルツマン定数である．3 次元空間を運動する気体分子の自由度は 3 であり，N 個の分子についてその平均運動エネルギーは

$$\overline{E}=N\frac{3kT}{2} \qquad (4\text{-}13)$$

となる．(4-12)，(4-13) の両式と式 (4-11) から，

$$pV=NkT \qquad (4\text{-}14)$$

が得られる．N をアボガドロ定数 N_A と物質量で表すと

$$pV=nRT$$

となる．この式で R は

$$R=N_A\times k=6.02214\times10^{23}\times1.38065\times10^{-23}$$
$$=8.3145\ \mathrm{J\cdot K^{-1}\cdot mol^{-1}}$$

になる．これが気体分子運動論から導かれる理想気体の状態方程式である．

一方，式 (4-14) から

$$V/T=Nk/p \qquad (4\text{-}15)$$

が得られる．圧力一定で，$\dfrac{V}{T}$ は一定になり，これが気体分子運動論から導かれるシャルルの法則である．

いままで一辺 l の立方体モデルで気体の分子運動を考えてきたが，つぎに，図 4-6 に示すように半径 r の球形の容器に 1 個の気体分子が，速度 v で飛び回っている場合を考えてみよう．球の中心と分子を結ぶ線方向の速度成分を v_z とし，これとお互い直角の 2 つ成分を v_x と v_y とする．v_x と v_y 成分は最

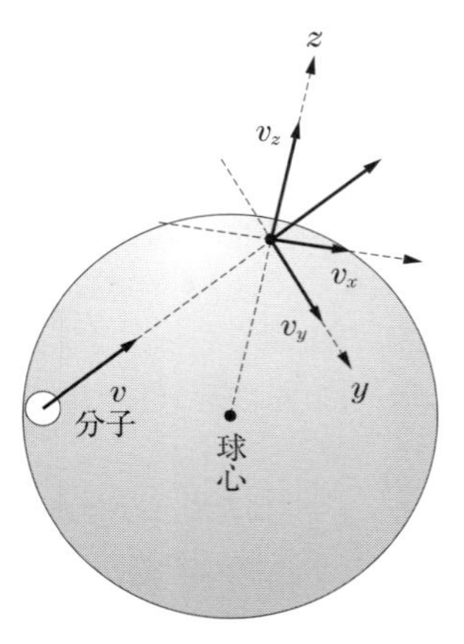

図 4-6　球の中の気体分子の運動

終的にうちけされる．

このとき，運動量の変化は $2\,mv_z$，単位時間の衝突回数は $v_z/2r$ となる．つぎに N 個の分子が球の表面積 $(4\pi r^2)$ に衝突しているとする，圧力 p は

$$p=N\cdot(2m\overline{v_z})\frac{\overline{v_z}}{2r\cdot 4\pi r^2}=Nm\overline{v_z}^2/4\pi r^3$$
$$=N\cdot\frac{1}{3}m\overline{v^2}/\frac{4}{3}\pi r^3$$

となり，$(4/3)\pi r^3$ は球の体積であるので，この球のモデルからも式 (4-11) が導かれることがわかる．

例題3　ネオンガスがコックで結んである2つの容器に入っている．容器Ⅰ (1.00 L) は 300 K で 400 kPa, 容器Ⅱ (3.00 L) は 500 K で 200 kPa である．コックを開き，混合すると温度と圧力はいくらになるか．

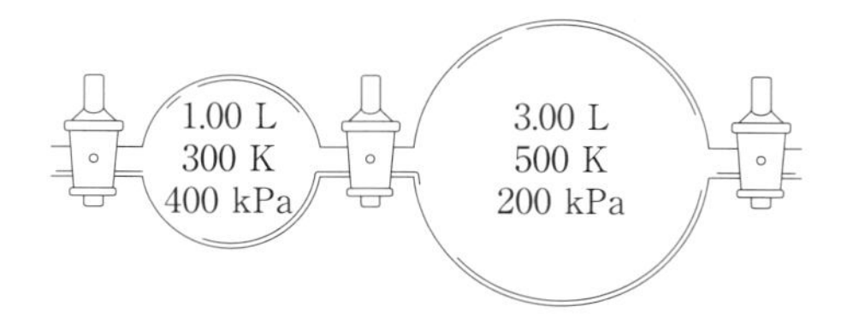

解答

混合前における，容器Ⅰ（体積 V_1）の温度を T_1，その中のネオンの物質量を n_1，その圧力を p_1，容器Ⅱ（体積 V_2）の温度を T_2，その中のネオンの物質量を n_2，その圧力を p_2 とし，混合後の温度を T_x とする．$pV=nRT$ は気体の持つエネルギーを表すから，エネルギー保存則よりつぎの式が得られる．

$$n_1RT_1+n_2RT_2=(n_1+n_2)RT_x$$

従って，T_x は

$$T_x=\frac{n_1T_1+n_2T_2}{n_1+n_2}$$

で与えられる．

$$n_1=\frac{p_1V_1}{RT_1}=\frac{400\times10^3\times1.00}{8.314\times10^3\times300}=0.160\ \mathrm{mol},$$
$$n_2=\frac{p_2V_2}{RT_2}=\frac{200\times10^3\times3.00}{8.314\times10^3\times500}=0.144\ \mathrm{mol}$$

であるから

$$T_x=\frac{0.160\times300+0.144\times500}{0.160+0.144}=\frac{120}{0.304}=395\ \mathrm{K}$$

混合後の圧力 p_x は

$$p_x=\frac{(n_1+n_2)RT_x}{V_1+V_2}=\frac{0.304\times8.314\times10^3\times395}{1.00+3.00}=250\times10^3=250\ \mathrm{kPa}$$

となる．

(3)　混合気体

全圧と分圧　気体の圧力は気体が容器の壁に単位面積あたりに与える力である．気体を混合したときの圧力は，それぞれの成分気体が容器の壁に与

える圧力の和として表される．このとき，各成分気体が容器の壁に与える圧力を**分圧**（partial pressure），これらの和を**全圧**（total pressure）という．

全圧を p，それぞれの気体成分の分圧を $p_1, p_2, p_3\cdots$とすると

$$p=p_1+p_2+p_3+\cdots$$

となる．これは**ドルトンの分圧の法則**（Dolton's law of partial pressure）として知られている．

モル分率と分圧　各成分の気体が n_1 mol, n_2 mol, n_3 mol,…絶対温度 T で体積 V の容器に入っているとする．これらに理想気体の状態方程式を適用すると，

$$\begin{aligned}p&=\frac{n_1RT}{V}+\frac{n_2RT}{V}+\frac{n_3RT}{V}+\cdots\\&=(n_1+n_2+n_3+\cdots)\frac{RT}{V}\\&=n\frac{RT}{V}\end{aligned} \tag{4-16}$$

となる．ここで，n は全物質量である．

モル分率（mole fraction）を $\frac{n_1}{n}=X_1$，$\frac{n_2}{n}=X_2$ で表すと，$p_1=X_1p$, $p_2=X_2p$ などとなる．**分圧は各成分気体のモル分率と全圧の積**で示される．

（4） 実在気体の状態方程式

実在気体では理想気体の状態方程式から多かれ少なかれずれ，高圧，低温においてずれが大きい．このずれを示す簡単な方法はつぎのように表される．

$$pV=znRT \tag{4-17}$$

ここで，z は圧縮率因子と呼ばれ，理想気体では 1 である．図 4-7 に種々の気体の z と圧力の関係を示す．

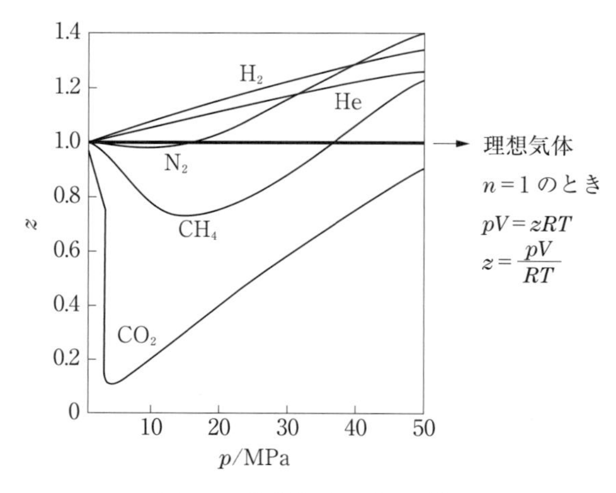

図 4-7　理想気体からのずれ

図より極低圧では，すなわち，気体の密度の低い状態ではすべての気体は

$z=1$ に近づき，理想気体として振る舞うことがわかる．$z<1$ では主として分子間の引力が支配的であり，$z>1$ では分子のそのもの自身の体積による影響，あるいは分子間の斥力が支配的である．

実在気体の状態方程式の 1 つに**ファンデルワールスの状態方程式**（van der Waals' equation）がある．この方程式は実際の気体が理想気体の状態方程式からずれる主な原因になっている分子間引力と分子の体積に対する補正を行ったものである．

まず，分子間引力に関連する補正項について考える．他の気体分子に完全に囲まれている分子はまわりから均等に引力を受けるが，容器の壁の近くにある分子は内側からだけ引力を受ける．この内側の引力の強さは，壁の近くにある分子数とそのすぐ内側にある分子数に比例する．これらの分子数はそれぞれ単位体積中の物質量に比例するから比例定数を a とすれば，観測される圧力は理想気体に比べて $a(n/V)^2$ 少ないと見積もることができる．したがって，まず，状態方程式はつぎのようになる．

$$(p+a(n/V)^2)V=nRT$$

1 対の分子による有効体積

r　r

図 4-8　排除体積

つぎの補正項は**排除体積**（excluded volume）に関するものである．分子は体積が 0（ゼロ）でないので，気体が運動できる空間の体積が容器の体積 V より小さくなる．1 対の気体分子が利用できない空間の体積，すなわち排除体積を求める．図 4-8 に示すように 1 対の分子としてそれぞれ半径 r の球を考える．お互い相手の体積内には入れないから，距離 $2r$ 以内に接近することができない．1 対の分子に対する排除体積は半径 $2r$ の球となり，その体積は $(4/3)\pi(2r)^3=8\times(4/3)\pi r^3$ となり，1 分子当たりの排除体積は分子体積の 4 倍である．1 モルの気体の排除体積を b とすれば，つぎのファンデルワールスの状態方程式が得られる．

$$(p+a(n/V)^2)(V-nb)=nRT \qquad (4\text{-}18)$$

ここで，a および b はファンデルワールスの定数と呼ばれるものである．定数 a と b は実測値からも決定できるが，つぎの節で述べるように臨界温度，臨界圧からも求めることができる．表 4-1 にいくつかの気体についてのファ

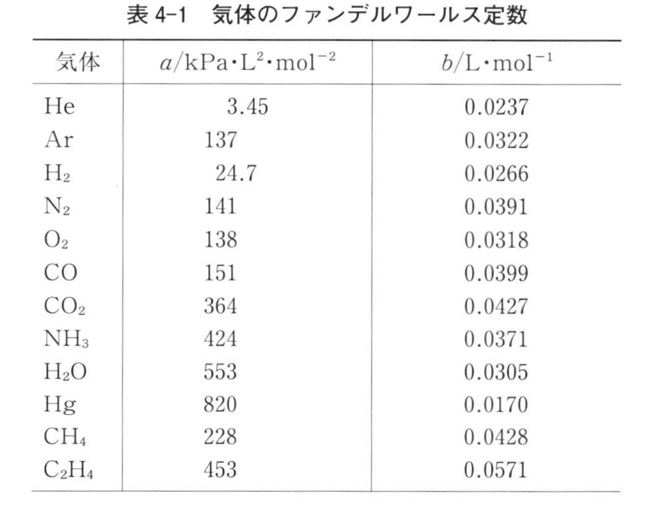

表 4-1　気体のファンデルワールス定数

気体	a/kPa·L^2·mol^{-2}	b/L·mol^{-1}
He	3.45	0.0237
Ar	137	0.0322
H_2	24.7	0.0266
N_2	141	0.0391
O_2	138	0.0318
CO	151	0.0399
CO_2	364	0.0427
NH_3	424	0.0371
H_2O	553	0.0305
Hg	820	0.0170
CH_4	228	0.0428
C_2H_4	453	0.0571

ンデルワールス定数 a と b の値を示す．

4-3　液体（相変化；相平衡）

気体に圧力をかけながら冷却していくと液化する．液体は容器に入れておくことができ，液体の形はその容器の形にしたがう．また，液体は気体より圧縮率が小さい．さらに圧力をかけながら冷却していくと固体となる．固体は結晶であることもあり，無定形のこともある．

（1）　気体の液化

水素や酸素などの気体は室温でいくら圧縮しても液化することはない．1869 年，アンドリューズ（T. Andrews）は二酸化炭素の液化についての研究を行った．室温では圧縮しても液化しない気体も，ある特定の温度以下で圧縮すれば液化することを見出した．図 4-9 は種々の温度における二酸化炭素の圧力と体積の関係（等温線）を示す．

10℃での二酸化炭素の等温曲線において，モル体積を 270 mL 以下に圧縮すると A 点で圧力は約 5.2 MPa になり液化がはじまり液化が終了する B 点まで一定の圧力を示す．さらにモル体積を減少させると B 点から急激に圧力が上昇する．温度を高くすると A 点，B 点は次第に近づき，31℃においてほぼ一致（C 点）する．この点以上の温度では，どんなに圧力を大きくしても液化は起こらない．

等温線上での変曲点すなわち C 点を**臨界点**（critical point）と呼び，この C 点の温度，圧力およびモル体積をそれぞれ**臨界温度**（critical temperatue）(T_c)，**臨界圧力**（critical pressure）(p_c)，**臨界モル体積**（critical molar volume）

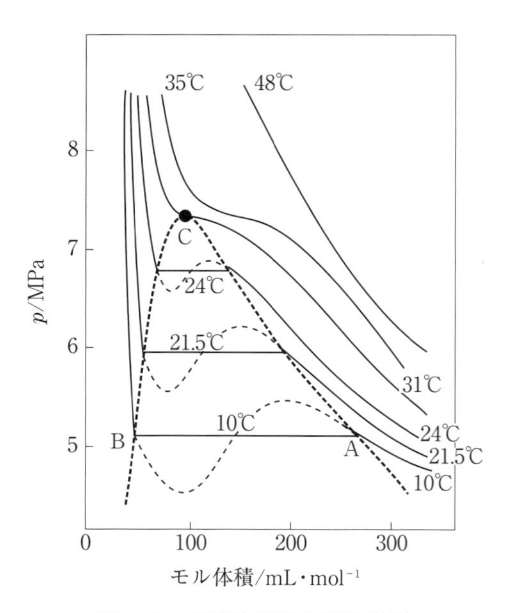

図 4-9　二酸化炭素の等温曲線

(V_{mc}) という．二酸化炭素の場合，つぎの値である．

$$T_c = 304.2\ \mathrm{K}\ (31℃)$$
$$p_c = 7.38\ \mathrm{MPa}$$
$$V_{mc} = 94\ \mathrm{mL \cdot mol^{-1}}$$

臨界点は pV 曲線上で極大と極小とが一致した変曲点とみなすことができる．1 mol の気体についてのファンデルワールスの式をつぎのように書きかえる．

$$p = \frac{RT}{V-b} - \frac{a}{V^2} \tag{4-19}$$

この式の p の V についての第1，第2微分係数が0になる点が変曲点，すなわち臨界点，$p=p_c$，$V=V_{mc}$，$T=T_c$ であるから

$$\left(\frac{\partial p}{\partial V}\right) = \frac{-RT_c}{(V_{mc}-b)^2} + \frac{2a}{V_{mc}{}^3} = 0$$
$$\left(\frac{\partial^2 p}{\partial V^2}\right) = \frac{2RT_c}{(V_{mc}-b)^3} - \frac{6a}{V_{mc}{}^4} = 0$$

また，

$$p_c = \frac{RT_c}{V_{mc}-b} - \frac{a}{V_{mc}{}^2}$$

からつぎの結果がえられる．

$$p_c = \frac{a}{27b^2}, \quad V_{mc} = 3b, \quad T_c = \frac{8a}{27bR} \tag{4-20}$$

したがって，p_c，V_{mc}，T_c がわかればファンデルワールス定数 a と b を決定することができる．逆に，a と b がわかれば p_c，V_{mc}，T_c が求められる．表4-2にいくつかの気体についての臨界定数の値を示す．

表 4-2　気体の臨界定数

気体	p_c/MPa	V_{mc}/L·mol^{-1}	T_c/K
He	0.229	0.062	5.3
Ar	4.86	0.076	150.7
H_2	1.30	0.070	33.3
N_2	3.39	0.090	126.0
O_2	5.04	0.074	154.4
CO	3.55	0.090	134.4
CO_2	7.38	0.094	304.2
NH_3	11.37	0.072	405.6
H_2O	22.06	0.056	647.2
Hg	20.27	0.045	1823.0
CH_4	4.62	0.099	190.2
C_2H_4	5.16	0.128	282.9

例題 4　酸素の臨界温度と臨界圧力はそれぞれ表4-2から154.4 K，5.04 MPaである．ファンデルワールス定数 a と b を求めよ．

解答

$$p_c=\frac{a}{27b^2} \text{ と } T_c=\frac{8a}{27bR} \text{ から } \frac{T_c}{p_c}=\frac{8b}{R}$$

$$b=\frac{RT_c}{8p_c}=\frac{8.314\times10^3\times154.4}{8\times5.04\times10^6}=0.0318\ \text{L·mol}^{-1}$$

$$a=27b^2p_c=27\times(0.0318)^2\times5.04\times10^6=138\times10^3=138\ \text{kPa·L}^2\text{·mol}^{-2}$$

例題 5　2.00 mol の二酸化炭素が 350 K において 0.200 L の容器に入っている．ファンデルワールスの状態方程式にしたがうとして容器内の圧力を計算せよ．また，理想気体とすると圧力はどうなるか．

解答

$$p=\frac{nRT}{V-nb}-\frac{an^2}{V^2}=\frac{2.00\times8.314\times10^3\times350}{0.200-2.00\times0.0427}-\frac{364\times10^3\times2.00^2}{0.200^2}$$

$$=14.4\times10^6=14.4\ \text{MPa}$$

理想気体とすると，

$$p=\frac{nRT}{V}=\frac{2.00\times8.314\times10^3\times350}{0.200}=29.1\times10^6=29.1\ \text{MPa}$$

（2）　液体の気化

蒸気圧　液体を加熱すると，分子の運動エネルギーが増加し，その運動が激しくなる．このとき，液相から気相への相転移現象がみられる．液体が気体になる現象は一般に気化と呼ばれる．ある物質の液体と蒸気が平衡状態にあるとき，一定温度では蒸気の圧力は一定値を示す．これが**飽和蒸気圧**(saturated vapor pressure) である．飽和蒸気圧は温度の上昇とともに増加する．

沸騰　液体の蒸気圧と外圧が一致する温度では液体内部から激しく気化する．この現象を特に**沸騰** (boiling) という．図 4-10 に蒸気圧と温度の関係を示す．いわゆる蒸気圧曲線である．

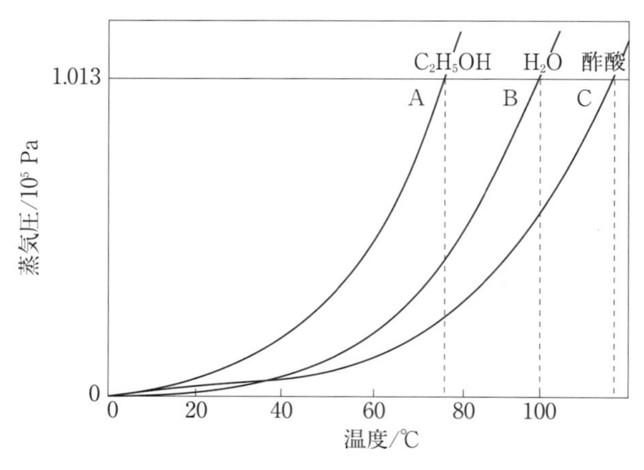

図 4-10　蒸気圧曲線

標準大気圧 (1.013×10^5 Pa) で液体が沸騰する温度を**沸点** (boiling point) といい，純物質は固有の沸点を持つ．1 mol の液体が気化するのに必要な熱量を**モル蒸発エンタルピー**（molar enthalpy of vaporization）という．表4-3に物質の沸点とモル蒸発エンタルピーの値がまとめてある．

表 4-3　物質の沸点とモル蒸発エンタルピー[*1] **($\Delta_{vap}H$)**

物質	沸点/℃	$\Delta_{vap}H$/kJ·mol^{-1}
NH_3	−33	23.2
CCl_4	77	29.9
C_2H_5OH	78*	38.6
C_6H_6	80	30.8
H_2O	100*	40.7
CH_3COOH	118*	24.4

＊図 4-10 の A，B，C 点の温度

[*1] 圧力は標準大気圧 (1.013×10^5 Pa)，温度はそれぞれの転移温度における値である．表 4-4 の $\Delta_{fus}H$ および表 4-5 の $\Delta_{sub}H$ も同様である．

クラウジウス-クラペイロンの式　蒸気圧 p と温度 T の間にはつぎの関係がある．

$$\frac{dp}{dT}=\frac{\Delta_{vap}H}{T(V_G-V_L)} \tag{4-21}$$

ここで，$\Delta_{vap}H$ はモル蒸発エンタルピー，V_G と V_L はそれぞれ気体，液体のモル体積である．これを**クラウジウス**[*1]**-クラペイロン**（Clausius-Clapeyron）の式という．

また，V_L は V_G より非常に小さいので，V_G-V_L を V_G とみなすことができる．さらに V_G は理想気体の状態方程式より $V_G=RT/p$ となる．したがって，式（4-21）からつぎの関係が得られる．

$$\frac{dp}{dT}=\frac{p\Delta_{vap}H}{RT^2} \tag{4-22}$$

$\dfrac{1}{p}\cdot\dfrac{dp}{dT}=\dfrac{d\ln p}{dT}$ であるから，

$$\frac{d\ln p}{dT}=\frac{\Delta_{vap}H}{RT^2} \tag{4-23}$$ [*2]

の関係が導かれる．

[*1] クラウジウス R. J. E. Clausius（1822〜1888）ドイツの物理学者．チューリッヒ，ヴュルツブルク，ボンの大学教授を歴任．カルノーの熱力学上の思想を発展させた．電気学においても大きな功績を残す．

[*2] $\log_e p$ を $\ln p$ と表わす．

例題 6　圧力 101 kPa において 100℃ の水蒸気の温度が 1 K 上昇する毎に，蒸気圧はいくら増加するか．ただし，水のモル蒸発エンタルピーを 40.7 kJ·mol^{-1} とする．

解答　液体の水のモル体積は水蒸気のモル体積に比べて無視できる程小さいため，式（4-22）を用いることができる．

$$\frac{dp}{dT}=\frac{p\Delta_{vap}H}{RT^2}=\frac{101\ \text{kPa}\times40.7\times10^3\ \text{J}\cdot\text{mol}^{-1}}{8.314\ \text{J}\cdot\text{K}^{-1}\cdot\text{mol}^{-1}\times373^2\ \text{K}^2}=3.55\ \text{kPa}\cdot\text{K}^{-1}$$

<参考>この結果を $\dfrac{dp}{dT}\simeq\dfrac{\Delta p}{\Delta T}=3.55\ \text{kPa}\cdot\text{K}^{-1}$ と近似することにより，高高度における水の沸点を大雑把に見積もることができる．例えば，富士山頂（3776 m）における気圧は標準大気圧の約 63%（64 kPa）であるから，

$$\Delta T=\frac{\Delta p}{3.55\ \text{kPa}\cdot\text{K}^{-1}}=\frac{(64-101)\text{kPa}}{3.55\ \text{kPa}\cdot\text{K}^{-1}}=-10\ \text{K}$$

となる．すなわち，水の沸点は約 90℃ となり，ご飯がうまく炊けないことに

なる．

ここではクラウジス-クラペイロンの式を用いて液体―気体の平衡を取り扱ったが，この式は，固体―液体，固体―気体の平衡に対しても同様に適用できる．

(3) 液体の凝固

凝固と融解　液体を冷却していくと分子運動は次第に穏やかになり，分子はある一定の位置に固定されるようになる．このように液体が固体になることを**凝固** (freezing) という．純粋な物質では，一定圧力の下で凝固が始まると全部が凝固し終わるまで，温度は一定に保たれる．1.013×10^5 Pa でのこの温度が**凝固点** (freezing point) であり，このとき発生する熱を**凝固エンタルピー**という．

逆に固体を熱していくと，一定の位置に固定されていた分子が動き回るようになり，液体になる．これが融解であって，1.013×10^5 Pa でこの現象の起こる温度を融点という．このとき必要とする熱量を**融解エンタルピー** (enthalpy of fusion, enthalpy of melting) という．純粋な物質では凝固点と融点は一致し，凝固エンタルピーと融解エンタルピーは大きさが等しい．また，1 mol の液体が凝固するときに放出する熱量をモル凝固エンタルピーといい，1 mol の固体を融解するのに要する熱量を，**モル融解エンタルピー** (molar enthalpy of fusion) という（表 4-4）．

表 4-4　融点とモル融解エンタルピー ($\Delta_{\mathrm{fus}}H$)

物質	融点 /℃	$\Delta_{\mathrm{fus}}H/\mathrm{kJ\cdot mol^{-1}}$
NH_3	−77.5	5.7
CCl_4	−23	2.5
C_2H_5OH	−114.5	5.0
C_6H_6	5.5	9.6
H_2O	0	6.0
CH_3COOH	16.6	11.7

一定圧力のもとで固体を熱すると融点で融解がはじまる．この場合においても固体と液体が平衡にある圧力の温度変化に対して，つぎのクラウジウス-クラペイロンの式が適用できる．

$$\frac{\mathrm{d}p}{\mathrm{d}T}=\frac{\Delta_{\mathrm{fus}}H}{T(V_{\mathrm{L}}-V_{\mathrm{S}})} \tag{4-24}$$

ただし，$\Delta_{\mathrm{fus}}H$ はモル融解エンタルピー，V_{S} は固体のモル体積である．

逆に書けば，つぎのように融点の圧力変化を表せる．

$$\frac{\mathrm{d}T}{\mathrm{d}p}=\frac{T(V_{\mathrm{L}}-V_{\mathrm{S}})}{\Delta_{\mathrm{fus}}H} \tag{4-25}$$

$V_{\mathrm{L}}-V_{\mathrm{S}}$ は小さいので圧力による融点の変化は小さい．多くの物質では融解により体積が増加するので，$V_{\mathrm{L}}-V_{\mathrm{S}}>0$ となり，$\mathrm{d}T/\mathrm{d}p>0$ となる．すなわち圧力の増加とともに融点は上がる．しかし，水，アンチモン，ビスマスなどでは $V_{\mathrm{L}}-V_{\mathrm{S}}<0$ であり，$\mathrm{d}T/\mathrm{d}p<0$ となる．すなわち圧力の増加とと

もに融点は下がる．

いま，氷の融点が圧力を 100 kPa(1 bar) 増す毎にどれくらい変化するかを求めてみよう．氷のモル融解エンタルピー$\Delta_{\rm fus}H$ は 6.0 kJ･mol^{-1} である．また，1.013×10^5 Pa における氷と水のモル体積はそれぞれ 19.6 mL･mol^{-1} と 18.0 mL･mol^{-1} であり，$V_{\rm L}-V_{\rm S}=-1.6$ mL･mol^{-1} となる．J≡Pa･m^3 であるから，

$$\frac{\mathrm{d}T}{\mathrm{d}p}=\frac{273\ \mathrm{K}\times(-1.6)\times10^{-6}\ \mathrm{m^3\cdot mol^{-1}}}{6.0\times10^3\ \mathrm{Pa\cdot m^3\cdot mol^{-1}}}=-7.3\times10^{-8}\ \mathrm{K\cdot Pa^{-1}}$$
$$=-7.3\times10^{-3}\ \mathrm{K\cdot(10^5\ Pa)^{-1}}$$

これから，1 bar 増加すると，氷の融点は 0.0073 K 下がることがわかる．たとえば，氷山が海水に浸かっているところで，100 MPa の圧力がかかっているとすると，氷の融点が 7.3 K 下がることになる．海水の温度が −5℃であるとすると，海水に浸っている氷は溶けることになる．これが氷山の崩れる原因になることもある．

(4)　昇華と凝華

分子運動が激しくなって，固体の表面から分子が気化する現象を**昇華** (sublimation) という．また，その逆の現象を**凝華**[*1] (desublimation) という．一定温度の固体で平衡にある固体の蒸気圧を昇華圧，昇華圧と温度の関係を示す曲線を昇華圧曲線という．1 mol の固体が昇華するのに要する熱量を**モル昇華エンタルピー** (molar enthalpy of sublimation) という (表 4-5)[*2]．

表 4-5　昇華温度とモル昇華エンタルピー ($\Delta_{\rm sub}H$)

物質	昇華温度 /℃	$\Delta_{\rm sub}H$/kJ･mol^{-1}
CO_2	−78.5	25.2
I_2	25.2	62.3
UF_6	55.9	49.4
シュウ酸	100	90.8
尿素	90	87.4
サリチル酸	127	85.8

[*1] 従来は昇華の逆過程，「気体→固体」も「昇華」と表現されていた．しかし，これは不合理であるため，日本化学会化学用語検討小委員会の提案（化学と工業，**68**,364 (2015)）に従い，本書では「凝華」を採用する．

[*2] 物質の3態の変化を表すとつぎのようになる．

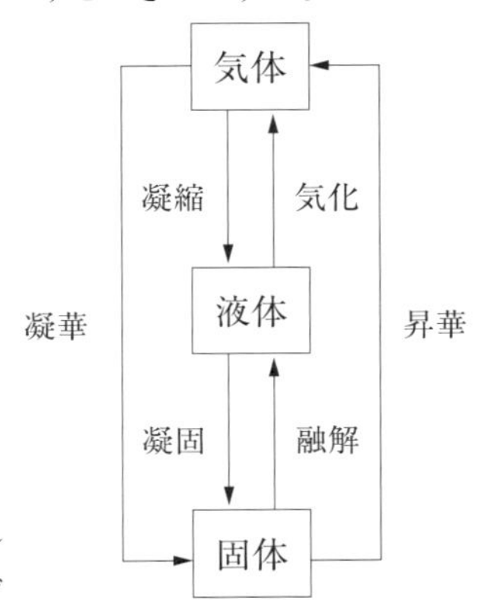

4-4　状態図と相律

(1)　状態量

いま，容器内の気体や，フラスコ内の液体などを考える．このような入れものの中を1つの系と呼び，入れものは，外界と区別して取り扱う．系のどの部分をとっても性質が同じときを均一系，そうでないときを不均一系という．不均一系はいくつかの均一系から成り立っていて1つの系の中の区別できる均一系を**相**という．気体，液体，固体によってそれぞれ**気相**，**液相**，**固相**と呼ばれる．系の状態が時間によってもはや変化がないとき，系は平衡状態にあるという．平衡状態にある系を指定するのに，状態量が用いられる．状態量は**示量性状態量**と**示強性状態量**に分けられる．前者は物質の量に比例

するもので，体積や質量があげられ，示量変数ともいわれる．後者は物質の量には無関係であり，温度，圧力，密度などがあげられ，示強変数ともいわれる．

（2） 相　律

相平衡を議論する場合には，絶対量を表す変数を考慮しなくてよい．すなわち，温度，圧力，濃度のような示強性の変数だけを考えればよい．水の蒸気圧は水の量にも水蒸気の量にも左右されない．変数のうちいくつかは独立に変化できるが，あとの変数は相平衡の条件によって決まる．

相の数を変えることなしに独立に変化させることができる示強性変数の数を，その系の**自由度**（degree of freedom）という．1876 年，ギブス（J. W. Gibbs）は熱力学に基づいて系の自由度 f はつぎの式で示されることを説明した．

$$f=c-p+2 \tag{4-26}$$

ここで c は成分の数，p は相の数である．

この法則を**ギブスの相律**（Gibbs' phase rule）という．なお，成分の数は化学反応が起こらないときは，単に化学種の数であるが，化学反応が起こるときは，反応式の数を引いたものに等しい．たとえば，NH_3，N_2，H_2 の場合は $2NH_3 \rightarrow N_2+3H_2$ の反応が起こるから成分の数は 3 ではなく，2 である．

（3） 一成分系の相平衡

一成分系では $c=1$ であるから $f=3-p$ となる．したがって，相の数 $p=1, 2, 3$ に対応して系の自由度は $f=2, 1, 0$ となり，それぞれ二変系，一変系，不変系という．一成分系では自由度は最大 2 であるから，2 つの変数（圧力と温度）を座標軸にとって相間の平衡関係を図示することができる．このような図を**状態図**または**相図**（phase diagram）という．一成分系の例として水の状態図を図 4-11 に示す．

この図の低圧高温領域は気相で，ここでは自由度 2 の二変系で温度と圧力

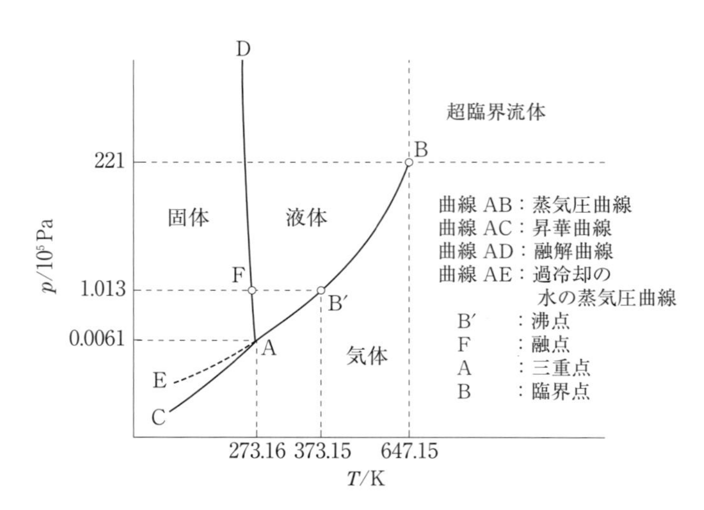

図 4-11　水の状態図

を任意に選ぶことができる．この領域では温度と圧力の2つの変数を指定しなければ系の状態を領域内の1点に決めることができない．液相および固相領域内でも同様に自由度は2である．曲線ABの上では液相と気相が共存する．すなわちABは水の蒸気圧の温度変化，各圧力における水の沸点を示し蒸気圧曲線という．臨界点Bより高い温度では液相—気相平衡は存在しない．

曲線ACは固相（氷）の蒸気圧の温度変化を表し，昇華曲線と呼ばれる．また，AEは過冷却[*1]の水の蒸気圧の温度変化を表す．

曲線ADは圧力による融点（一定の圧力で固相と液相が共存するときの温度）の変化を表し，融解曲線と呼ばれる．これらの曲線の上では2つの相が共存するから$c=1$，$p=2$で自由度fは1となり，選べる変数は1つで，温度，圧力の2つの変数のうちの1つが決まれば，他が決まる．曲線AB，AC，AD，AEの各勾配はクラウジウス-クラペイロンの式により与えられる[*2]．

A点においては3つの曲線が交わっており，固相，液相および気相の3相が共存している．これを**三重点**（triple point）といい，この点においては$c=1$，$p=3$で自由度$f=0$となり，温度，圧力は決まってしまう．水の三重点は温度273.16 K（0.01℃），圧力610 Paである．この三重点は氷の融点とは異なる．氷の融点は1.013×10^5 Paのもとで水と氷が平衡にある温度で273.15 Kである．

最近，臨界点B点よりも高い温度領域についての性質が脚光を浴びている．臨界温度および臨界圧力を越えた状態は，気体とも液体ともつかない性質を持ち，**超臨界ガス**または**超臨界流体**（supercritical fluid）と呼ばれる．超臨界流体は化学的親和性のある物質を溶解する性質があり，一般に液体溶媒に比べて粘性が低く，固体中への浸透が速く，また，抽出されたものと超臨界流体との分離も容易である．分解しやすい香りの成分，生理活性タンパク質，微生物中の脂肪酸などの抽出に二酸化炭素の超臨界流体が工業的に利用されている．

*1　本来その温度では固体に変ってもよいはずなのに，まだ液体でいる状態をいう．

*2　水の状態図では曲線ADは負の傾きである．このことは高圧になるほど融点が低くなることを示している．水は例外的で多くの物質は正の傾きを持っている．

4-5　固　体

純粋な固体は**結晶**（crystal）であることもあり**無定形**（amorphous）のこともある．結晶に対して，原子や分子などが無秩序に配列してできる物質を無定形固体という．ゴムやプラスチックスのような多くの高分子化合物は，無定形固体であり，はっきりした融点を持たない．すなわち，熱していくとしだいに柔らくなり，いつのまにか流動性のある液体に変わってしまう．ここでは結晶について取り扱う．

（1）　結晶の種類

結晶の物理的性質には種々の相違がある．リチウム，鉄，銅などの金属は，電気をよく導くが，ダイヤモンド，水晶などの結晶は導かない．

氷や硫黄のように比較的低い温度で融解するものや，ヨウ素やナフタレンのように昇華するものもある．これに対し，水晶などは相当高温にならない

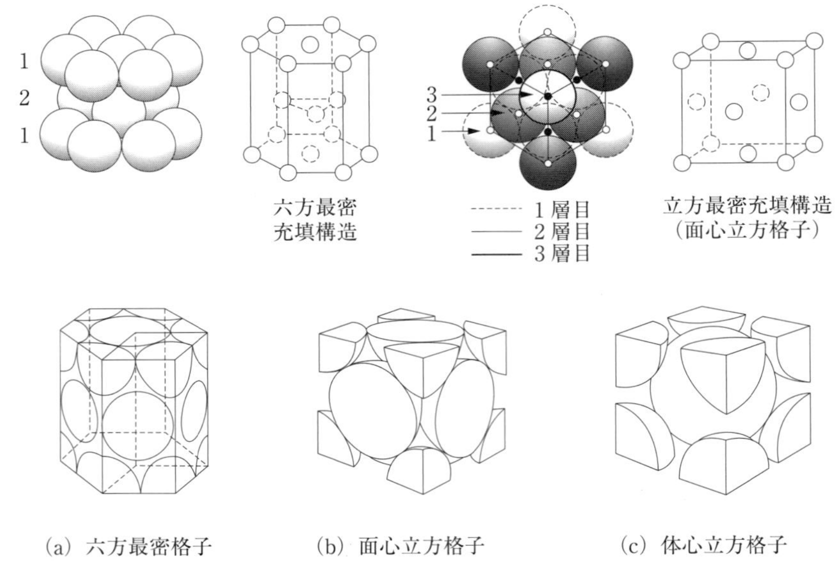

図 4-12　2つの最密充填構造(a)，(b)と体心立方格子(c)

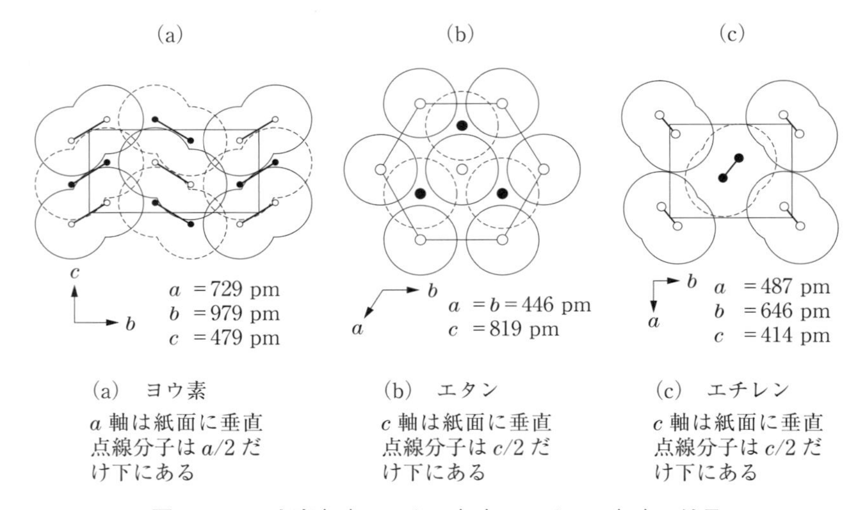

図 4-13　ヨウ素(a)，エタン(b)，エチレン(c)の結晶

と融解しない．このような相違は，結晶を構成している粒子の種類や，その間の結合力の違い，配列の相違などによる．

分子結晶　共有結合でできた分子が集団をつくって固体になる場合がある．この場合，共有結合でできた分子は安定であるが，分子間には弱い引力が作用して固体になっている．この引力はファンデルワールス力と呼ばれ，誘起分極が原因によるものである．

単原子分子の希ガス，2原子分子の水素・窒素・酸素・ハロゲン，3原子分子の水・二酸化炭素・二酸化硫黄，4原子分子のアンモニア，また，ショ糖やシュウ酸などの有機化合物の結晶も，**分子結晶**（molecular crystal）である．

希ガスの固体のうち，ヘリウム，ネオン，アルゴンなどは図4-12のように**六方最密充填構造**（hexagonal closed-packed structure）や**立方最密充填構造**（cubic closed-packed structure）（面心立方格子（face-centered lattice））をとるのに対して，ヨウ素，エタン，エチレンなどは分子が球形でないので，図4-13のようにやや空間の空いた面心立方，体心立方あるいは六方最密充填構造をとる．また，ファンデルワールス力は化学結合に比べて弱い結合なので，分子結晶の融点と沸点はかなり低い．

イオン結晶　原子間の結合の1つにイオン結合がある．これは，電子がある原子から他の原子へ移動し，生じた正・負イオンがクーロン引力で引き合ったときに形成される．このようなイオン結合によって集団化が生じ**イオン結晶**（ionic crystal）ができる．

イオン結晶の1つである塩化ナトリウムの結晶は，融点が801℃で，分子結晶の融点よりも高い．機械的な強度はかなり強いが，もろくて，衝撃によって粉砕される．水によく溶けて，水溶液中ではナトリウムイオンと塩化物イオンとに分かれる．塩化ナトリウムの結晶は電気を導かないが，融解したり水溶液になると，イオンが自由に動けるようになるので，電気をよく導く．また，酸と塩基が反応して生じる塩はイオン結晶である．

代表的なイオン結晶の構造には以下の2種類がある．

（a）塩化ナトリウム型構造：図4-14に示すように陽イオン（Na^+）のみまたは陰イオン（Cl^-）のみでつくる2つの面心立方格子の一方を，格子間距離の半分だけ平行移動した構造である．ハロゲン化アルカリにはこの構造をとるものが多い．

（b）塩化セシウム型構造：図4-14に示すように塩化物イオンとセシウムイオンのみでつくる2つの**単純立方格子**（simple cubic lattice）が，その対角線距離の半分だけ移動した構造である．臭化セシウムやヨウ化セシウムも同じ構造をとる．

共有結合結晶　**共有結合結晶**（covalent crystal）は共有結合によって集団化した結晶であり，ダイヤモンド（C），ケイ素（Si）[*1]，石英（SiO_2），炭化ケイ素（SiC）などがある．

ダイヤモンドは図4-15に示すように**ダイヤモンド構造**（diamond struc-

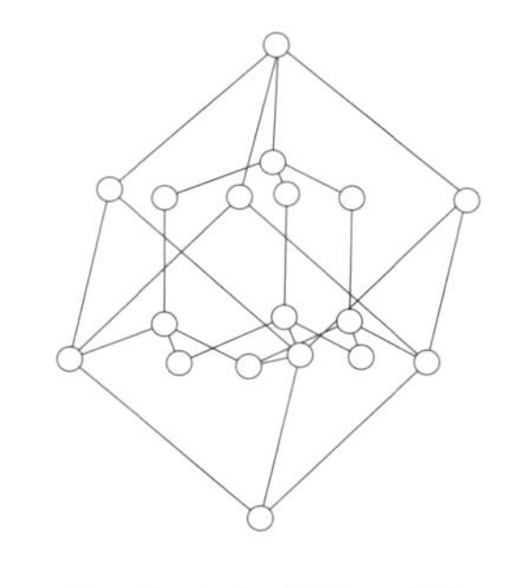

[*1]　ケイ素（Si）．現代の半導体材料として利用されているSiもダイヤモンド構造をとり，4面体型の共有結合でできている．

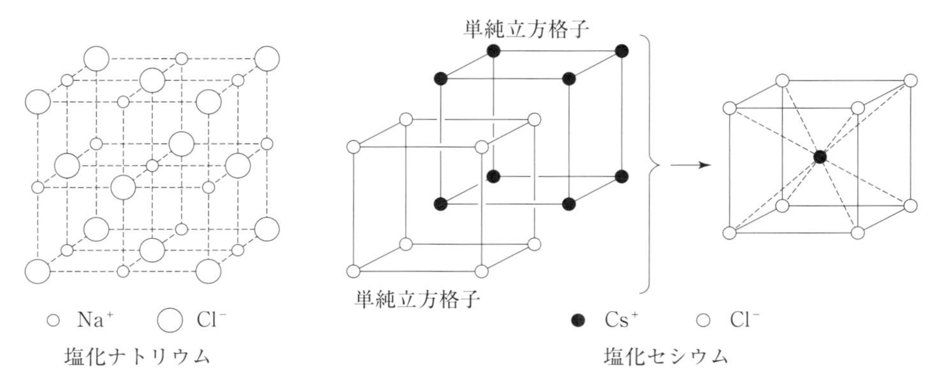

図4-14　塩化ナトリウム型構造と塩化セシウム型構造

ture）をとる．それは多数の炭素原子からなる正四面体を頂点で互いに結合した3次元的ネットワーク構造であり，炭素—炭素の共有結合で無限に連なったものである．このため，ダイヤモンドは非常に硬い．これとよく比較されるのが**グラファイト構造**（graphite structure）である．この構造は層の中では炭素—炭素間は共有結合からなるが，層間を結びつけているのはファンデルワールス力で，やわらかく薄片にはがれやすい．また，層内の炭素原子どうしを結合する電子は層全体に広がる軌道に収容され，2次元的な自由電子の状態にあるので電気伝導性を示す．

金属結晶　金属結合には特定の位置や方向性がなく，結合に関与する価電子も特定の結合に固定されず結晶全体にわたって移動する．その結合に関与する電子を**自由電子**（free electron）といい，この自由電子の移動で金属光沢を持ち，延性・展性があって，電気や熱をよく導く．また，鉄，コバルト，ニッケルなどの遷移元素の金属は特に硬く，融点や沸点が高い．

一般的な**金属結晶**（metallic crystal）は，同じ大きさの球をすき間なく箱に入れるようにつまっている．したがって，面心立方格子（立方最密構造）や六方最密構造のような最密充填構造，または，それに近い**体心立方格子**（body-centered cubic lattice）の構造をとる．

面心立方格子の構造をとる金属結晶は，Cu，Ag，Au，Ca，Al，Pb などの金属，六方最密構造をとるものとしては，Be，Mg，Zn など，また，体心立方格子の構造をとるものとしては Li，Ba，W などがある．

（2） 金属結晶のバンド理論

金属結合と自由電子モデル

金属では価電子が正イオンのまわりを自由に動きまわっていると考えることができる．いいかえれば，金属は電子の海の中に正イオンが規則的に浮いている状態として取り扱うことができる．これが**自由電子モデル**（free electron model）である．このように考えると，

（i）電気および熱の伝導率の高いこと

（ii）金属表面に近い電子は広い範囲の光エネルギーを吸収し，あらゆる準位に励起され，光を放射するので不透明で反射率が高くなること

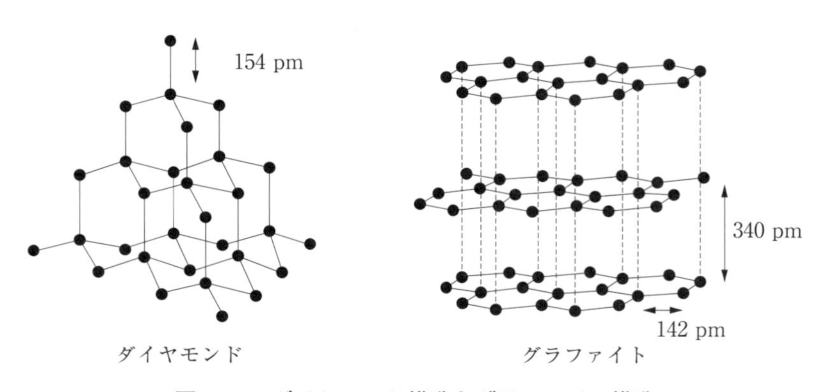

図 4-15　ダイヤモンド構造とグラファイト構造

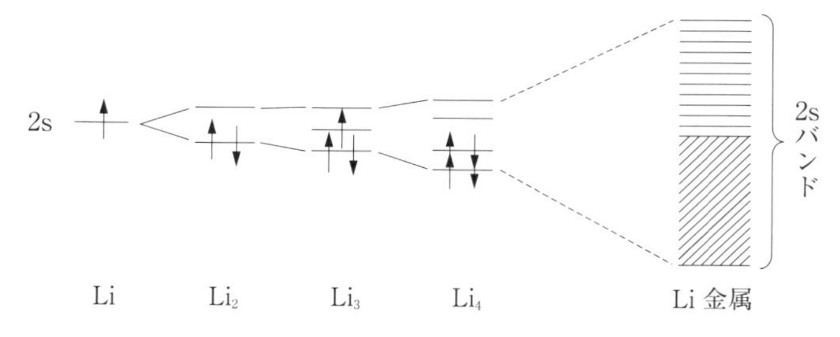

図 4-16　Li 金属の 2 s バンドの形成

（iii）価電子を失った正イオンの間の結合力が弱いので，正イオンが移動することが可能になり，延性や展性に富む

といったような金属の性質をうまく説明することができる．

バンド理論　金属を含め，固体の電気的性質を表すのに自由電子モデルの他に**バンド理論**（band theory）がある．この理論では金属や結晶をその格子の周期性を持った一次結合で表されるとして取り扱う．

いま，リチウムを例にとると，Li 原子を Li_2，Li_3 のように 2 原子分子，3 原子分子として結合して，原子を増加して n 原子の Li が結合した Li 金属を考えると，図 4-16 に示すように軌道の数が増加して，電子が満たす軌道のエネルギー準位が幅を持って重なり，いわゆるバンドを形成する．Li では 2 s 軌道に 1 個の電子が存在するだけなので n 原子のリチウムの 2 s バンドは電子が半分までしか満たされず，2 s バンド内には電子が励起できる空準位ができる．このようなバンドを持つ金属に電場がかかれば電子は加速されてバンド内の高いエネルギー準位へと連続的に励起することができる．

この 2 s バンドのように部分的に電子で満たされているバンドを**伝導バンド**（conduction band）または**価電子バンド**（valence electron band）と呼ぶ．一方，完全に満たされているバンドを**充満バンド**（full band）または電子で満たされている価電子バンドと呼ぶ．また，完全に空いているバンドを空バンドと呼ぶ．このようなバンドは全エネルギー領域にわたるのではなく，常に禁制[*1]とされている電子を励起できない状態すなわち常に物理的に禁制されているバンドもできる．このバンドを**禁制バンド**（forbidden band）と呼び，これがエネルギー差すなわちバンドギャップ（ΔE）をつくることになる．Li 金属のバンドの概念図を示すと図 4-17 のようになる．

[*1] バンド理論では，励起された電子はとびとびの軌道に入るので，励起できない状態のバンドができる．

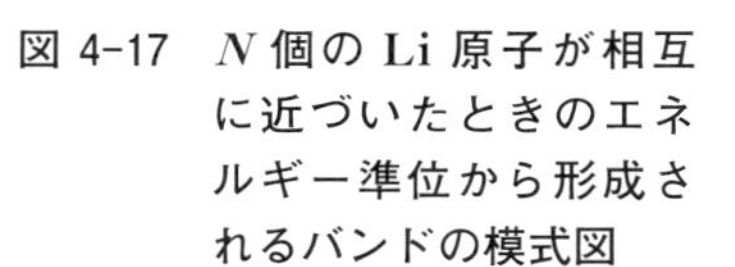
図 4-17　N 個の Li 原子が相互に近づいたときのエネルギー準位から形成されるバンドの模式図

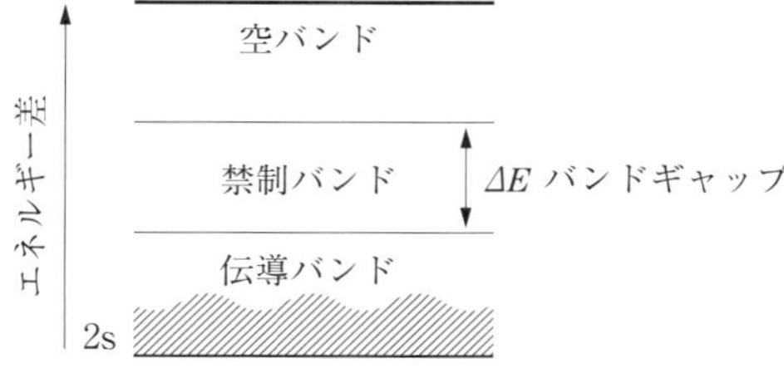

Liのようなアルカリ金属では最外殻の電子配置がs^1であるから，sバンドは半分満たされ伝導バンドをつくる．一方，アルカリ土類金属の場合，最外殻電子の配置はs^2であるからsバンドは充満バンドをつくり電気伝導性を示さないかというと，そうではない．sバンドより1つ外側のpバンドに一部の自由電子が流れ込み伝導バンドを形成するので，電気伝導性を示す．内殻電子とそれよりエネルギーの高いエネルギーバンドとの間に禁制バンドがあり，バンドギャップを構成していても最も上のエネルギーバンド内に電子が一杯になっていなければ電子は同一エネルギー内で動けるので，外部から弱い電界をかければ移動することができ，電気伝導性を示すことになる．

自由電子モデルでは電子が入ることのできる軌道がみかけ上連続であるけれども，バンド理論ではとびとびの軌道ができる．

バンド理論を用いると，金属だけでなく，一般的な固体の電気的性質について説明することができる．絶縁体の電子が外部から電場をかけても動かないのは，電子が占める最も高い軌道が完全に満たされているためである．希ガス原子の閉殻電子構造が**絶縁体**（electric insulator）に相当する．絶縁体の電子の1つが自由になるためには，バンドギャップを越えて高い空のバンドまで励起されなければならない．図4-18に示すようにダイヤモンドは，このバンドギャップが大きいので絶縁体である．

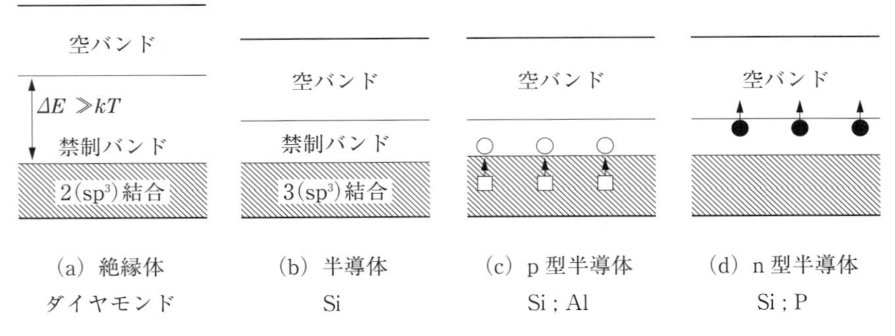

図4-18　(a)絶縁体，(b)半導体，(c)p型半導体および(d)n型半導体のバンド概念図（斜線部分は電子が占めるバンド）

一方，充満バンドとその上の空バンドとの間のバンドギャップがあまり大きくない，すなわち禁制バンドの幅が小さいような固体も存在する．例としてはSi，Ge，ZnOなどがある．これらは**半導体**（semiconductor）として知られている．これらのように純粋な物質からなる半導体を**真正半導体**（intrinsic semiconductor）という．半導体は金属と絶縁体の中間の電気的性質を示す．このような半導体では熱エネルギーにより禁制のバンドギャップを容易に越えて電子を励起することができる．したがって，半導体の電気伝導率は金属とは反対に温度の上昇とともに増加する．

さらに，これらの半導体に価電子が不足しているか，または，過剰な電子を持つ原子を不純物として加えることにより，電気伝導率を非常に上げることができる．たとえば前者はSiに3価のAlを混入してつくり，後者はSiに5価のPを混入してつくることができる．図4-18に示すように，Siに

Alを混入したものは，Siの最高被占軌道に**正孔**（positive hole）[*1]ができ，電気伝導率が増加する．一方，Pの場合には，Siの禁制バンド内に余分な電子が入り，新たに伝導バンドをつくる．前者を**p型半導体**（positive semiconductor），後者を**n型半導体**（negative semiconductor）という．これらは不純物を含む半導体であり，電気的性質に対して不純物が重要な役割を演じている．

[*1] 正孔：半導体において価電子バンドを満たしている電子がそのバンドの外に励起されると，価電子バンドには抜けた穴を生じ正電荷が生じたようになる．

4-6　液　晶

コレステロールのような非対称で扁平な長い分子結晶は，熱するとある温度範囲で融解し，直ちに液体に変化せず白濁した粘稠な状態になるが，さらに熱すると一定の温度で透明な液体になる．白濁した状態のものは光学異方性を示し，光学的に等方的な通常の液体と区別して**液晶**（liquid crystal）と呼ばれる[*1]．

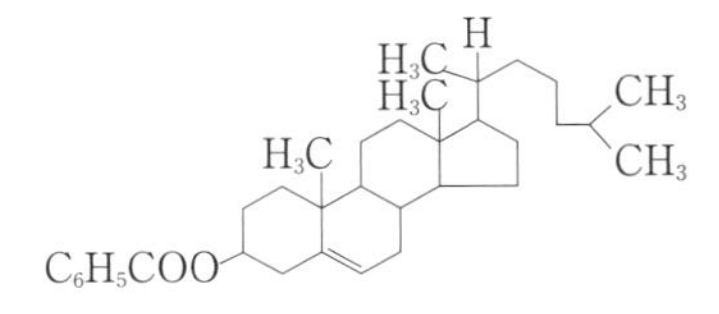

[*1] コレステロールの安息香酸エステル，コレステリック液晶の1例

オーストリアの植物学者であるラインニッツァー（F. Reinitzer, 1888）が液晶の発見者であり，ドイツの物理学者リーマン（O. Lehmann, 1890）が名づけた．1930年代に液晶は生体内の組織の一部の特徴を有していることがわかり，1980年代になってからその応用面が注目され，以後工業的に広く利用されるようになった．

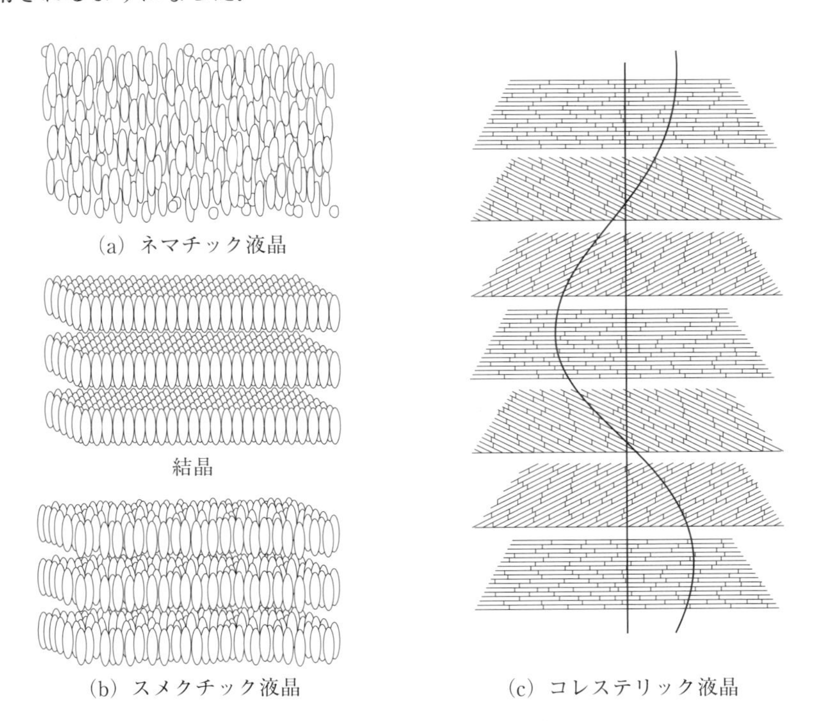

図4-19　液晶分子の配列と結晶
(a)ネマチック液晶，(b)スメクチック液晶，(c)コレステリック液晶および結晶

液晶はX線回折などの結果から図4-19に示すように，(a)ネマチック(nematic)，(b)スメクチック（smectic），および(c)コレステリック

(choresteric）の３つの構造に大別されている．

ネマチック液晶　細長い分子が長軸方向に平行に並んでいる状態で，端と端の位置はそろっていない，それぞれの分子周囲でも他の分子の配置は規則的ではない．

スメクチック液晶　ネマチック液晶の細長い分子が層をなし，その層内の分子の長軸がすべて平行で層の面に垂直になっている．この層の温度上昇でネマチック液晶に変るものがある．

コレステリック液晶　細長い分子がネマチック液晶のように長軸方向に並んでいるが，隣の相の方向とわずかにずれており，らせん状に変化していく．

液晶の構造は磁場，電場，圧力，温度，純度により鋭敏に変化する．そのため，液晶デスプレイ（表示装置)，サーモグラス，非破壊検査，温度指示器，超音波強度分布測定，圧力検知器，ガス検知器などに広く利用されている．また，生体組織の中には液晶形態をとるものがあり，生体機能と液晶性の関係についての研究が進められている．コレステリック液晶相以外の液晶相を示す化合物の代表例を以下に示す．置換基 X，Y はアルキル基（R)，OR，OCOR，COR，COOR，CN，ハロゲンなどである．

X，X—Y
X—Y
X—Y
X—CH = N—Y
X—N = N—Y
X—N = N—Y
↓
O
X—C ≡ C—Y
X—CH = CH—Y

4-7　結晶構造

（1）　X 線回折

結晶によって散乱される X 線の干渉模様を利用して，結晶構造の解析が行われる．図 4-20 に示すように，結晶においては，その中の原子の配列が１つの平面上に規則的に並んでいる面がある．これを結晶面といい，この面で

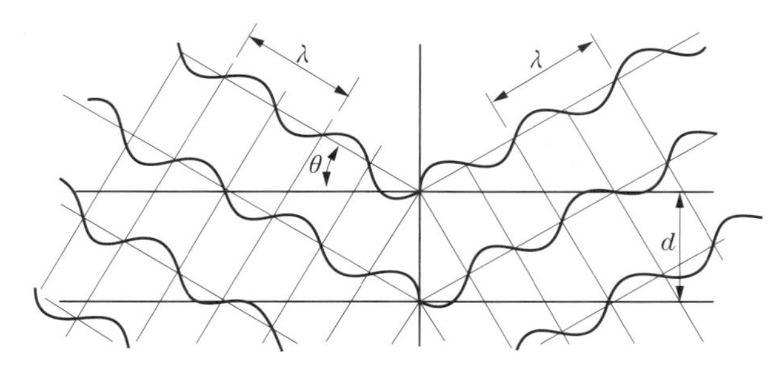

図 4-20　ブラッグの反射条件
（X線による干渉縞が強め合う条件）

X線が反射される場合，つぎに示す干渉条件が成り立つと，X線は強い干渉を起こす．

$$2d\sin\theta = n\lambda \quad (n = 1, 2, 3, \cdots) \qquad (4\text{-}27)$$

ここで，d は結晶の面間隔，θ は結晶面に対するX線の入射角である．

この式を**ブラッグの反射条件**（Bragg's reflection condition）という．d と θ の関係から，2次元的な原子配置の組み合わせとして3次元的な結晶の原子配置を解析することができる．

> **例題 7**　波長 154 pm のX線をダイヤモンドに照射したところ，30° に強い反射があった．この反射が $n=1$ に相当するならば，面間隔はいくらか．

解答　ブラッグの反射条件

$$2d\sin\theta = n\lambda \quad (n = 1, 2, 3, \cdots)$$

から $d = n\lambda/2\sin\theta$．この式に，$n=1$，$\lambda=154$ pm，$\theta=30°$ を代入して計算する．$d = 154\ \text{pm} \times 2 \times \dfrac{1}{2} = 154\ \text{pm}$ となる．

（2）　単位格子と結晶系

結晶構造は繰り返しの周期性があり，その最も簡単な立体構造を**単位格子**（unit cell）という．単位格子の大きさと形を表すには，図 4-21 のように3つの結晶軸を示すベクトル a, b, c（その大きさを単位稜の長さという）と結晶軸の2つがはさむ軸の角度 α，β，γ を用いる．これらを**格子定数**（lattice constant）という．

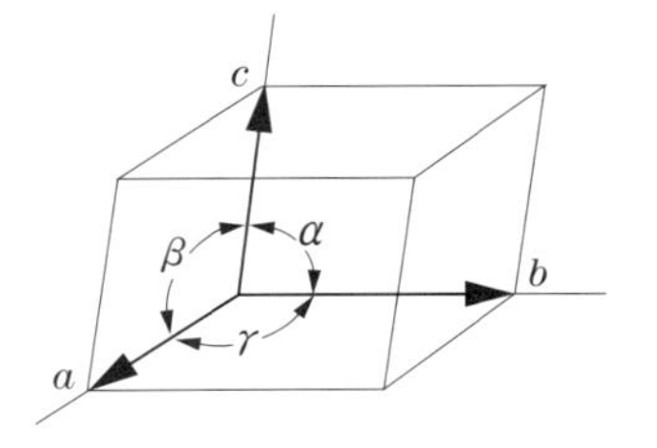

図 4-21　単位格子と格子定数

ブラベ（A. Bravain）は，自然界に存在する**空間格子**（space lattice）（結晶構造）は，格子定数の組み合わせから7種類の結晶系と4種類の単位格子からなる14種類だけしかないことを示した．これを**ブラベ格子**（Bravais lattice）という．これら4種類の単位格子と14種類のブラベ格子を表 4-6 に示す．

表 4-6　単位格子とブラベ格子

結晶系 (crystal system)	立方晶系 (cubic system)	六方晶系 (hexagonal system)	正方晶系 (tetragonal system)	斜方晶系 (orthorhombic system)	単斜晶系 (monoclinic system)	三斜晶系 (triclinic system)	三方晶系 (torigonal system)
単位の長さ (a,b,c) の関係	$a=b=c$	$a=b\neq c$	$a=b\neq c$	$a\neq b\neq c$	$a\neq b\neq c$	$a\neq b\neq c$	$a=b=c$
角度 α,β,γ の関係	$\alpha=\beta=\gamma$ $=90^\circ$	$\alpha=\beta=90^\circ$ $\gamma=120^\circ$	$\alpha=\beta=\gamma$ $=90^\circ$	$\alpha=\beta=\gamma$ $=90^\circ$	$\alpha=\gamma=90^\circ$ $\beta\neq 90^\circ$	$\alpha\neq\beta\neq\gamma$ $\neq 90^\circ$	$\alpha=\beta=\gamma$ $\neq 90^\circ$
単位格子 (unit cell) 単純格子 (simple lattice)							
体心格子 (body centered lattice :bcc)							
面心格子 (face centered lattice :fcc)							
底心格子 (base centered lattice)							

(3)　格子面とミラー指数

空間格子の各格子点を含む平面を格子面という．格子面は等間隔で平行である．これらの面が3つの軸 a，b，c の単位格子を切るとき，平行な面の組の中で最も原点に近い面が3つの軸を切る長さ a/h，b/k，c/l とすると，h，k，l は整数となる．ただし，1つの軸に平行なときはこの値は0となる．また，負の方向で切るときは，$\overline{1}$，$\overline{2}$ のように上の線をつける．(h, k, l) の記号を**ミラー指数**（Miller indices）という．

例題 8　体心立方格子において（100）面，（110）面，および（111）面を図示せよ．

解答

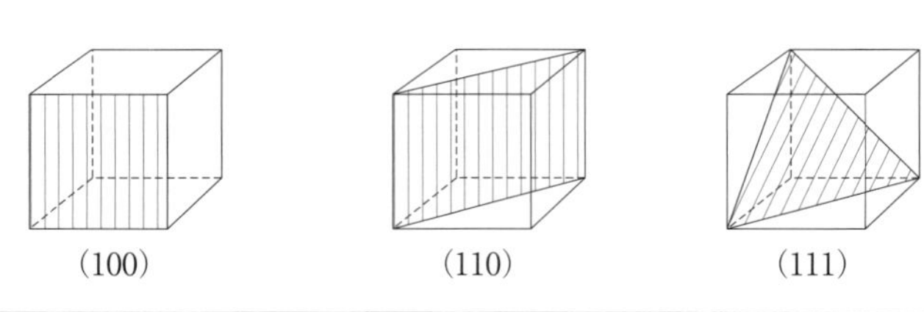

例題 9　面心立方格子をとる結晶の（100）面，（110）面，（111）面のうち最も格子密度の高いものはどれか．

解答　(111) 面

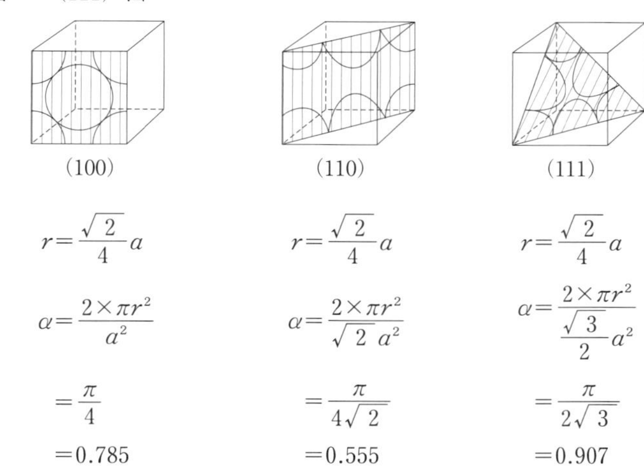

≪第4章のまとめ≫

1．気体の性質としてボイルの法則，シャルルの法則があり，これらの法則から，理想気体の状態方程式，$pV=nRT$ を導くことができる．この式を用いると，気体の圧力，体積，温度，分子量などが計算できる．

2．気体分子はたえず運動していてその速度には分布がある．そのため，気体分子の速度を表すのに，根平均二乗速度，平均速度，最大確率速度が用いられる．

3．気体分子運動論を用いると，ボイルの法則，シャルルの法則および理想気体の状態方程式が理論的に導かれる．

4．混合気体の全圧は各成分気体の分圧の和として表される（ドルトンの法則）．

5．高圧，低温で，実在気体は理想気体の状態方程式からずれる．このずれの主な原因になっている分子間力と分子の体積に対する補正を行なうことにより，ファンデルワールスの状態方程式が導かれる．

$$(p+a(n/V)^2)(V-nb)=nRT$$

6．ファンデルワールス定数 a と b を用いると，臨界圧力，臨界温度，臨界モル体積が計算できる．また，その逆もできる．

7．クラウジウス-クラペイロンの式を用いると，水の蒸気圧は，

$$\frac{\mathrm{d}p}{\mathrm{d}T}=\frac{\Delta H}{T(V_{\mathrm{G}}-V_{\mathrm{L}})}$$

から計算できて 100℃で温度が 1 K 上がるごとに 3.55 kPa 増加すること，また，氷の融点が圧力を 100 kPa（1 bar）増加すると，0.0073 K 下がることが計算できる．

8．水の状態図をギブスの相律と関連して蒸気圧曲線，昇華曲線，融解曲線，三重点の見方を学び，前者の 3 つの曲線は自由度が 1 であり，三重点は自由度が 0 となる．また，各曲線の各勾配はクラウジウス-クラペイロンの式により与えられる．とくに，水の融解曲線は負の傾きがあり，高圧になるほど融点が低くなる．

9．固体には結晶と無定形があり，前者には分子性結晶，イオン性結晶，共有結合結晶，金属結晶がある．

10．バンド理論により金属の電導性および半導体と絶縁体の説明ができる．

11．液晶は分子の配列の仕方により，ネマチック液晶，スメクチック液晶，コレステリック液晶がある．

12．ブラッグの反射条件は次式で表される．

$$2d\sin\theta = n\lambda \quad (n=1, 2, 3, \cdots)$$

第4章　練習問題

1．温度27℃，圧力1000 Paにおいて，3.00 Lを占める水素の質量は何gか．また，分子の数はいくらか．

2．窒素0.560 gと酸素0.320 gの混合気体が27℃で30.0 kPaを示している．各成分気体のモル分率と分圧および混合気体の体積を求めなさい．

3．400 kPaにおいて5.00 Lを占める単原子気体の運動エネルギーをジュール（J）単位で計算しなさい．

4．気体の酸素分子の27℃における根平均二乗速度，平均速度，最大確率速度を計算しなさい．

5．5.00 molのアンモニアが300 Kにおいて3.60 Lの容器に入っている．ファンデルワールスの状態方程式にしたがうとして圧力を計算しなさい．また，理想気体とみなした場合の圧力を計算して比較しなさい．

6．ヘリウムの臨界温度と臨界圧力はそれぞれ5.3 K，0.229 MPaである．ファンデルワールス定数aとbを求めなさい．

7．単純立方格子，面心立方格子，体心立方格子，六方最密充填，ダイヤモンド構造は単位格子内に何個の粒子を含むか．

8．単純立方格子，面心立方格子，体心立方格子，六方最密充填，ダイヤモンド構造において，等しい半径の剛体球を並べたとき，その球が占める最大値を計算しなさい．

9．Beの結晶構造は六方最密構造であり，その格子定数は$a=220$ pm，$c=360$ pmであるとして，Beの密度（$g \cdot cm^{-3}$）を求めなさい．ただし，Beの原子量は9.01とする．

10．200 pmの波長のX線で475 pmの面間隔を示す結晶がある．X線の強くなる反射角を$n=1, 2, 3$について計算しなさい．

≪コーヒーブレイク≫

通常，実験室で常時使用するような気体はボンベに入れて市販されている．ボンベには中にどのような気体が入っているかサイドに印字されているが，遠くからみてもわかるように色分けされているものがある．たとえば，水素ガスは赤色，窒素ガスは灰色，酸素ガスは黒色，二酸化炭素のガスは緑色など，といった具合である．水素ガスが赤色なのは，使用するとき注意と呼びかけているのかもしれない．実際，ボンベから気体を取り出すときにはガス調節弁をヘッドにとりつけるが，水素ガスとヘリウムガスの調節弁は左ねじになっており，逆にねじってとりつける．

第5章　溶　　液

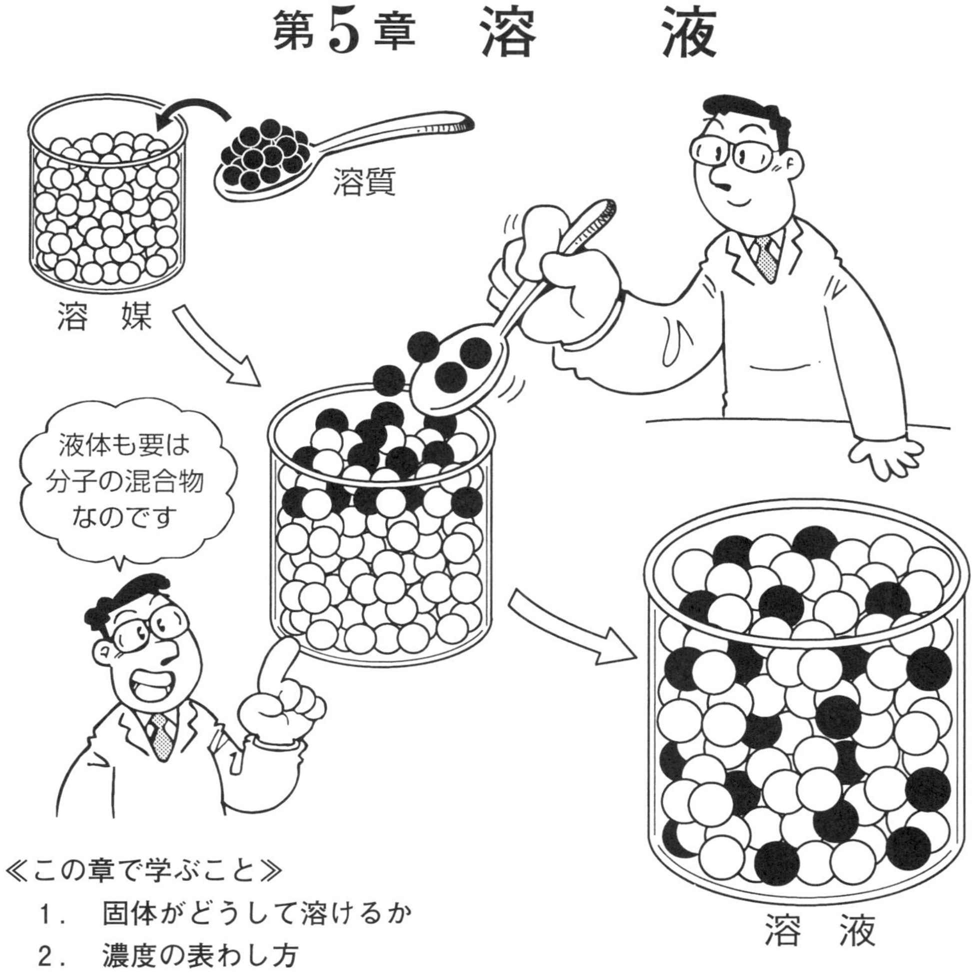

≪この章で学ぶこと≫

1．　固体がどうして溶けるか
2．　濃度の表わし方
3．　理想溶液と理想希薄溶液の性質
4．　束一的性質とその応用

2種類以上の物質が原子または分子のレベルで均一に混じり合った物質を溶体という．純物質に（1）固体，（2）液体，（3）気体の3態があるように，溶体にも3態があり，（1）の状態を固溶体，（2）の状態を溶液，（3）の状態を混合気体と呼ぶ．これら3態のうち，この章では溶液を取り扱う．

固体または気体が液体に溶け込んで溶液をつくる場合，その液体を溶媒，固体または気体を溶質という．また，溶液の構成成分が全て液体の場合は最も多量に存在する成分を溶媒，それ以外の成分を溶質とみなすことが多い．溶媒が水の場合が水溶液であり，最もポピュラーで最も重要な溶液である．

われわれの身のまわりにある液体は大部分溶液として存在しており，純物質の液体はむしろまれである．また，「混合物の化学」即「溶液の化学」といってよいほど，溶液は多方面で利用されており，溶液の性質についての理解を深めることは，環境保全を含めて日常生活の面からも，工業的な観点からもきわめて大切である．

5-1 溶　解

ここでは溶質が固体の場合を考える．溶質である固体の構成粒子間には凝集力が働いている．固体の**溶解**（dissolution）とは，この凝集力に逆らって溶質粒子が溶媒中にバラバラに分散することである．溶質粒子と溶媒粒子が接近すると両者の間には吸引力が働き，溶質粒子は複数個の溶媒粒子に取り囲まれ安定化する．これがいわゆる**溶媒和**（solvation）であり，溶液を形成する推進力の一つである．溶媒が水の場合の溶媒和を特に**水和**（hydration）という．

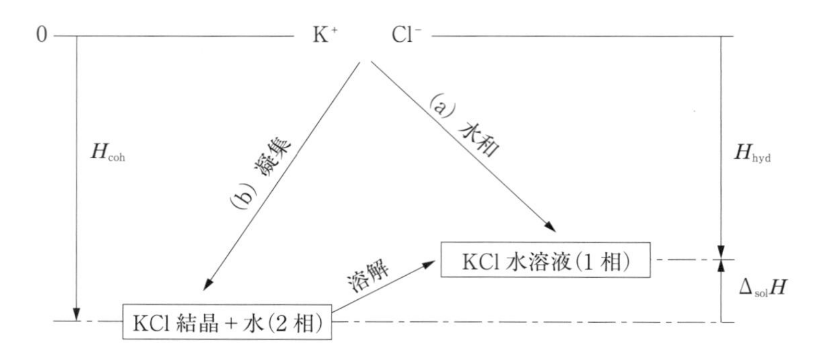

$$\Delta_{sol}H = H_{hyd} - H_{coh} = +17.2\ kJ \cdot mol^{-1}$$

図 5-1　K^+ イオンと Cl^- イオンの水和過程と凝集過程

いま具体的な例として，分離独立した状態で真空中に存在するカリウムイオン（K^+）と塩化物イオン（Cl^-）が①水和して水溶液が形成される過程（図 5-1（a））と，②これらのイオンが凝集して固体（結晶）の塩化カリウムと溶媒（水）が分離した 2 相を形成する過程（図 5-1（b））を比較しよう．

ここでは一定圧力のもとでの過程を想定しており，それぞれの変化に伴う熱量はエンタルピー変化[*1]で表される．図 5-1 に示すモル水和エンタルピー H_{hyd} とモル凝集エンタルピー H_{coh} の差 $\Delta_{sol}H = H_{hyd} - H_{coh}$ をモル溶解エンタルピーという．図 5-1 に示すように，モル凝集エンタルピーはモル水和エンタルピーより小さく，$\Delta_{sol}H > 0$ である．したがって，「KCl 結晶＋水」から「KCl 水溶液」へ変化するためには $\Delta_{sol}H$ に相当する熱量を吸収する必要がある．この結果は「KCl は水によく溶ける」という事実と一見矛盾するようにみえる．

一般にマクロな系[*2]で起こる自発的変化[*3]は，（1）エンタルピーの増減と（2）状態の乱雑さの増減，の 2 つの要因に支配される．KCl の場合 $\Delta_{sol}H > 0$ であるがその値は比較的小さく（$+17.2\ kJ \cdot mol^{-1}$），エンタルピーの増加による寄与（溶解を阻止しようとする）より乱雑さが増加する寄与（溶解を促進しようとする）の方が大きいため，KCl は水によく溶けるのである．次節で示すように，吸熱過程であるにもかかわらず，水によく溶ける固体は多数存在する．

[*1] p.24 の注＊1 を参照．

[*2] 膨大な数の粒子（アボガドロ数程度）で構成される物質．

[*3] 与えられた条件の下で，自然に進行する変化をいう．たとえば，坂の途中に置いたボールは自然に転げ落ちるが，これはその 1 例である．

状態の乱雑さと自発的変化との関係

いま(A)のように，2つに仕切られた容器のそれぞれに異なる種類の理想気体を入れた後，仕切板を取り外したときの変化を考えよう．両方とも理想気体であるから混合によりエネルギーは変化しないにもかかわらず，2種類の気体は自然に（自発的に）相互に拡散して(B)のような混合状態になる．では，この逆の変化はどうであろうか．いったん混合した(B)の状態から自発的に元の(A)の状態にもどることはない．すなわち，乱雑さがより小さい(A)の状態からより大きい(B)の状態へは自発的に変化するが，何らかの刺激を加えない限り逆の変化（(A)←(B)）は起こり得ない．

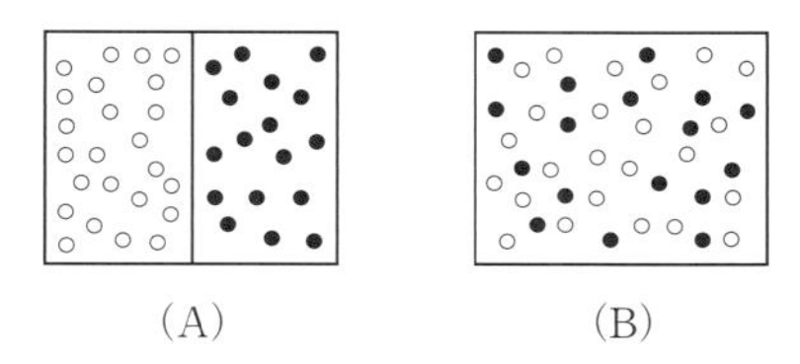

(A)　　(B)

ここで扱う固体の溶解も同様で，一般に固体の状態より溶液（混合状態）の方が乱雑さの度合いが大きいため，エネルギー的に不利であっても自発的に溶解する場合がある．また，いったん溶解した固体（溶質）が，自発的に元の固体の状態にもどることはない．

乱雑さの度合いを定量的に表した物理量が「エントロピー」であるが，これについては他の成書を参照されたい．

5-2　固体の溶解度

固体が溶媒に溶ける場合，一般にその溶解量には上限がある[*1]．固体の溶質が溶液と共存しその濃度が一定になったとき，両者の間に平衡が成立しているという[*2]．そのときの溶液を**飽和溶液**（saturated solution）といい，その溶液中に溶解している溶質の濃度を飽和濃度または**溶解度**（solubility）という，溶解度は飽和溶液中で溶媒100 g当たりの溶質の質量（g）で表すことが多い．

[*1] 溶質と溶媒が共に液体の場合は，全ての組成範囲で溶け合う組み合わせ（ベンゼンとトルエン，エタノールと水など）が多数知られている．

[*2] 平衡の詳細については第7章を参照のこと．

表5-1　水に対する固体の溶解度［g・(H_2O 100 g)$^{-1}$］

	塩化ナトリウム $NaCl$	塩化カリウム KCl	硝酸ナトリウム $NaNO_3$	硝酸カリウム KNO_3	過塩素酸ナトリウム $NaClO_4$	過塩素酸カリウム $KClO_4$	塩化銀 $AgCl$	水酸化カルシウム $Ca(OH)_2$	ショ糖 $C_{12}H_{22}O_{11}$
溶解熱	吸熱	吸熱	吸熱	吸熱	吸熱	吸熱	吸熱	発熱	吸熱
温度(℃)									
0	35.7	28.1	73.0	13.3	167	0.76	0.00007	0.17	179
20	35.8	34.2	88.0	31.6	—	1.68	0.00016	0.16	204
40	36.3	40.1	105	63.9	244	3.73	0.00036	0.13	238
60	37.1	45.8	124	109	289	7.30	—	0.11	287
80	38.0	51.3	148	169	300	12.7	—	0.085	362
100	39.3	56.3	176	245	331	22.3	0.0021	0.069	485

表5-1にいくつかの化合物の溶解度を示す．また，溶質の濃度が飽和濃度に達していない溶液を**不飽和溶液**（unsaturated solution）という．

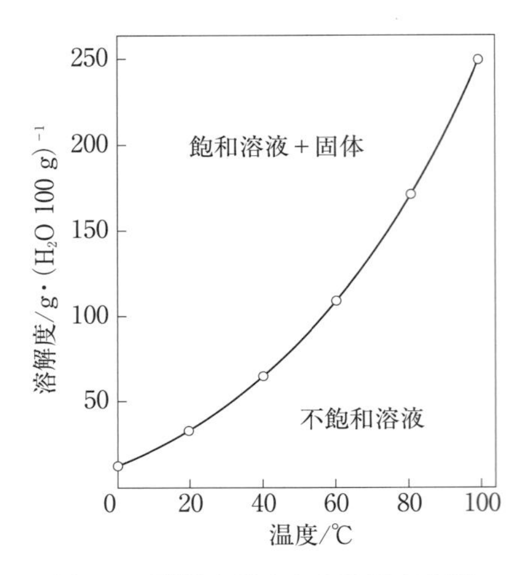

図 5-2　硝酸カリウムの溶解度曲線

図 5-2 は硝酸カリウムの溶解度と温度との関係を示したものである．この曲線の下側は不飽和溶液（単一相）の領域であり，上側は飽和溶液と固体が共存（2 相）する領域である．この境界にある曲線を**溶解度曲線**（solubility curve）という．表 5-1 および図 5-2 にみられるように，多くの固体の溶解度は温度の上昇とともに増大する傾向があるが，これはルシャトリエの原理（第 7 章参照）から理解できる．

5-3　溶液の濃度表示法

溶液はさまざまな用途に用いられるが，その目的に応じていくつかの濃度表示が用いられる．以下によく用いられる濃度表示法について述べる．

（1）　モル濃度

溶液 1 L に含まれる溶質の物質量（mol）で表した濃度を**モル濃度**（molarity）といい，単位記号には **mol・L^{-1}** を用いる．溶液の濃度表示として最も多く用いられる．ただし，溶液の体積は温度および圧力によって多少変化するから，温度変化や大きな圧力変化を伴うような場合には注意が必要である．

（2）　規定度

溶液 1 L に含まれる溶質のグラム当量[*1]で表した濃度を**規定度**（normality）といい，単位記号には **N** を用いる．中和滴定，酸化還元滴定などの容量分析で用いられる[*2]．

（3）　質量モル濃度

溶媒 1 kg に溶けている溶質の物質量（mol）で表した濃度を**質量モル濃度**（molality）といい，単位記号には **mol・kg^{-1}** を用いる．この濃度の値は温度および圧力の変化とは無関係であり，あとで述べる溶液の束一的性質を扱う

[*1] 化学反応において反応する物質 1 mol をその物質の価数で割った量を 1 グラム当量という．水溶液中における酸・塩基中和反応は，反応する酸または塩基の種類によらず，$H^+ + OH^- \longrightarrow H_2O$ であるから，H^+ 1 mol を出しうる酸を 1 グラム当量の酸といい，OH^- 1 mol を出しうる塩基を 1 グラム当量の塩基という．酸化還元反応の場合は，電子 1 mol を出しうる還元剤を 1 グラム当量の還元剤といい，電子 1 mol を受容しうる酸化剤を 1 グラム当量の酸化剤という（3 章および**例題 1**，**例題 2** 参照）．

[*2] この濃度表示は，現在ではあまり用いられていない．しかし，モル濃度を用いる場合でも，「当量」という考え方は重要である．

ときなどによく用いられる．

(4)　モル分率

溶媒分子の物質量を n_A，溶質分子の物質量を n_B とすると，溶媒の**モル分率**（mole fraction）X_A，溶質のモル分率 X_B はそれぞれつぎの式で定義され，特に熱力学など理論的な取り扱いによく用いられる．

$$X_A = \frac{n_A}{n_A + n_B} \tag{5-1}$$

$$X_B = \frac{n_B}{n_A + n_B} = 1 - X_A \tag{5-2}$$

多成分系への拡張も容易であり，たとえば m 種の成分からなる系の i 番目の成分のモル分率 X_i は次式で表される．

$$X_i = \frac{n_i}{\sum_{j=1}^{m} n_j} \tag{5-3}$$

$$\sum_{j=1}^{m} X_j = 1 \tag{5-4}$$

例題1　水に 50.0 g の濃硫酸（質量%濃度 98.0%）を少量ずつ加えて 500 mL の希硫酸を調製した．この希硫酸の，(1)モル濃度，(2)質量モル濃度，(3)規定度，および(4)溶質（硫酸）のモル分率をそれぞれ求めなさい．ただし，この希硫酸の密度は 1.06 $g \cdot mL^{-1}$ とする．

解答　まず，濃硫酸中の H_2SO_4 の質量 $W_B = 50.0 \times 0.980 = 49.0$ g，溶液の体積 $V = 500$ mL，希硫酸の密度 $d = 1.06\ g \cdot mL^{-1}$，溶媒（水）のモル質量 $M_A = 18.0\ g \cdot mol^{-1}$ および溶質（硫酸）のモル質量 $M_B = 98.1\ g \cdot mol^{-1}$ を用いて，つぎの各量を求める．

① 溶液の質量 (W)；$W = Vd = 500 \times 1.06 = 530$ g

② 溶媒（水）の質量 (W_A)；$W_A = W - W_B = 530 - 49.0 = 481$ g

③ 溶媒（水）の物質量 (n_A)；$n_A = \frac{W_A}{M_A} = \frac{481}{18.0} = 26.7$ mol

④ 溶質（硫酸）の物質量 (n_B)；$n_B = \frac{W_B}{M_B} = \frac{49.0}{98.1} = 0.500$ mol

⑤ 溶質（硫酸）のグラム当量 (E_B)；$E_B = n_B z = 0.500 \times 2 = 1.00$ グラム当量

ただし，z は硫酸の価数である．

これらより，

(1) モル濃度 (c_B)；$c_B = \frac{n_B}{V} = \frac{0.500}{500 \times 10^{-3}} = 1.00\ mol \cdot L^{-1}$

(2) 質量モル濃度 (m_B)；$m_B = \frac{n_B}{W_A} = \frac{0.500}{481 \times 10^{-3}} = 1.04\ mol \cdot kg^{-1}$

(3) 規定度 (N_B)；$N_B = \frac{E_B}{V} = \frac{1.00}{500 \times 10^{-3}} = 2.00$ N

(4) モル分率 (X_B)；$X_B = \frac{n_B}{n_A + n_B} = \frac{0.500}{26.7 + 0.500} = 0.0184$

が得られる．

例題2　過マンガン酸塩は酸化剤であり酸化還元滴定などに用いられるが，下の例に示すように，溶液が酸性か塩基性かにより異なる反応が起こることが知られている．

［強酸性水溶液中における Fe^{2+} の酸化］

$$MnO_4^- + 5Fe^{2+} + 8H^+ \longrightarrow Mn^{2+} + 5Fe^{3+} + 4H_2O \qquad (1)$$

［塩基性水溶液中における Mn^{2+} の酸化］

$$2MnO_4^- + 3Mn^{2+} + 4OH^- \longrightarrow 5MnO_2 + 2H_2O \qquad (2)$$

いま滴定に用いるため，7.9 g の過マンガン酸カリウム（$KMnO_4$）を水に溶解し 1 L の溶液を調製した．この溶液に関し，つぎの問に答えなさい．

① モル濃度 (c) を求めなさい．

② 強酸性で滴定を行う場合の規定度 (N_a) はいくらか．

③ 塩基性で滴定を行う場合の規定度 (N_b) はいくらか．

解答

① $KMnO_4$ のモル質量は 158 $g \cdot mol^{-1}$ であるから，採取した $KMnO_4$ の物質量は

$0.050\left(=\frac{7.9}{158}\right)$ mol である．よって，

$$c = 0.050\ mol \cdot L^{-1}$$

② 式(1)の反応は，つぎのように酸化の部分と還元の部分に分けることができる．

$$Fe^{2+} \longrightarrow Fe^{3+} + e^-$$

$$MnO_4^- + 8H^+ + 5e^- \longrightarrow Mn^{2+} + 4H_2O$$

これより，酸化剤である MnO_4^- 1 mol は 5 グラム当量であることがわかる．よって，

$$N_a = 0.050 \times 5 = 0.25\ N$$

③ また，式(2)の反応はつぎのように分けることができる．

$$Mn^{2+} + 4OH^- \longrightarrow MnO_2 + 2H_2O + 2e^-$$

$$MnO_4^- + 2H_2O + 3e^- \longrightarrow MnO_2 + 4OH^-$$

この場合の MnO_4^- 1 mol は 3 グラム当量であり，

$$N_b = 0.050 \times 3 = 0.15\ N$$

となる．

5-4　理想溶液と理想希薄溶液

(1)　理想溶液

ここでは物質 A および B がともに揮発性の非電解質で全組成範囲で溶け合う 2 成分系溶液を考える．この混合溶液を密閉容器に入れ温度を一定に保つと，A，B ともに蒸発し，最終的には平衡状態に到達する．このとき気相の圧力は一定になり，これを**飽和蒸気圧**[*1]（saturated vapor pressure）という．

ラウール（F. M. Raoult）[*2]はつぎの法則を見出した．

ラウールの法則

溶液中のある成分の蒸気分圧はそのモル分率と純物質のときの蒸気圧

[*1] 以後，特にことわらない限り「蒸気圧」と記述する．

[*2] ラウール F. M. Raoult (1830～1901) フランスの物理化学者．パリ大学で学位を得たのち，セーヌ大学を経て，グルノーブル大学教授．希薄溶液の沸点上昇(1871, 1889)，凝固点降下 (1878～86)，および蒸気圧降下 (1887～88) の定量的な測定を行い，希薄溶液論の基礎を築いた．

との積に等しい．

溶液の全組成範囲にわたって厳密にラウールの法則に従うような仮想的な溶液を**理想溶液**（ideal solution）という．

A，Bともに揮発性であるから2成分系理想溶液では，

$$p_A = p_A{}^0 X_A \tag{5-5}$$

$$p_B = p_B{}^0 X_B = p_B{}^0(1 - X_A) \tag{5-6}$$

$$p = p_A + p_B = p_B{}^0 + (p_A{}^0 - p_B{}^0) X_A \tag{5-7}$$

の関係が成り立ち，これを図示すると図5-3のようになる．ここで p_A，p_B

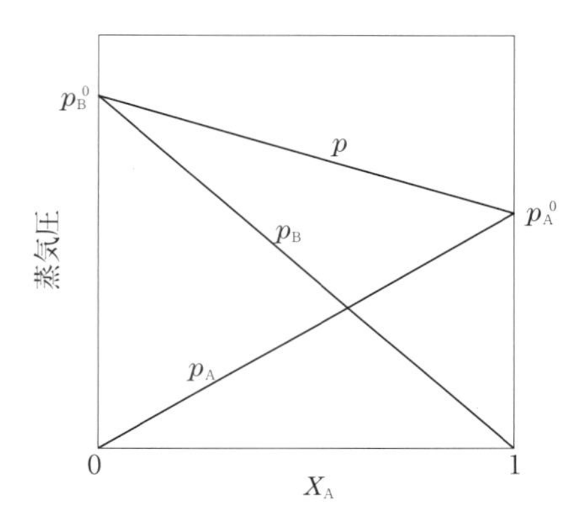

図5-3　揮発性2成分系理想溶液の蒸気圧とモル分率との関係

および p はそれぞれ溶液上のAの蒸気分圧，Bの蒸気分圧および全蒸気圧であり，$p_A{}^0$ および $p_B{}^0$ は純粋なAおよびBの蒸気圧をそれぞれ表す．

実際の混合溶液では，構造がよく似ているヘキサンとヘプタンや，ベンゼンとトルエンの混合溶液のように，全組成範囲でほぼラウールの法則に従う

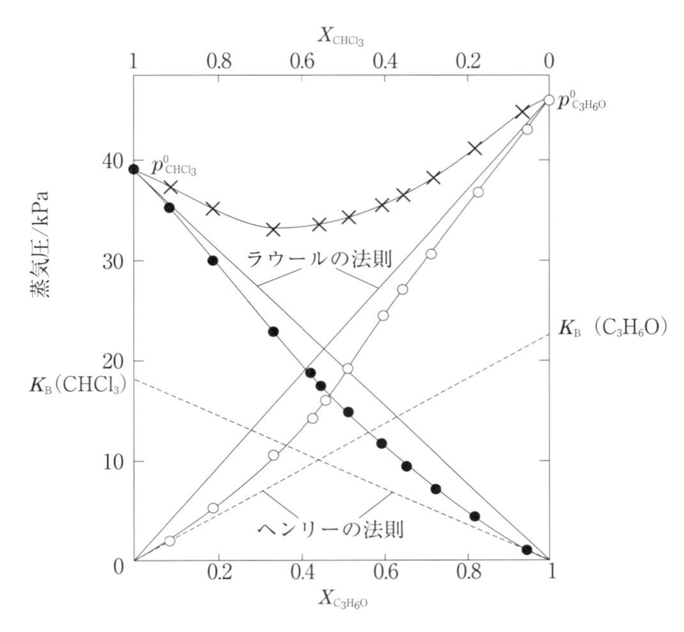

図5-4　アセトン C_3H_6O（○）**とトリクロロメタン** $CHCl_3$（●）**混合物の蒸気分圧および全圧（×）とモル分率との関係**（温度35℃）

系もあるが，これらはむしろ例外的で大部分の混合溶液ではこの法則からずれがみられる．アセトンとトリクロロメタンの混合溶液の場合を図 5-4 に示す．図 5-4 の左上端または右上端をよくみると，圧倒的に多い成分（溶媒）の蒸気分圧は溶質の濃度が小さくなればなるほど，ラウールの法則からのずれが小さくなる傾向が認められる．この領域では溶質の濃度の減少とともに溶液は限りなく純溶媒に近づくのであるから，これは当然の結果と考えてよい．この傾向は全ての溶液について認められ，「希薄な溶液の溶媒の蒸気分圧はほぼラウールの法則に従う」という重要な結論が得られる．

（2）　理想希薄溶液

一方，希薄溶液における溶質の蒸気分圧はラウールの法則からの大きなずれが認められることが多い（図 5-4 参照）．希薄溶液中では溶質分子は圧倒的多数の溶媒分子に取り囲まれており，純粋な場合とはかけ離れた環境にある．すなわち，溶液が希薄になればなるほど溶質分子の環境は純粋な状態からのずれが大きくなる．ベンゼンとトルエンの混合物のような特別な例を除くと，一般に溶質分子と溶媒分子間の相互作用は溶質分子どうしの相互作用とは異なるから，希薄溶液における溶質の蒸気分圧がラウールの法則に従わないことはむしろ当然の結果である．

ヘンリー（W. Henry）[*1] はつぎの法則を見出した．

ヘンリーの法則

希薄溶液における揮発性溶質の蒸気分圧はその溶質のモル分率に比例する．

揮発性溶質を B とすると，ヘンリーの法則は

$$p_B = K_B X_B \qquad (5\text{-}8)$$

と表すことができる．ここで，K_B は溶質，溶媒および温度に依存する定数で**ヘンリー定数**と呼ばれている．ヘンリーの法則は溶質の濃度が小さい範囲でしか成り立たない．溶質がヘンリーの法則に従い，溶媒がラウールの法則に従う溶液を**理想希薄溶液**（ideal-dilute solution）という．

図 5-4 の左側にみられるように，アセトンのモル分率 $X_{C_3H_6O}$ がきわめて小さい範囲ではアセトン（溶質）の蒸気分圧は $X_{C_3H_6O}$ とともに直線的に増加し，ヘンリーの法則が成立していることがわかる．一方，この範囲でトリクロロメタン（溶媒）の蒸気分圧はラウールの法則に従うことがわかる．したがって，この範囲の混合溶液は理想希薄溶液とみなしてよい．$X_{C_3H_6O}$ が大きくなるに従い，両法則ともに成立しなくなる．

一方，図 5-4 右側のトリクロロメタンのモル分率 $X_{CHCl_3}(=1-X_{C_3H_6O})$ がきわめて小さい範囲では，トリクロロメタンが溶質，アセトンが溶媒になり，上と同様の関係が成立していることがわかる．

[*1] ヘンリー W. Henry（1774〜1836）イギリスの化学者．1797〜1824 年の間気体の研究に専心し，1802 年ヘンリーの法則を発見した．著者“The elements of experimental chemistry”（1799）は日本に紹介された最初の化学書で，宇田川榕庵（うだがわようあん）により“舎密開宗（せいみかいそう）”（1837〜47）として出版された．

5-5　気体の溶解度

この節では溶媒に気体が溶け込んだ溶液について議論する．この場合も式(5-8)が適用できるが，これを多少変形した式(5-9)（例題3参照）の方がよく用いられ，この関係もヘンリーの法則と呼ばれている．

$$W_B = kp_B \tag{5-9}$$

ここで，W_B は一定温度で一定量の溶媒に溶ける気体Bの質量，p_B はそのときのBの圧力である．比例定数 k は式(5-8)の K_B とは異なるものであるが，これもヘンリー定数と呼ばれている．

気体の溶解度は，圧力 1.013×10^5 Pa において溶媒 1 mL に溶ける気体の質量を0℃，1.013×10^5 Pa での体積に換算して表す場合が多い[*1]．水に対する気体の溶解は，気体分子と水分子の相互作用の違いにより，2つのグループに分けて考えると理解しやすい．第1のグループは無極性の水素，窒素，酸素等であり，これらは単に物理的に溶解しているのみで，圧力があまり高くない範囲で式(5-9)に従う．また，表5-2に示すように，これらの気体の溶解度はいずれも非常に小さい．

[*1] この溶解度を「ブンゼン吸収係数」と呼び，通常 α で表す．

例題3　理想希薄溶液を前提として，式(5-8)から式(5-9)を導きなさい．

解答　M_A および M_B をそれぞれ溶媒Aおよび溶質Bのモル質量，W_A を溶媒の質量とすると，式(5-8)はつぎのように表すことができる．

$$p_B = K_B X_B = K_B \frac{n_B}{n_A + n_B} \approx K_B \frac{n_B}{n_A} = K_B \frac{\dfrac{W_B}{M_B}}{\dfrac{W_A}{M_A}} = W_B \frac{K_B M_A}{M_B W_A}$$

ここで，$k = \dfrac{M_B W_A}{K_B M_A}$ とおけば式(5-9)が得られる．

例題4　ヘンリーの法則を用いて，一定量の溶媒に溶解した気体の（溶解前の）体積は，気体の圧力に関係なく一定であることを示しなさい．

解答　溶け込む気体Bを理想気体と仮定し，溶解した体積を V_d とすると，その状態方程式 $p_B V_d = n_B RT$ および $n_B = W_B / M_B$ から式(1)が得られる．この式に式(5-9)を代入すれば式(2)が得られ，V_d は p_B に無関係であることがわかる．

$$V_d = W_B \frac{RT}{M_B p_B} \tag{1}$$

$$V_d = kp_B \frac{RT}{M_B p_B} = \frac{kRT}{M_B} \tag{2}$$

第2のグループは極性の塩化水素やアンモニアなどであり，表5-2に示すようにこれらの溶解度は非常に大きい．これは溶け込んだ気体分子と水分子が化学反応し，気体中とは異なる化学種が生成するためである．たとえば，塩化水素は水中ではつぎのように反応し，大部分がイオンとして存在している．

$$HCl + H_2O \longrightarrow H_3O^+ + Cl^-$$

また，アンモニアもつぎのように一部がイオン化している．

$$NH_3 + H_2O \longrightarrow NH_4^+ + OH^-$$

これらは単純な溶解ではなく，通常ヘンリーの法則には従わない．

表 5-2　水に対する気体の溶解度 ［mL・(H_2O 1 mL)$^{-1}$］

温度（℃）	水素	酸素	窒素	アンモニア	塩化水素	二酸化炭素
0	0.022	0.049	0.024	1176	507	1.71
20	0.018	0.031	0.015	702	442	0.88
40	0.016	0.023	0.012	—	386	0.53
60	0.016	0.019	0.010	—	339	0.36
80	0.016	0.018	0.0096	—	—	—
100	0.016	0.017	0.0095	—	—	—

5-6　束一的性質

この節では溶質が不揮発性[*1]の溶液を考える．この種の溶液が示す性質のうち，蒸気圧降下，沸点上昇，凝固点降下，浸透圧などは溶質粒子が何であるかには無関係で，溶質粒子の数のみで決まることが知られている．このような一連の性質を**束一的性質**（colligative property）という．

本節では，特にことわらない限り対象を溶質Bが不揮発性で非電解質の希薄溶液に限定する．この場合 $p_B{}^0=0$ であるから，式(5-5)～式(5-7)は式(5-10)になる．これより，溶液上の溶媒Aの蒸気圧 p_A[*2] は溶質Bのモル分率 X_B のみで決まり（$p_A{}^0$ は溶媒固有の定数），Bの種類には無関係であることがわかる．

$$p_A = p_A{}^0 X_A = p_A{}^0(1 - X_B) \tag{5-10}$$

[*1] 固体の蒸気圧は溶媒（液体）の蒸気圧に比較してきわめて小さいため，通常固体は不揮発性とみなしてよい．

[*2] 5-6 節では $p_B{}^0=0$ の場合のみを扱うので，以後 p_A を「溶液の蒸気圧」と記述する．

（1）　蒸気圧降下

ある溶媒Aに不揮発性溶質Bを溶かすと，溶液の蒸気圧は式(5-10)に従って $p_A{}^0$ から p_A に低下する．この差 $p_A{}^0 - p_A$ を**蒸気圧降下**（vapor pressure depression）という．

式(5-10)を変形すると式(5-11)が得られる．

$$\frac{p_A{}^0 - p_A}{p_A{}^0} = X_B = \frac{n_B}{n_A + n_B} \tag{5-11}$$

ここでは希薄溶液($n_A \gg n_B$)のみを対象にしており，この溶液中の溶媒の質量を W_A，モル質量を M_A，溶質の質量を W_B，モル質量を M_B とすると，式(5-11)は式(5-12)のように表すことができる．

$$\frac{p_A{}^0 - p_A}{p_A{}^0} = X_B \approx \frac{n_B}{n_A} = \frac{\dfrac{W_B}{M_B}}{\dfrac{W_A}{M_A}} = \frac{M_A W_B}{M_B W_A} \tag{5-12}$$

式(5-12)を整理すると式(5-13)が得られる．

$$M_B = \frac{M_A W_B}{W_A} \frac{p_A{}^0}{p_A{}^0 - p_A} \tag{5-13}$$

単位を $g \cdot mol^{-1}$ で表したときのモル質量の数値は分子量（無次元）に等しいから，式(5-13)より溶質 B の分子量を求めることができる．

一般に蒸気圧の測定は，つぎに述べる沸点，凝固点，浸透圧の測定に比べて精度が悪いため，この方法はあまり行われていない．

（2） 沸点上昇

4章で述べたように，液体の蒸気圧は温度とともに増加し，この値が大気圧（通常 1.013×10^5 Pa）と等しくなった温度で沸騰が始まる．この温度を沸点という．

図 5-5 に示すように，溶液の蒸気圧は溶媒に比べ蒸気圧降下 $(p_A{}^0 - p_A)$ に相当する分だけ低下するから，溶液は溶媒の沸点 $T_b{}^0$ より高い温度 T_b で沸騰することになる．この沸点の差 $\Delta T_b\ (= T_b - T_b{}^0)$ を溶液の**沸点上昇** (boiling-point elevation) という．溶液の蒸気圧曲線は溶媒の蒸気圧曲線を $(p_A{}^0 - p_A)$ だけ下方に移動したものであり，その移動量も小さい $((p_A{}^0 - p_A)/p_A{}^0 = X_B \ll 1)$ から，$\Delta p_A / \Delta T_b$ は式(5-14)で近似できる．

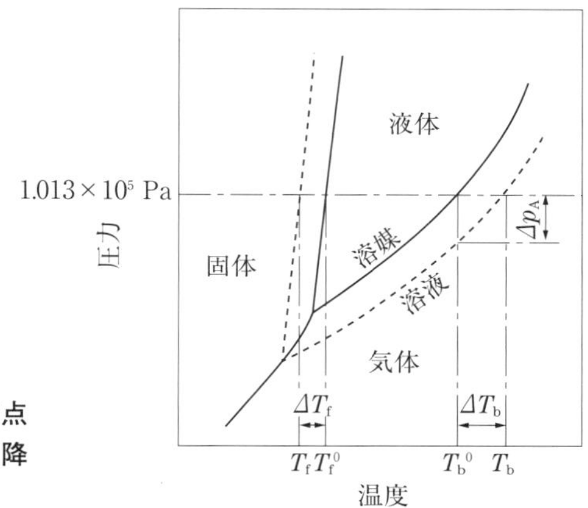

図 5-5　溶媒と溶液の状態図と沸点上昇 ΔT_b および凝固点降下 ΔT_f の関係

$$-\frac{\Delta p_A}{\Delta T_b} = \frac{p_A{}^0 - p_A}{\Delta T_b} \approx \frac{dp_A}{dT} \tag{5-14}$$

これより，

$$\Delta T_b = \frac{p_A{}^0 - p_A}{\frac{dp_A}{dT}} = \frac{p_A{}^0 X_B}{\frac{dp_A}{dT}} \approx \frac{p_A{}^0}{\frac{dp_A}{dT}} \frac{n_B}{\frac{W_A}{M_A}} = \frac{p_A{}^0 M_A}{\frac{dp_A}{dT}} \frac{n_B}{W_A} = \frac{p_A{}^0 M_A}{1000 \frac{dp_A}{dT}} \frac{1000 n_B}{W_A} \tag{5-15}$$

が得られ，$\{p_A{}^0 M_A / 1000(dp_A/dT)\} = K_b$ とおくと，ΔT_b は式(5-16)で表される．

$$\Delta T_b = K_b m_B \tag{5-16}$$

ここで，$m_B\ (= 1000 n_B / W_A)$ は溶質 B の質量モル濃度であり，K_b は**モル沸点上昇** (molar elevation of boiling point) と呼ばれる溶媒に固有の定数である．よく用いられる溶媒の K_b 値を表 5-3 に示す．

表 5-3　溶媒のモル沸点上昇

溶媒		沸点 /℃	K_b/K·kg·mol^{-1}
水	H_2O	100	0.515
ジエチルエーテル	$(C_2H_5)_2O$	34.5	2.10
エタノール	C_2H_5OH	78.3	1.17
ベンゼン	C_6H_6	80.1	2.70
アセトン	CH_3COCH_3	56.3	1.70
フェノール	C_6H_5OH	181.8	3.36

1 kg の溶媒 A に溶質 B が w_B g 溶けているとすると，$m_B=w_B/M_B$ であるから，これを式(5-16)に代入すると式(5-17)が得られる．

$$M_B=\frac{K_b w_B}{\Delta T_b} \qquad (5\text{-}17)$$

これより溶質 B のモル質量，すなわち分子量を求めることができる．

(3)　凝固点降下

溶媒に不揮発性溶質を溶かすと凝固点が低くなることはよく知られている．たとえば，寒冷地で道路の雪や氷を溶かすのに塩化カルシウムをまく光景をよく見かけるが，これはこの現象を応用した 1 例である．もっと身近な例としては自動車のラジエーターなどに使用される不凍液（エチレングリコールの水溶液）があげられる．

図 5-5 に示すように，溶媒に不揮発性溶質を溶かすと凝固点は ΔT_f だけ低下する．この ΔT_f を**凝固点降下**（freezing-point depression）という．ΔT_f についても沸点上昇の場合と同様の手続きにより式(5-18)が得られる．

$$\Delta T_f=K_f m_B \qquad (5\text{-}18)$$

ここで，K_f は**モル凝固点降下**（molar depression of freezing point）と呼ばれる溶媒に固有の定数であり，よく用いられる溶媒の K_f 値を表 5-4 に示す．

表 5-4　溶媒のモル凝固点降下

溶媒		融点 /℃	K_f/K·kg·mol^{-1}
水	H_2O	0	1.86
酢酸	CH_3COOH	16.6	3.9
ベンゼン	C_6H_6	5.5	5.13
フェノール	C_6H_5OH	41	7.27
ナフタレン	$C_{10}H_8$	80.5	6.9
ショウノウ	$C_{10}H_{16}O$	178.5	40

式(5-18)は式(5-16)と同形であり，ΔT_f の測定よりモル質量，すなわち分子量を求めることができる．

例題 5　　水 500 g に尿素 10.0 g を溶かした．この溶液の凝固点を求めなさい．
ただし，水のモル凝固点降下 K_f は表 5-4 の値を用いること．

解答　尿素（$CO(NH_2)_2$）の分子量は60.1であるから，この水溶液の質量モル濃度 m は，

$$m=\frac{\dfrac{10.0\ \mathrm{g}}{60.1\ \mathrm{g\cdot mol^{-1}}}}{500\times10^{-3}\ \mathrm{kg}}=\frac{20.0}{60.1}\ \mathrm{mol\cdot kg^{-1}}$$

である．これより，

$$\Delta T_{\mathrm{f}}=1.86\ \mathrm{K\cdot kg\cdot mol^{-1}}\times\frac{20.0}{60.1}\ \mathrm{mol\cdot kg^{-1}}=0.619\ \mathrm{K}$$

答　−0.62℃

（4）　浸透圧

溶媒Aが入っているビーカーと，溶媒Aに不揮発性溶質Bを溶かした溶液が入っているビーカーを（両方の液面を同じ高さにして）密閉容器に入れ，放置したときの変化を考えよう．溶媒の蒸気圧 p_A^0 と溶液の蒸気圧 p_A の間には常に $p_A^0>p_A$ の関係があるから平衡になることはなく，気相の蒸気は溶媒側から溶液側に移動し，最終的には全ての溶媒が溶液側へ移動してしまうであろう．この2つの液体の蒸気を平衡状態にするにはどうしたらよいであろうか．ここでは，その仕組みと条件を考える．

細胞膜，ぼうこう膜，硫酸紙，セロファン膜などは水分子などの小さな粒子は通すが，ショ糖分子など大きな粒子は通さないことが知られている．このような膜を**半透膜**（semipermeable membrane）という．また，半透膜を通しての物質の移動を**浸透**（osmosis）という（図5-6参照）．

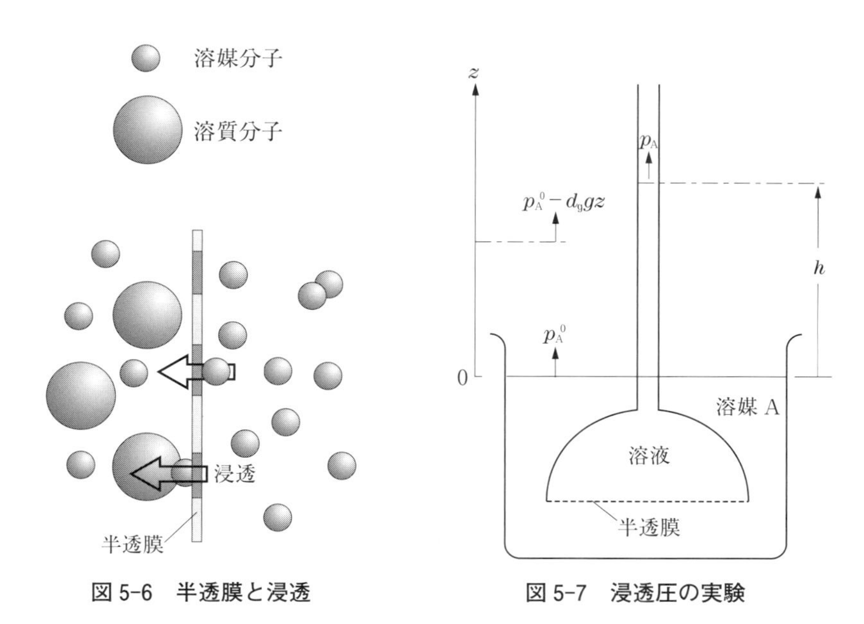

図5-6　半透膜と浸透　　図5-7　浸透圧の実験

いま図5-7に示すように，ロート形ガラス器具の開口部に半透膜を張り，この中に半透膜を透過する溶媒A（たとえば水）に半透膜を透過しない不揮発性溶質B（たとえばショ糖）を溶かした溶液を入れて半透膜側を溶媒Aに

浸したときの変化を考えよう．最初，溶媒は半透膜を通して溶液側へ浸透し溶液の液面は上昇するが，やがてある高さ h で停止する．

図 5-7 において，垂直方向を溶媒 A の表面を原点とする z 座標で表すと，任意の高さにおける溶媒の蒸気圧 p は式(5-19)で与えられる．ここで，d_g は溶媒蒸気の密度，g は重力の加速度である．

$$p = p_A{}^0 - d_g g z \tag{5-19}$$

一方，溶液は高さ h の位置で静止し蒸気圧 p_A を示すのであるから，$z=h$ で $p=p_A$，すなわち式(5-20)を満足しなければならない．これがこの系の平衡条件である．また，このとき溶液には式(5-21)で表される圧力 Π がかかる．ここで，d_s は溶液の密度である．

$$p_A = p_A{}^0 - d_g g h \tag{5-20}$$

$$\Pi = d_s g h \tag{5-21}$$

溶質 B のモル濃度を c_B とすると，これらの式から式(5-22)が導かれる（例題 6 参照）．

$$\Pi = c_B R T \tag{5-22}$$

この圧力 Π を**浸透圧**（osmotic pressure）といい，また，式(5-22)を**ファントホッフの浸透圧の法則**（van't Hoff's law of osmotic pressure）という．

1 L の溶液に溶質 B が w_B g 溶けているとすると，$c_B = w_B/M_B$ であるから，

$$M_B = \frac{w_B R T}{\Pi} \tag{5-23}$$

が得られ，浸透圧の測定からモル質量，すなわち分子量を求めることができる．

例題 6　式(5-20)および式(5-21)から式(5-22)を導きなさい．

解答　式(5-20)および式(5-21)から gh を消去すると式(1)が得られる．また，溶媒蒸気を理想気体と仮定すると d_g は式(2)で表されるから，これを式(1)に代入すると式(3)が得られる．

$$\frac{\Pi}{d_s} = \frac{p_A{}^0 - p_A}{d_g} \tag{1}$$

$$d_g = \frac{p_A{}^0 M_A}{RT} \tag{2}$$

$$\Pi = \frac{p_A{}^0 - p_A}{p_A{}^0} \frac{d_s}{M_A} RT = X_B \frac{d_s}{M_A} RT \tag{3}$$

ここでは希薄溶液を対象とするから，溶液の密度 d_s および体積 V_s はそれぞれ純溶媒の密度 d_A および体積 V_A に等しいと仮定すれば式(4)が得られる．

$$X_B = \frac{n_B}{n_A + n_B} \approx \frac{n_B}{n_A} = \frac{n_B M_A}{W_A} = \frac{n_B M_A}{d_A V_A} \approx \frac{n_B M_A}{d_s V_s} = \frac{n_B}{V_s} \frac{M_A}{d_s} = c_B \frac{M_A}{d_s} \tag{4}$$

これを式(3)に代入すると式(5-22)が得られる．

(5)　電解質の束一的性質

第 7 章で詳しく述べるように，電解質を水に溶解するとその一部は電離し陽イオンと陰イオンを生成するため，電離前に比べ水溶液中の全粒子（陽イオン，陰イオンおよび中性物質）の数は増加する．すでに述べたように，束

一的性質は溶質粒子の種類には無関係で単位体積あたりの粒子数のみで決まるから，上で導いた式(5-12)，式(5-16)，式(5-18)および式(5-22)を電解質の希薄水溶液に適用する場合，つぎのように補正する必要がある．

$$\frac{p_A{}^0 - p_A}{p_A{}^0} \approx i\frac{n_B}{n_A} \tag{5-24}$$

$$\Delta T_b = iK_b m_B \tag{5-25}$$

$$\Delta T_f = iK_f m_B \tag{5-26}$$

$$\Pi = ic_B RT \tag{5-27}$$

i は**ファントホッフの係数**（van't Hoff's factor）と呼ばれ，1より大きい値を持つ．

いま，1例としてモノクロロ酢酸（$CH_2ClCOOH$）の水溶液を考える．モノクロロ酢酸は水溶液中でつぎのように電離し，平衡状態になる．調製時のモノクロロ酢酸のモル濃度を c_0，電離度を α とすると，それぞれの成分の濃度はつぎの平衡反応式の下に示した値になる（第7章参照）．

$$\underset{c_0(1-\alpha)}{CH_2ClCOOH} \rightleftarrows \underset{c_0\alpha}{H^+} + \underset{c_0\alpha}{CH_2ClCOO^-}$$

このとき，全成分のモル濃度の和 c_T は，

$$c_T = c_0(1-\alpha) + c_0\alpha + c_0\alpha = c_0(1+\alpha)$$

に増加する．したがって，モノクロロ酢酸1 mol は非電解質 $(1+\alpha)$ mol に相当し，$(1+\alpha)$ がファントホッフの係数 i になる．

これを一般化すると，1個の電解質が n 個のイオン（陽イオンと陰イオン）に電離し，そのときの電離度を α とすると，ファントホッフの係数 i は式(5-28)で与えられる．

$$i = (1-\alpha) + n\alpha = 1 + (n-1)\alpha \tag{5-28}$$

≪第5章のまとめ≫

1．溶解は凝集エンタルピーが最小になろうとする傾向と状態の乱雑さが最大になろうとする傾向に支配される．この原理に従って，溶解が吸熱過程であるにもかかわらず，よく溶ける物質は多数存在する．

2．溶液はその目的に応じ，種々の濃度表示（モル濃度，規定度，質量モル濃度，モル分率等）が用いられる．

3．一般に，溶液の挙動は複雑であるが，溶液が希薄になると比較的簡単な法則で記述することが可能になる．希薄溶液の溶媒の蒸気圧についてはラウールの法則が適用でき，また希薄溶液の溶質の蒸気圧についてはヘンリーの法則が適用できる．

4．不揮発性の溶質を溶かした希薄溶液が示す性質のうち，沸点上昇，蒸気圧降下，凝固点降下，浸透圧等は溶質の種類には無関係で溶質粒子の数のみで決まる．この性質を束一的性質という．この「溶質の種類に無関係」という性質は分子量の測定に適しており，よく用いられる．

電解質を水に溶かすとその一部が電離し，電離前に比べ全成分の粒子数が増加する．このため，束一的性質に関する一連の式を電解質に適用する場合は，ファント

ホッフの係数 i を用いて補正する必要がある．

第5章　練習問題

1．17.0%（質量パーセント濃度）のリン酸（H_3PO_4）水溶液の密度は $1.14\ g\cdot mL^{-1}$ である．このリン酸水溶液の，モル濃度 (c)，質量モル濃度 (m)，規定度 (N) およびモル分率 (X) を求めなさい．

2．圧力 500 kPa の窒素（N_2）と 1.00 L の水を 0℃で長時間接触させた．この水 (1.00 L) に溶けている窒素の質量を求めなさい．[表 5-2 のデータを用いること．]

3．エチレングリコール 10.0 g を 500 g の水に溶かした溶液の凝固点を求めなさい．ただし，エチレングリコールの蒸気圧は水の蒸気圧に比べ十分小さく，無視できると仮定する．

4．4.50 g の非電解質の固体を水 100 g に溶解した溶液の凝固点降下は 0.558 K であった．この非電解質の分子量を求めなさい．

5．つぎの表は 79.7℃におけるベンゼン（C_6H_6）とトルエン（C_7H_8）の混合液体の蒸気圧である．

液体中の C_6H_6 のモル分率	0	0.227	0.435	0.634	0.824	1.00
C_6H_6 の分圧/kPa	0	22.49	43.22	63.31	82.37	99.82
全圧/kPa	38.46	52.37	64.93	77.22	89.06	99.82

（1）液体中の C_6H_6 のモル分率とそれぞれの成分の分圧および全圧との関係を表すグラフを描きなさい．

（2）C_6H_6 と C_7H_8 の等質量混合液体中の C_6H_6 のモル分率を求めなさい．

（3）C_6H_6 と C_7H_8 の等質量混合液体上の蒸気のモル分率を求めなさい．

6．半透膜を透過しない非電解質の固体溶質の濃度が $5.00\times10^{-3}\ mol\cdot L^{-1}$ の水溶液がある．この水溶液がラウールの法則に従うとして，25℃で図 5-7 と同様の浸透圧実験を行ったときの溶液柱の高さを求めなさい．

ただし，この水溶液の密度を $1.00\ g\cdot cm^{-3}$ とする．また浸透による溶液の希釈は無視できるものとする．

7．ある非電解質の固体を溶かした水溶液の凝固点は −0.28℃であった．同じ水溶液が 20℃で示す浸透圧を求めなさい．ただし，モル濃度と質量モル濃度の数値は等しいと仮定する．

≪コーヒーブレイク≫

逆浸透法による海水の淡水化

図5-7に示した浸透圧の実験では，溶媒側，溶液側ともに開放状態になっており，溶液柱の高さが h の点で平衡状態になっている．この状態から溶液側に外部から圧力を加えたときの変化を考えよう．外圧が浸透圧に等しくなった点で溶液と溶媒の液面のレベルが一致する．さらに高い外圧を加えると溶液中の溶媒粒子は半透膜を通って溶媒側へ移動する．この現象を逆浸透という．この現象を利用することにより，溶液から溶媒のみを分離することができる．この方法を逆浸透法という．

海水は約3.5%（質量パーセント濃度）の塩分を含み，その浸透圧は約2.4 MPaである．したがって，この値以上の圧力を加えれば，逆浸透法により海水から真水を取り出すことができる．この原理に基づく海水の淡水化プラントは一部の地域，特に淡水に恵まれない地域で実用化されている．たとえば，サウジアラビアでは1日約12万トンの造水能力をもつプラント（2001年現在，世界最大）が稼働している．日本では1997年に4万トン/日のプラントが沖縄県に設置され，那覇市をはじめ周辺市町村に給水されている．

第6章　反応速度

≪6章で学ぶこと≫

1．　反応速度の表し方

2．　反応速度式の決め方

　・反応速度が反応物質の濃度に比例する場合

　・反応速度が反応物質の濃度の二乗に比例する場合

3．　温度が高くなると，なぜ反応は速く進むか

4．　触媒

　・触媒とは

　・触媒の作用および効果

3章で種々の化学反応について学んだ．化学反応が進行する速度は反応の種類によって大きな違いがある．爆発反応や酸・塩基の中和反応のようにほとんど瞬間的に終わってしまうような反応もあるし，何年もかかって進行する反応もある．このように，化学反応速度は大小さまざまであるが，これらは一定の法則に従って整理・記述することができる．

本章では基本的な反応について，反応速度に対する濃度および温度の影響，触媒の効果等について学ぶ．

6-1　反応速度の表し方

溶液中または気体中で物質 A，B 等から物質 A′，B′ 等が生成するつぎの化学反応を考える．

$$a\,\mathrm{A}+b\,\mathrm{B}+\cdots \longrightarrow a'\,\mathrm{A}'+b'\,\mathrm{B}'+\cdots$$

A，B 等の反応物質を**原系**（reactant），A′，B′ 等の生成物質を**生成系**（product）という．原系から生成系へ進む反応を**正反応**（forward reaction）という．一方，生成物質が蓄積してくれば生成系から原系へ進む反応も考えられ，これを**逆反応**（reverse reaction）という．正反応の**反応速度**（reaction rate）が逆反応の反応速度に比べて著しく大きく，逆反応が無視できる反応を**不可逆反応**（irreversible reaction）といい，逆反応が無視できない反応を**可逆反応**（reversible reaction）という．

上の反応において，正反応が 1 回起こると a 個の A 分子，b 個の B 分子等が消滅し，a' 個の A′ 分子，b' 個の B′ 分子等が生成するから，正反応速度 v_f は A または B 等の減少速度，あるいは A′ または B′ 等の増加速度のいずれかで表すことができる．溶液反応の場合，反応速度は次式のようにモル濃度 [A]，[B]… の時間 (t) 変化で表す（図 6-1 参照）．

$$v_\mathrm{f}=-\frac{1}{a}\frac{\mathrm{d}[\mathrm{A}]}{\mathrm{d}t}=-\frac{1}{b}\frac{\mathrm{d}[\mathrm{B}]}{\mathrm{d}t}=\cdots=\frac{1}{a'}\frac{\mathrm{d}[\mathrm{A}']}{\mathrm{d}t}=\frac{1}{b'}\frac{\mathrm{d}[\mathrm{B}']}{\mathrm{d}t}=\cdots \qquad (6\text{-}1)$$

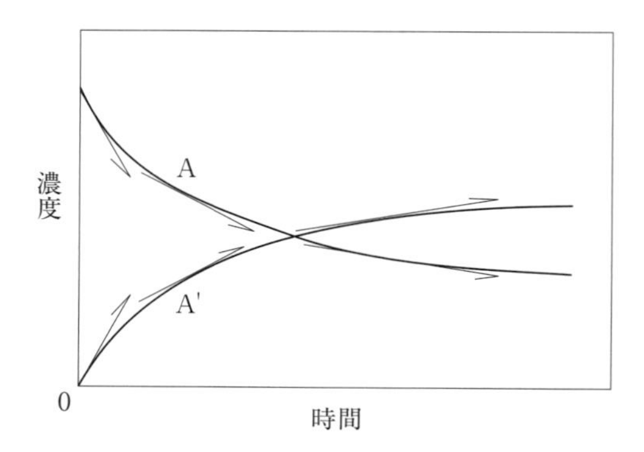

図 6-1　化学反応における原系，または生成系の濃度と反応時間との関係
正反応速度は原系の減少曲線の接線の勾配の絶対値，または生成系の増加曲線の接線の勾配に比例する量で表される．

6-2　化学反応速度式

反応速度は反応物質の濃度と温度に依存するが，ここでは温度を一定に保ったときの反応速度と濃度との関係を説明する．

反応速度は次式のように，反応物質の濃度のベキ乗の積で表される場合が多い．

$$v_\mathrm{f}=k_\mathrm{f}[\mathrm{A}]^{\alpha}[\mathrm{B}]^{\beta}\cdots \qquad (6\text{-}2)$$

ここで k_f は正反応の**反応速度定数**（rate constant）である．この場合，反応は A について α 次，B について β 次等といい，またベキ数の和 $n\,(=\alpha+\beta+\cdots)$ を**反応次数**（reaction order）という．このように反応速度をその反応にあずかる物質の濃度または圧力[*1]の関数として表した式を**反応速度式**（rate equation）という．

[*1] 気相反応の場合，構成成分を理想気体と仮定すれば $[A]=p_A/(RT)$，$[B]=p_B/(RT)$ 等の関係が成立するから，[A]，[B] 等の代わりに分圧 p_A，p_B 等で表してもよい．

一般に，化学反応はそれ以上は単純化できないいくつかの反応の組み合わせで構成されている．この単純化できない反応を**素反応**（elementary reaction）という．全化学反応が1つのみの素反応から成る反応を**単純反応**（simple reaction）といい，2つ以上の素反応で構成される反応を**複合反応**（complex reaction）という．6-1節で示した反応が単純反応の場合は常に $\alpha=a$，$\beta=b$ 等となるが，複合反応の場合はこの関係は必ずしも成り立たない．

反応の進行に伴い，反応物質の濃度が減少するため正反応速度 v_f は小さくなり，同時に生成物質は増加してくるため逆反応速度 v_r（式(6-3)）が大きくなる．このときの正味の反応速度，すなわち全反応速度 v は式(6-4)で与えられる．

$$v_r=k_r[A']^{\alpha'}[B']^{\beta'}\cdots \tag{6-3}$$

$$v=v_f-v_r \tag{6-4}$$

両方の速度が等しくなった時点で見かけ上反応は停止する．

$$v=v_f-v_r=0 \tag{6-5}$$

この状態を**化学平衡**（chemical equilibrium）が成立しているという（第7章参照）．

6-3　不可逆反応の速度式

この節では不可逆反応[*2]の速度式を取り扱う．可逆反応については第7章で詳しく述べる．

[*2] 本来は可逆的に反応する系でも実験条件を適切に設定することにより，これを実現することができる．たとえば，生成した生成物質を直ちに反応系外に除去することにより，逆反応をゼロにすることができる．また，初速度を測定して解析する場合は生成物質がないかまたはきわめて少ないから，逆反応は無視できる．後者の方法を**初速度法**という．

（1）　1次反応

1次反応（first-order reaction）はつぎに示すような最も簡単な反応である．

$$\mathrm{A} \longrightarrow \text{生成物質}$$

反応物質は A のみであるから，反応速度式はつぎのようになる．

$$v_f=-\frac{d[A]}{dt}=k_f[A] \tag{6-6}$$

これを式(6-7)のように変数を分離してから積分し，初期条件（反応開始時 $(t=0)$ の濃度を $[A]_0$ とする）を用いると式(6-8)が得られる．

$$\frac{d[A]}{[A]}=-k_f dt \tag{6-7}$$

$$\ln\frac{[A]_0}{[A]}=k_f t \tag{6-8}$$

式(6-8)の関係を図6-2のようになり，この直線の勾配から速度定数を求めることができる．また，式(6-8)は式(6-9)のようにも表される

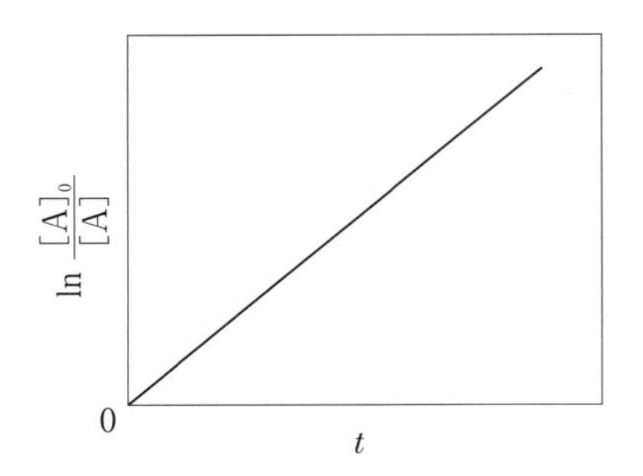

図 6-2　1 次反応における濃度と反応時間との関係

から，反応物質の濃度は時間の経過とともに指数関数的に減少することがわかる．

$$[A]=[A]_0 \exp(-k_f t) \tag{6-9}$$

反応物質の濃度が初濃度の半分になるまでの時間 τ_h を**半減期**（half life）といい，$[A]=0.5[A]_0$ を式(6-8)に代入して，つぎのように表される．

$$\tau_h=-\frac{1}{k_f}\ln\frac{0.5[A]_0}{[A]_0}=\frac{1}{k_f}\ln 2=\frac{0.693}{k_f} \tag{6-10}$$

1 次反応の半減期は反応物質の濃度には無関係であり，半減期がわかれば式(6-10)より反応速度定数を求めることができる．

例題 1　　ある 1 次反応の半減期は 1200 秒である．
（1）この反応の速度定数を求めなさい．
（2）反応物の濃度が初濃度の 10% になるまでの時間を求めなさい．

解答

（1）式(6-10)より，

$$k_f=\frac{0.693}{\tau_h}=\frac{0.693}{1200}=5.78\times10^{-4}\ \mathrm{s}^{-1}$$

となる．

（2）式(6-8)より，

$$t=\frac{1}{k_f}\ln\frac{[A]_0}{0.1[A]_0}=\frac{10^4}{5.78}\ln(10)=3984\ \mathrm{s}$$

が得られる．

答　（1）$5.78\times10^{-4}\ \mathrm{s}^{-1}$，　（2）3980 s

1 次反応の例として，つぎの五酸化二窒素の分解，シクロプロパンの異性化等が知られている．

$$N_2O_5 \longrightarrow (1/2)O_2+N_2O_4$$

$$\text{cyclo-}(CH_2)_3 \longrightarrow CH_2{=}CH{-}CH_3$$

また，化学反応ではないが，放射性核種の壊変が 1 次反応の速度式に従うことがよく知られている．

（2） 2次反応

2次反応（second-order reaction）には2つのタイプがある．

反応物質が1種類のタイプ　この場合の反応はつぎのようになり，反応速度式は式(6-11)で表される．

$$2A \longrightarrow 生成物質$$

$$v_f = -\frac{1}{2}\frac{d[A]}{dt} = k'_f[A]^2 \tag{6-11}$$

ここで k'_f を $k_f(k_f=2k'_f)$ で置き換え，式(6-12)のように変数を分離してから積分し，初期条件を用いると式(6-13)が得られる．

$$\frac{d[A]}{[A]^2} = -k_f dt \tag{6-12}$$

$$\frac{1}{[A]} - \frac{1}{[A]_0} = \frac{[A]_0-[A]}{[A]_0[A]} = k_f t \tag{6-13}$$

式(6-13)の関係を図示すると図6-3のようになり，この直線の勾配から速度定数 k_f を求めることができる．

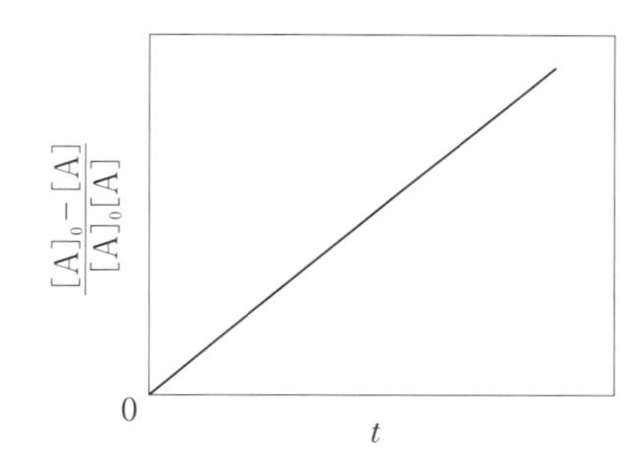

図6-3　2次反応における濃度と反応時間との関係

この場合の半減期はつぎの式に示されるように，定数ではなく初濃度に逆比例する．

$$\tau_h = \frac{1}{k_f}\left\{\frac{1}{0.5[A]_0} - \frac{1}{[A]_0}\right\} = \frac{1}{k_f[A]_0} \tag{6-14}$$

このタイプの2次反応の例として，つぎの二酸化窒素の二量化，ブタジエンの二量化等が知られている．

$$2NO_2 \longrightarrow N_2O_4$$

$$2C_4H_6 \longrightarrow C_8H_{12}$$

> **例題2**　ある物質Aの分解は2次反応である．いま，濃度0.10 $mol \cdot L^{-1}$ のAの溶液をある温度に加温し65分放置したところ，濃度は0.080 $mol \cdot L^{-1}$ になった．この反応の速度定数 $k_f(=2k'_f)$ を求めなさい．

解答　この反応は反応物質が1種類のタイプであるから，式(6-13)より，

$$k_f = \frac{1}{t}\left\{\frac{1}{[A]} - \frac{1}{[A]_0}\right\} = \frac{1}{65\times60}\left\{\frac{1}{0.080} - \frac{1}{0.10}\right\} = 6.41\times10^{-4}\ mol^{-1}\cdot L\cdot s^{-1}$$

答　$6.4\times10^{-4}\ mol^{-1}\cdot L\cdot s^{-1}$

反応物質が2種類のタイプ　この場合の反応はつぎのようになり，反応

速度式は式(6-15)で表される．

$$\mathrm{A+B} \longrightarrow \text{生成物質}$$

$$v_f = -\frac{\mathrm{d[A]}}{\mathrm{d}t} = -\frac{\mathrm{d[B]}}{\mathrm{d}t} = k_f\mathrm{[A][B]} \qquad (6\text{-}15)$$

A と B の初濃度をそれぞれ $[\mathrm{A}]_0=a$，$[\mathrm{B}]_0=b$，t 時間経過した後の反応量に相当する濃度を x とすれば，$[\mathrm{A}]=a-x$，$[\mathrm{B}]=b-x$ となる．これらを式(6-15)に代入すると，つぎの式が得られる．

$$-\frac{\mathrm{d}(a-x)}{\mathrm{d}t} = -\frac{\mathrm{d}(b-x)}{\mathrm{d}t} = \frac{\mathrm{d}x}{\mathrm{d}t} = k_f(a-x)(b-x) \qquad (6\text{-}16)$$

この式を解くに当たっては，$a \neq b$ の場合と $a=b$ の場合に分けて処理する必要がある．

$a \neq b$ の場合は，まず上の式を式(6-17)のように変数を分離した後，さらに式(6-18)に示すように部分分数に分解してから積分し，初期条件（$t=0$ で $x=0$）を用いることにより式(6-19)が得られる．

$$\frac{\mathrm{d}x}{(a-x)(b-x)} = k_f\mathrm{d}t \qquad (6\text{-}17)$$

$$\frac{1}{(a-b)}\left\{\frac{-\mathrm{d}x}{(a-x)} + \frac{\mathrm{d}x}{(b-x)}\right\} = k_f\mathrm{d}t \qquad (6\text{-}18)$$

$$k_f t = \frac{1}{(a-b)}\left\{\ln\frac{b}{(b-x)} - \ln\frac{a}{(a-x)}\right\} = \frac{1}{a-b}\ln\frac{b(a-x)}{a(b-x)},\ (a \neq b) \qquad (6\text{-}19)$$

この場合も，縦軸に式(6-19)の右辺をとり，横軸に時間 t をとってグラフを描くと原点を通る直線が得られ，この直線の勾配から反応速度定数を求めることができる．

$a=b$ の場合，式(6-16)は式(6-11)と同じ形になるから，積分形もすでに解かれている式(6-13)と同じ形になる．

このタイプの 2 次反応の例として，水素とヨウ素からのヨウ化水素の生成，ヨウ化メチルとヨウ化水素からのヨウ素とメタンの生成，酢酸エチルの加水分解等，多数知られている．

$$H_2+I_2 \longrightarrow 2\,HI$$

$$CH_3I+HI \longrightarrow I_2+CH_4$$

$$CH_3COOC_2H_5+OH^- \longrightarrow CH_3COO^-+C_2H_5OH$$

6-4　反応速度の温度依存性

（1）　活性化エネルギーおよび頻度因子

多くの化学反応では反応速度は温度の上昇とともに急激に増大する[*1]．アレニウス[*2]は反応速度定数 k と絶対温度 T に関してつぎの式を提唱した．

$$k = A\exp\left(-\frac{E_a}{RT}\right) \qquad (6\text{-}20)$$

これを**アレニウスの式**（Arrhenius' equation）という．E_a は**活性化エネルギー**（activation energy），A は**頻度因子**（frequency factor）と呼ばれ，いずれも反応に固有の定数であり，2 つをまとめて**アレニウスパラメーター**とも呼ぶ．この式はつぎのように書きかえることにより，$\ln k$ と $1/T$ の間に

[*1] 水溶液中での H^+ と OH^- の中和反応のように，反応物どうしが衝突するとほとんど瞬間的に反応し，反応速度が温度に依存しない反応もあるが，ここではこの種の反応は対象外とする．

[*2] アレニウス S. A. Arrhenius（1859～1927）スウェーデンの化学者．1883 年学位論文として電離説を提出した．そのほか，溶液の粘性，反応速度などに関する研究がある．1903 年電離説の研究によりノーベル化学賞を受賞した．

直線関係が得られる．

$$\ln k = \ln A - \frac{E_a}{RT} \tag{6-21}$$

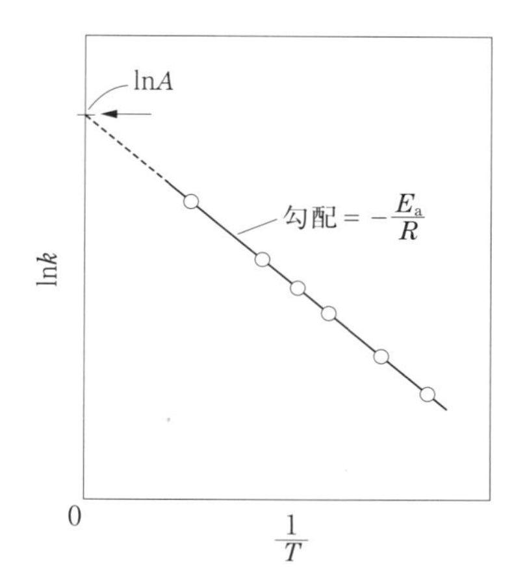

図 6-4　アレニウスプロット

活性化エネルギーを実験的に求めるには，まずいくつかの温度で反応速度定数を測定し，それらを図 6-4 に示すように縦軸に $\ln k$，横軸に $1/T$ をとりプロットする．これをアレニウスプロットという．この直線の勾配（負）が $(-E_a/R)$ に相当するから，これから活性化エネルギー E_a を求めることができる．また，直線を $(1/T)=0$ に外挿した切片より頻度因子 A が求まる．

もっと簡易な方法として 2 点法がある．2 点の反応温度 T_1，T_2 で速度定数 k_1，k_2 を測定すれば，つぎの式から活性化エネルギーを求めることができる．

$$E_a = R\left(\frac{T_1 T_2}{T_2 - T_1}\right)\ln\frac{k_2}{k_1} \tag{6-22}$$

ただし，この方法はあくまで簡便法であり，適用に当たっては注意が必要である．

例題 3　モノクロロメタン（CH_3Cl）の加水分解に対する 1 次反応速度定数は，25℃ で $3.32\times10^{-10}\ s^{-1}$，40℃ で $3.13\times10^{-9}\ s^{-1}$ である．この反応の活性化エネルギーを求めなさい．

解答　式(6-22)より，

$$E_a = R\left(\frac{T_1 T_2}{T_2 - T_1}\right)\ln\frac{k_2}{k_1} = 8.314\left(\frac{298\times313}{313-298}\right)\ln\frac{3.13\times10^{-9}}{3.32\times10^{-10}} = 116\ \mathrm{kJ\cdot mol^{-1}}$$

答　$116\ \mathrm{kJ\cdot mol^{-1}}$

（2）　活性化エネルギーおよび頻度因子の意味：衝突論

いま，つぎのような気相における単純反応を考えよう．

$$A_2 + B_2 \longrightarrow 2AB$$

A_2 分子と B_2 分子が反応するためには，互いに衝突する必要がある．4 章で学んだ気体分子運動論より，0℃，1.013×10^5 Pa で 1 L の気体中における分子の総衝突回数は毎秒約 10^{31} 回と見積もられる．この気体中の分子数は約 10^{22} 個であるから，衝突した分子が必ず反応すると仮定すると，反応は瞬時

(≒10^{-9} 秒）に完了することになる．しかし，大部分の反応の進行はこれよりはるかに遅く，この仮定は正しくない．

気体分子運動論によると，個々の分子の速度は一定ではなく，マックスウェル-ボルツマンの分布式（式(4-7)）に従って，図 4-4 にみられるように遅いものから非常に速いものまで分布していることがわかる．したがって，衝突も低速な分子どうしの衝突から極めて高速な分子どうしの衝突まで分布していることになる．

これらのうち，衝突の運動エネルギーがある限界値以下での衝突は弾性衝突であり，分子はその性質を保ったまま弾き飛ばされるのみであるが，運動エネルギーがこの値を越えると原子の組み替えが行われ，化学反応が進行する，と考える．このときの分子間のポテンシャルエネルギーの変化の様子は図 6-5 のようになるであろう．最初，A_2 分子と B_2 分子は十分離れたところから出発し，互いに接近するに従いポテンシャルエネルギーが増し，限界値に達したところで原子の組み替えが起こり，2 個の AB 分子が生成する．このときの分子がたどる“道筋”を反応座標という．

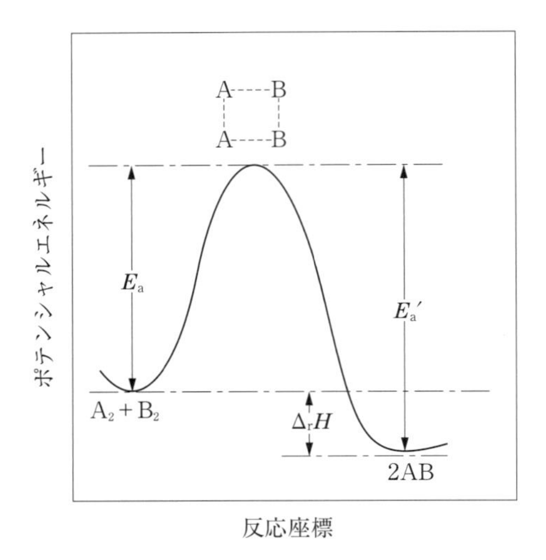

図 6-5　反応，$A_2+B_2 \rightarrow 2AB$，における反応座標と分子間ポテンシャルエネルギーの関係（$\Delta_r H$ は反応エンタルピーである．）

以上の議論とアレニウスの式（式(6-20)）を対応させると，原子の組み替えに必要なエネルギーが活性化エネルギーに相当し，A_2 分子と B_2 分子の単位濃度当たり，単位時間当たりの全衝突回数 Z_{AB} が頻度因子 A に相当すると考えられる．しかし，一般に実験から求めた A の値は分子運動論から算出した Z_{AB} より小さい．これは，図 6-6 に 1 例を示すように，十分なエネルギーを伴う場合でも反応に結びつかない衝突があるためと考えられており，これを補正する係数 P を用いて反応速度定数はつぎのように表される．

$$k=PZ_{AB}\exp\left(-\frac{E_a}{RT}\right) \qquad (6\text{-}23)$$

P は**立体因子**（steric factor）と呼ばれる．

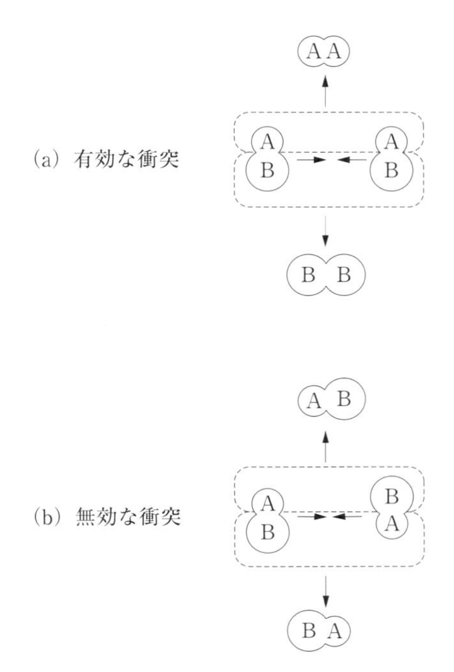

図 6-6　反応，$2AB \rightarrow A_2 + B_2$，における有効な衝突と無効な衝突の例

図 6-5 より，逆反応の活性化エネルギー E_a' と反応エンタルピー $\Delta_r H$ および正反応の活性化エネルギー E_a との間に

$$E_a' = E_a - \Delta_r H \tag{6-24}$$

の関係が成立することがわかる[*1]．

[*1] この関係は単純反応の場合は常に正しいが，複合反応の場合は必ずしも成立するとは限らないので注意を要する．

6-5　触　媒

(1)　触媒とは

いま，1 例としてつぎの水素と酸素から水が生成する反応を考えよう．

$$2\,H_2 + O_2 \longrightarrow 2\,H_2O$$

反応物質（$H_2 + O_2$）と生成物質（H_2O）を比較すると，圧倒的に生成物質の方が安定であり，大部分の反応物質が生成物質に変化する可能性を持っている．事実，水素と酸素を混合し 600℃ 以上に加熱（たとえばこの混合気体の中で火花を飛ばす）と，反応は超高速で進行し（爆発反応），反応は瞬間的に終了してしまう．しかし，混合ガスを室温で放置しても全く反応しない．これは活性化エネルギーが大きく，反応の終点に近づく速度が極端に遅い（事実上ゼロ）ことを意味する．

水素と酸素の混合気体に適当な温度に加熱した金属銅を接触させると，反応はスムーズに（爆発せずに）進行することが知られている．このとき，反応はつぎのように進むと考えられる．まず金属銅の表面の銅原子は，反応（a）のように酸素と結合し酸化銅（$Cu_n - O$）[*2] になる．しかし，生成した酸化銅は反応（b）のように水素で還元され元の銅原子にもどり，同時に水が生成する．これら 2 つの反応を合わせた全反応は反応（c）で表される．

[*2] この酸化銅（$Cu_n - O$）は，下の図に示すように金属銅の表面の銅原子と酸素が結合したものであり，通常の酸化銅（II）または酸化銅（I）とは異なる．これら表面にある酸素原子のうち，どれが反応に有効かは一概には決められない．

O O O–O O O
–Cu-Cu-Cu-Cu-Cu-Cu-Cu-Cu-Cu-Cu–
–Cu-Cu-Cu-Cu-Cu-Cu-Cu-Cu-Cu-Cu–
–Cu-Cu-Cu-Cu-Cu-Cu-Cu-Cu-Cu-Cu–
–Cu-Cu-Cu-Cu-Cu-Cu-Cu-Cu-Cu-Cu–

$$2n\,Cu + O_2 \longrightarrow 2\,Cu_n{-}O \qquad (a)$$
$$2\,Cu_n{-}O + 2\,H_2 \longrightarrow 2n\,Cu + 2\,H_2O \qquad (b)$$
$$O_2 + 2\,H_2 \longrightarrow 2\,H_2O \qquad (c)$$

この反応系において銅は反応を促進するのに重要な役割を演じているにもかかわらず，全体の反応式には全く現れないことがわかる．すなわち，銅は全く消費されることなしに，反応を促進する役目を果たしている．このような役割を演ずるものが触媒であり，つぎのように定義される．

> 反応系に少量加えることにより，自身は消費されることなしに反応速度を増し[*1]，あるいは特定の反応のみを促進する物質を**触媒**（catalyst）といい，またその作用を**触媒作用**（catalysis）という．

[*1] 触媒のなかには，反応速度を減少させる働きをするものもあり，これを**負触媒**（negative catalyst）という．本書では負触媒は扱わない．

上記の反応（c）にみられるように，触媒は全反応式の中には含まれないため，反応の前後での存在量は変化しない．したがって，反応系の平衡定数（第7章参照）には影響を与えない．いいかえると，触媒は正反応も逆反応も同じ倍率だけ促進することになる（式(6-5)参照）．

上の例では触媒は固体，反応物は気体であり，互いの相が異なっている．このような触媒を**不均一系触媒**（heterogeneous catalyst），またその反応を**不均一系触媒反応**（heterogeneous catalytic reaction）という．また，この例のように触媒が固体である場合，**固体触媒**（solid catalyst）という．

触媒は固体に限るものではなく，上記の定義に当てはまるものであれば液体でも気体でもよい．反応物質と触媒とが互いに同じ相の場合，触媒を**均一系触媒**（homogeneous catalyst），その反応を**均一系触媒反応**（homogeneous catalytic reaction）という．

（2） 触媒作用とその応用

6-4節で活性化エネルギーについて学んだ．触媒の役割は結局この活性化エネルギーを低下させることにある．いいかえると，ある化学反応が進行するのにいく通りかの"道筋"があるが，触媒が共存することにより活性化エネルギーの小さい"道筋"をたどることが可能になるため，反応は速く進むのである（本章の扉のイラスト参照）．表6-1に触媒により活性化エネルギーが低下する反応例を示す．活性化エネルギーは1/2〜1/4に低下している．式(6-20)に示されるように，活性化エネルギーは反応速度定数に対して指数関数的に寄与するため，その促進効果は絶大である．

表6-1 触媒による活性化エネルギーの低下

反応	活性化エネルギー/kJ·mol^{-1}		
	無触媒反応	触媒反応	触媒
$2\,HI \rightarrow H_2 + I_2$	184	59	Pt
$2\,N_2O \rightarrow 2\,N_2 + O_2$	245	134	Pt
		121	Au
$2\,SO_2 + O_2 \rightarrow 2\,SO_3$	251	59	Pt
$2\,NH_3 \rightarrow N_2 + 3\,H_2$	326	159	Fe

化学反応では1種類の反応物質から複数の生成物質が並列的に生ずる場合がしばしばみられる．いま，つぎのように反応物質Zから，2種類の生成物質XとYが並列的に生成する反応を考える．

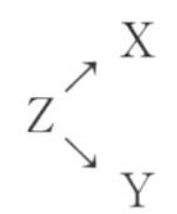

このとき，物質量の比 $n_X/(n_X+n_Y)$ をXの**選択率**（selectivity）という．この種の反応では，1種類の生成物質（たとえばX）のみが目的物質で，他は望ましくない生成物質（副生成物）である場合が多い．目的物質の選択率は大きければ大きい程好ましいことになる．

いま，上の反応においてZ→Xの反応にのみ有効な触媒があるとしよう．この触媒をこの反応系と共存させると，Xの生成のみが促進されXの選択率が向上するはずである．実際にもこのような例は多く知られており，選択性の向上も触媒の重要な役割の一つである．

表6-2　触媒反応の例

反応	触媒	反応条件
硫酸の製造 $2\,SO_2+O_2 \rightarrow 2\,SO_3$	V_2O_5-K_2O-Al_2O_3	420～600℃ 0.10 MPa
アンモニアの合成 $N_2+3\,H_2 \rightarrow 2\,NH_3$	Fe_3O_4-Al_2O_3-K_2O	450～550℃ 20～50 MPa
メタノール合成 $CO+2\,H_2 \rightarrow CH_3OH$	Cu-ZnO-Al_2O_3	200～300℃ 5～10 MPa
水素化脱硫 例）$R_2S+H_2 \rightarrow 2\,RH+H_2S$	硫化（Co-Mn）-Al_2O_3[*1]	350～400℃ 1～15 MPa
エチレンの部分酸化 $2\,C_2H_4+O_2 \rightarrow 2\,C_2H_4O$	Ag-Al_2O_3	200～270℃ 1～2 MPa
メタンの水蒸気改質 $CH_4+H_2O \rightarrow CO+3\,H_2$	Ni-Al_2O_3	700～850℃ 3.0 MPa

[*1] MoおよびCoの塩（または錯塩）を含む水溶液を多孔性アルミナに含浸させ，乾燥後焼成してMoおよびCoを酸化物とし，さらに硫化処理したもの．

表6-2に工業的に使用されている触媒反応の例を示す．これ以外にも多くの触媒が実用化されており，化学工業はもちろんのこと，各種の工場，ゴミ処理場，発電所等の煙突からの排ガスの浄化，自動車排ガスの浄化等，環境保全の面でもきわめて重要な役割を果たしている．

生体の中には多種類の**酵素**（enzyme）が存在している．酵素はタンパク質（生体高分子）で構成されており，生体内における種々の化学反応の触媒として機能している．触媒としての酵素の特徴はつぎの通りである．

・常温，中性[*2]という温和な条件で化学反応を促進する．
・基質特異性[*3]がきわめて高い．
・活性化エネルギーを低下させる能力が大きい．

図6-7は過酸化水素の分解反応における触媒の能力を比較したものであるが，代表的な金属触媒である白金に比べ酵素（カタラーゼ）の活性化エネルギーを低下させる能力がいかに大きいかが理解できるであろう．

[*2] 生体内は酸性の強い胃の中などを除き，pHは7前後に保たれている．

[*3] 酵素反応では酵素の作用を受けて変化する物質（通常の化学反応における反応物質に相当する）をその酵素の「基質」という．酵素は特定の基質にのみ作用し，特定の化学反応のみを進行させる．この性質を「基質特異性」という．選択率でいえば，常に100%ということになる．

生体中ではさまざまな酵素が触媒として生体反応を促進または制御し，生命を維持するうえで決定的な役割を果たしている．

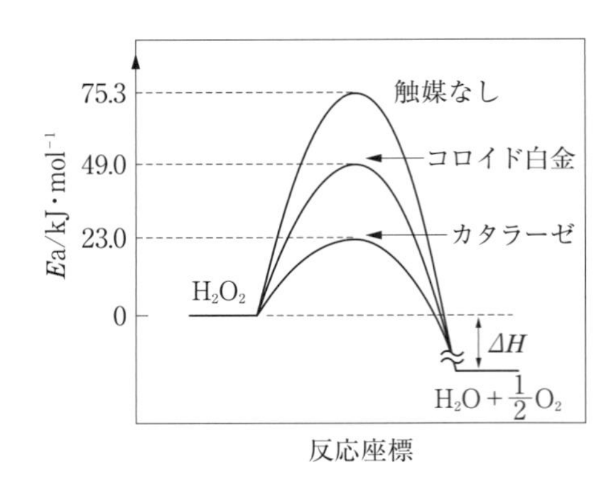

図 6-7　過酸化水素の分解反応の活性化エネルギーに対する触媒の影響

≪第 6 章のまとめ≫

1．　反応速度は反応物質の濃度（または分圧）の時間に対する減少割合で表される．または生成物質の濃度（または分圧）の時間に対する増加割合で表される．

2．　反応速度は各反応物質の濃度のベキ乗に比例することが多い．ただし，このベキ指数は化学反応式に現れる各成分の係数に一致するとは限らない．化学反応式の係数は反応の種類が決まれば一義的に決まるのに対し，反応速度式のベキ指数は実測によって決めるものである．

3．　通常の化学反応では，反応が起こるためには活性化エネルギーと呼ばれるポテンシャルエネルギーの障壁を越える必要がある．温度を上げると分子の運動が活発になり，この障壁を越える割合が増加するため反応は速くなる．

4．　触媒はそれ自身は消耗することなしに，活性化エネルギーを下げ反応を促進する役割を果たすものであり，多くの分野で利用されている．

5．　酵素は生体内における化学反応の触媒であり，生命を維持するうえできわめて重要な役割を担っている．

第 6 章　練習問題

1．　塩基性水溶液中での酢酸メチルの加水分解

$$CH_3COOCH_3+OH^- \longrightarrow CH_3COO^-+CH_3OH$$

は速度式 $v_f=k_f[CH_3COOCH_3][OH^-]$ に従い，k_f は 25℃ で 0.137 $mol^{-1}\cdot L\cdot s^{-1}$ であった．酢酸メチルと OH^- の初濃度がそれぞれ 0.050 $mol\cdot L^{-1}$ のとき，25℃ で酢酸メチルの 5.0% が分解されるのに要する時間はいくらか．

2．　気体状態のシクロブテンは 1 次反応の速度式に従ってブタジエンに異性化する．この反応の 153℃ における速度定数は 3.30×10^{-4} s^{-1} であった．この温度で 40.0% が異性化するのに要する時間を求めなさい．

3．　生化学では 37℃ と 27℃ の反応速度定数の比を Q_{10} と定義する．Q_{10} が 2.00 の反応の活性化エネルギーはいくらか．

4．ある縄文遺跡の囲炉裏から掘り出した木炭のβ線強度は最近焼成した木炭のβ線強度の43%であった．この遺跡に人が住んでいたのは何年位前か．

ただし，^{14}Cのβ壊変の半減期は5730年とする．

5．水に酢酸エチルと水酸化ナトリウムを等物質量の割合で混合し，いろいろな時間でその水溶液から10.0 mLの試料溶液を採取し，0.01 mol·L^{-1}塩酸で滴定し，つぎの結果を得た．

時間/s	0	216	450	996	1782	3264	5730
滴定量/mL	25.0	21.1	18.3	13.8	10.5	7.10	4.60

（1）この反応の次数を決定しなさい．

（2）反応速度定数を求めなさい．

≪コーヒーブレイク≫

窒素を固定する酵素“ニトロゲナーゼ”

窒素はタンパク質や核酸を構成する，生体に必須の元素である．人間は大気中の窒素分子を直接摂取することはできず，必要とする全ての窒素を農作物，あるいは植物を餌として飼育された家畜などから得ている．では，これらの植物群はどのようにして窒素を得ているのであろうか．

大豆などある種のマメ科の植物には根粒菌と呼ばれる微生物が感染し，その根に根粒を形成して共生している．根粒菌は大気中の窒素分子を窒素化合物に変える（これを「窒素の固定」という）能力を持つ．植物は光合成で得た炭水化物を根粒菌に与え，代わりに根粒菌は窒素化合物を植物に返すという，一種の物々交換をしているのである．この根粒菌による窒素の固定はニトロゲナーゼと呼ばれる酵素の触媒作用によっている．

一方，20世紀初頭に鉄系触媒を用いるアンモニア合成法（ハーバー–ボッシュ法）が実用化され，大量のアンモニアの合成が可能になり，まず化学肥料として人口の急増に伴う食料危機を回避するのに多大の貢献をしてきた．その他，基礎化学原料として種々の用途に用いられている．しかしながら，窒素分子は化学的にきわめて安定であり，ハーバー–ボッシュ法も30 MPa，500℃程度の過酷な条件を必要とするエネルギー多消費型プロセスである．

これに対し，根粒菌は（反応は決して速くはないが）常温・常圧で窒素を固定しており，ニトロゲナーゼをモデルにした新しい省エネルギー型触媒の実現が切望されている．

第7章　化学平衡

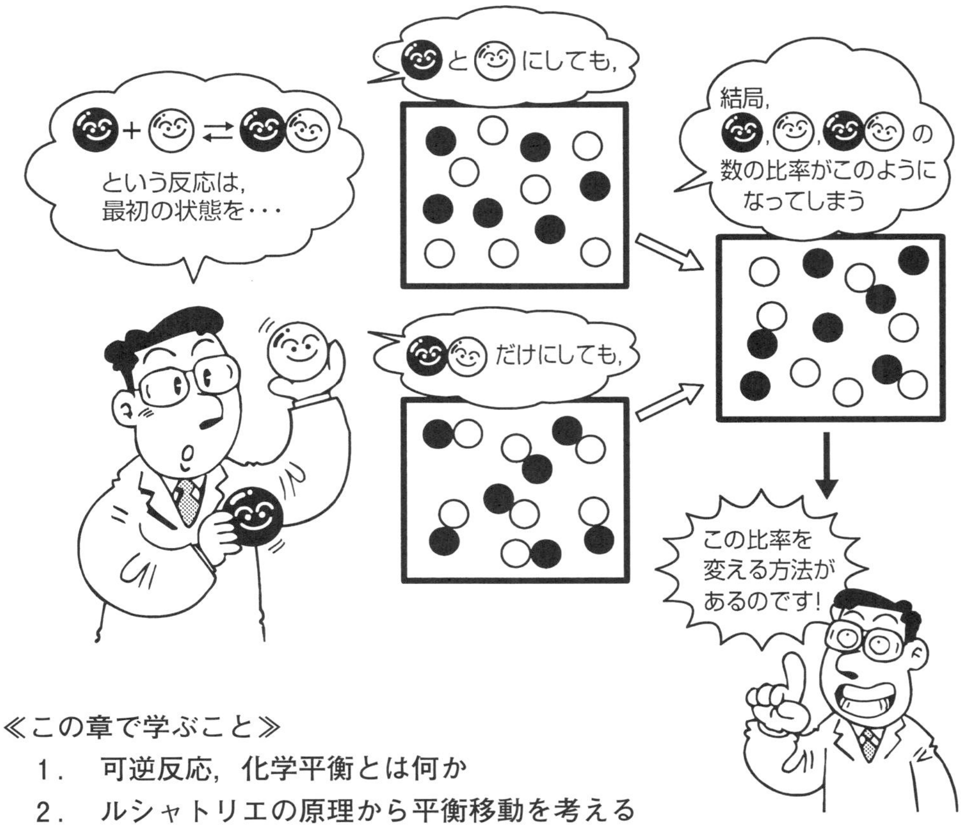

≪この章で学ぶこと≫

1.　可逆反応，化学平衡とは何か
2.　ルシャトリエの原理から平衡移動を考える
3.　濃度・圧力・温度は平衡にどのように影響するか
4.　電解質とそれが電離したイオンとの間の平衡を考える
5.　塩を溶かすと，水溶液の pH が変わるか
6.　酸や塩基を加えても，pH が変わらない水溶液をつくれるか？

これまでの章で，いろいろな化学反応を考えてきた．それらは，反応が終了すると反応物質が全てなくなり，生成物質だけとなった．しかしながら，実際の化学工業で行われている化学反応では，このように反応物質が 100%化学変化するケースばかりではない．たとえば，硫安・硝安・尿素など化学肥料の原料や硝酸などの工業用原料として用いられるアンモニアは水素と窒素から合成されるが，アンモニアの生成に伴って反応物質（水素と窒素）が 100%消失するわけではない．1000 気圧で 600℃といった過酷な条件で，かつ適当な触媒を用いて反応しても，アンモニアへの転化率はせいぜい 40%なのである．つまり，半分以上は反応物質が残っている．さらに，一度生成したアンモニアが反応中に水素や窒素に分解し生成物質にもどることも頻繁に起こる．これらの現象は，決して反応操作を間違えているために起きているのではなく，自然の法則に従った現象なのである．この章では，反応が進んだりもどったり（可逆性）して 100%どちらかにかたよることのない反応を取り扱う．

7-1 化学平衡

化学反応には，反応物質がなくなるまで単純に生成物質に変化するものもあれば，反応物質と生成物質がある濃度比で共存し，見かけ上反応が終了したかのように見えるものもある．後者を**化学平衡**（chemical equilibrium）の状態にあるという．

（1） 可逆反応と化学平衡

化学平衡の例として，つぎのようなエステル[*1]の合成反応を考えてみよう．

$$CH_3COOH + C_2H_5OH \rightleftarrows CH_3COOC_2H_5 + H_2O$$

[*1] 接着剤，塗料，香料として広く利用されている．

上式では，酢酸（CH_3COOH）とエタノール（C_2H_5OH）から酢酸エチル（$CH_3COOC_2H_5$）と水が生成する正反応と，水と酢酸エチルが反応する逆反応が同時に起こる．6 章で説明したように，この場合は正・逆の両方向に反応が進むため可逆反応である．酢酸とエタノールがすべて酢酸エチルと水に変化してしまうことはなく，図 7-1 のように温度一定の下で十分に長い時間が経過した後は，反応物質（酢酸とエタノール）と生成物質（酢酸エチルと水）の濃度が一定となる．

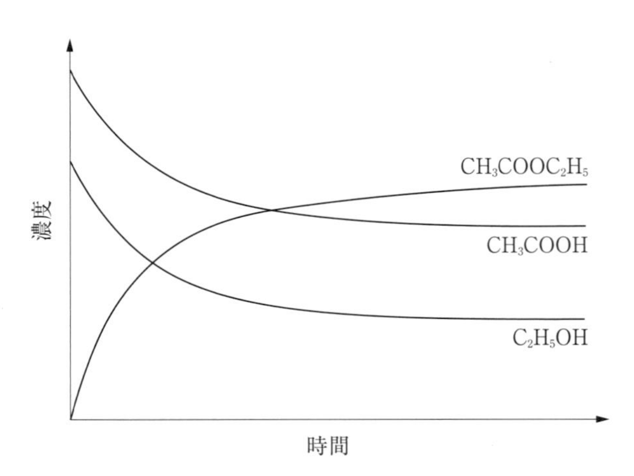

図 7-1 酢酸エチルの生成反応における各成分の濃度変化

（2） 化学平衡の法則

図 7-1 において，反応温度が一定の下，酢酸エチルの生成反応（正反応）と分解反応（逆反応）が進行し，反応物質濃度が減少，生成物質濃度が増加してついに見かけ上どちらへも反応が進まないように見える平衡状態に達する．このとき，各成分の濃度は一定値となるため，次式における反応物質の濃度の積に対する生成物質の濃度の積も一定値となる．

$$K_C = \frac{[CH_3COOC_2H_5][H_2O]}{[CH_3COOH][C_2H_5OH]} \qquad (7\text{-}1)$$

式(7-1)における定数 K_C は**濃度平衡定数**と呼ばれ，各成分の濃度にかかわらず温度が一定であれば一定となることが知られている．このように，平衡状態で成立する各物質の間の関係を**化学平衡の法則**または質量作用の法則（law of mass action）という．

この法則は，次式の反応について成り立つ．

$$aA+bB+cC+\cdots \rightleftarrows a'A'+b'B'+c'C'+\cdots$$

ここで a，b，c，…，a'，b'，c'，…を化学量論係数という．

濃度平衡定数 K_C は以下のように示すことができる．

$$K_C=\frac{[A']^{a'}[B']^{b'}[C']^{c'}\cdots}{[A]^a[B]^b[C]^c\cdots} \tag{7-2}$$

また，気体が関与する反応の場合は，成分気体の分圧を用いてつぎのように示すことができる．

$$K_P=\frac{p_{A'}{}^{a'}p_{B'}{}^{b'}p_{C'}{}^{c'}\cdots}{p_A{}^a p_B{}^b p_C{}^c}\cdots \tag{7-3}$$

このときの平衡定数 K_P は**圧平衡定数**と呼ばれる．

例題1　理想気体において，濃度平衡定数（K_C）と圧平衡定数（K_P）の関係を導きなさい．

解答　つぎの反応について考える．

$$aA+bB \rightleftarrows cC+dD$$

この反応の濃度平衡定数（K_C）と圧平衡定数（K_P）は，つぎのように表現できる．

$$K_C=\frac{[C]^c[D]^d}{[A]^a[B]^b}$$

$$K_P=\frac{p_C{}^c p_D{}^d}{p_A{}^a p_B{}^b}$$

理想気体の状態方程式は，

$$pV=nRT$$

であるから，ここから気体の濃度（$mol\cdot L^{-1}$）を表現できる．すなわち，

$$\frac{n}{V}=\frac{p}{RT}$$

である．よって，K_C の式中にこの表現を用いると，つぎのようになる．

$$K_C=\frac{(p_C/RT)^c(p_D/RT)^d}{(p_A/RT)^a(p_B/RT)^b}$$

$$=\frac{p_C{}^c(RT)^{-c}p_D{}^d(RT)^{-d}}{p_A{}^a(RT)^{-a}p_B{}^b(RT)^{-b}}$$

さらに簡単にすると，

$$K_C=\frac{p_C{}^c p_D{}^d}{p_A{}^a p_B{}^b}(RT)^{-\{(c+d)-(a+b)\}}=K_P(RT)^{-\Delta n}$$

$\Delta n=(c+d)-(a+b)$

$=$(気体生成物の化学量論係数の和)$-$(気体反応物の化学量論係数の和)

となる．以上より，気体反応物と気体生成物の化学量論係数の和が一致するとき（$\Delta n=0$）だけ，濃度平衡定数（K_C）と圧平衡定数（K_P）は同じになる．

例題2　つぎに示す反応で25℃における濃度平衡定数 K_C は，0.0303 $mol\cdot L^{-1}$ である．圧平衡定数 K_P はいくらか．ただし，いずれも理想気体として扱う．

$$N_2O_4\ (g) \rightleftarrows 2NO_2\ (g)$$

解答　気体反応物と気体生成物の化学量論係数の関係（Δn）は，

Δn＝(気体生成物の化学量論係数の和)－(気体反応物の化学量論係数の和)
＝2－1＝1

であるから，圧平衡定数 K_P は，以下のようになる．

$$0.0303 = K_P \times (RT)^{-1}$$
$$= K_P \times (8.31 \times 298)^{-1}$$
$$K_P = 75.0\ \mathrm{kPa}$$

例題 3　N_2O_4 は次式に示すように解離する．

$$N_2O_4 \rightleftarrows 2NO_2$$

いま，この反応が平衡状態にあり，成分気体の分圧をそれぞれ $p_{N_2O_4}$，p_{NO_2} とする．ただし，成分気体は理想気体として扱う．

（1）圧平衡定数 K_P を文字式で示しなさい．

（2）つぎに，N_2O_4 0.151 g を入れたピストン付きの気密シリンダーを 27℃，100 kPa に放置したら，体積は 0.05 L になって平衡に達した．このとき，N_2O_4 はどのくらい解離したか．

（3）（2）の結果から，圧平衡定数 K_P を計算しなさい．

解答

（1）化学平衡の法則から導かれる圧平衡定数は式(7-3)より，

$$K_P = \frac{{p_{NO_2}}^2}{p_{N_2O_4}}$$

と書くことができる．

（2）N_2O_4 の分子量は 92 であり，N_2O_4 のうち解離している割合を x とすると，全体の物質量は以下のようになる．

N_2O_4	$\rightleftarrows$	$2NO_2$	全体の物質量	
$\frac{0.151}{92}(1-x)$		$\frac{0.151}{92}\times 2x$	$\frac{0.151}{92}(1+x)$	(mol)

総体積は 27℃，100 kPa で 0.05 L になっているので，気体の状態方程式から x が計算できる．

$$100 \times 0.05 = \frac{0.151}{92}(1+x) \times 8.31 \times (273+27)$$
$$\therefore\ x = 0.222$$

（3）p_{NO_2}＝全圧×(NO_2 のモル分率)$=1\times\frac{2x}{1+x}=\frac{2x}{1+x}$

$$p_{N_2O_4} = 1 \times \frac{1-x}{1+x} = \frac{1-x}{1+x}$$

よって，圧平衡定数は，つぎのように計算できる．

$$K_P = \frac{{p_{NO^2}}^2}{p_{N_2O_4}} = \frac{\left(\frac{2x}{1+x}\right)^2}{\frac{1-x}{1+x}} = \frac{4x^2}{(1-x)(1+x)} = \frac{4\times 0.222^2}{(1-0.222)(1+0.222)} = 0.207\ \mathrm{kPa}$$

（3）ルシャトリエの原理

化学肥料や工業用原料として用いられるアンモニアは窒素と水素から合成

されるが，この反応も可逆反応である[*1]．

$$N_2+3H_2 \rightleftarrows 2NH_3$$

平衡状態に達したこの混合物（N_2, H_2, NH_3）を圧力一定のまま加熱すると，平衡は反応物質（N_2とH_2）の濃度が増大する方向に移動し，温度を一定のまま加圧すると生成物質（NH_3）の濃度が増大する方向に平衡が移動する．このような現象を一般化して，19世紀後半にルシャトリエ（Le Chatelier）はつぎのような原理を提案した．**「平衡状態にある系に外力がはたらくと，その外力をやわらげる方向に平衡が移動して再調整が行われる．」**これを，**ルシャトリエの原理**という．

平衡に対する濃度の影響　ルシャトリエの原理によれば，平衡状態にある系においてその一つの成分物質の濃度を増加させると，その増加をやわらげる方向，すなわち，その物質を消費する方向に平衡は再調整される．たとえば，次式の可逆反応について考える．

$$H_2+I_2 \rightleftarrows 2HI$$

この反応における濃度平衡定数K_Cは，化学平衡の法則よりつぎのように書ける．

$$K_C=\frac{[HI]^2}{[H_2][I_2]} \tag{7-4}$$

この反応系に水素を加えると，$[H_2]$が大きくなるので平衡定数K_Cを一定に保つために$[H_2]$を消費する方向に平衡が移動する．すなわち，ヨウ化水素の濃度が増大する．

平衡に対する温度の影響　平衡定数は温度によって変化する．ファントホッフは式(7-5)および(7-6)のような，平衡定数の温度変化と反応熱を結びつける関係式，**ファントホッフ[*2]の式**（van't Hoff equation）を示した．

$$\frac{d\ln K_P}{dT}=\frac{\Delta H}{RT^2}\quad（定圧反応^{*3}） \tag{7-5}$$

$$\frac{d\ln K_C}{dT}=\frac{\Delta U}{RT^2}\quad（定容反応^{*4}） \tag{7-6}$$

ここで，ΔH，ΔUはそれぞれ定圧反応熱，定容反応熱である[*5]．式(7-5)および(7-6)は，ΔHとΔUが既知の場合，さまざまな温度における平衡定数K_P，K_Cが算出できることを意味している．

発熱反応では，$\Delta H<0$であるから，式(7-5)は負となり，温度上昇に伴いK_Pは減少する．逆に，吸熱反応では$\Delta H>0$のため式(7-5)は正になり，温度上昇とともにK_Pは増大する．この挙動は，ルシャトリエの原理からも説明できる．

式(7-5)および(7-6)は微分の形になっている．実際には次式のような積分の形を用いて計算される．

$$\ln\frac{K_{P1}}{K_{P2}}=-\frac{\Delta H}{R}\left(\frac{1}{T_1}-\frac{1}{T_2}\right) \tag{7-7}$$

ここで，K_{P1}，K_{P2}はそれぞれ温度T_1，T_2における圧平衡定数である．以上の議論は式(7-6)におけるK_CおよびΔUについても同様に適用できる．

例題4　つぎの反応において，圧平衡定数K_Pは，20℃で937，50℃で

[*1] 20世紀初頭，H. W. Nernst, F. Haberらが熱力学的にこの平衡について研究し，1907年Haberがアンモニアの合成の基礎を確立した．1913年にK. Boschの協力を得て高圧装置の技術的問題を解決し，年産9000トンのアンモニア合成工場の操業に成功した．これが，ハーバー-ボッシュ法である．

[*2] ファントホッフ J. H. van' t Hoff（1852～1911）．オランダの物理化学者．アムステルダム，ベルリン大学教授．炭素原子の立体構造から光学異性体を説明し，立体化学の基礎を確立．また化学平衡に熱力学を導入して化学平衡の理論的な基礎を築いた．ノーベル化学賞（1901）．

[*3] 圧力を一定にして行わせる化学反応

[*4] 一定体積の容器の中で行わせる化学反応

[*5] ΔUとΔHについて　物質AおよびBが定容反応でCとDになったとしよう．反応前後の物質がもっている内部エネルギーは，それぞれ$U_1(A+B)$と$U_2(C+D)$で，$U_2(C+D)-U_1(A+B)<0$だと反応で膨張・収縮がないため（定容反応）発熱反応となる．一方>0だと吸熱反

629 であった．この反応の定圧反応熱と，25℃における K_P を計算しなさい．

$$H_2(g)+I_2(g) \rightleftarrows 2HI(g)$$

解答　ファントホッフの式の積分形の式(7-7)において，$T_1=273+20$ K，$T_2=273+50$ K および $K_{P1}=937$，$K_{P2}=629$，$R=8.31$ J・K^{-1}・mol^{-1} を代入して定圧反応熱 $\Delta H=-10.5$ kJ・mol^{-1}(答)が算出される．次に，$T_3=273+25$ K，$T_2=273+50$ K および $K_{P2}=629$，$\Delta H=-10.5$ kJ・mol^{-1} を代入すると，$K_{P3}=873$（答）が得られる．

例題 4 は，図 7-2 のようになる．各温度における平衡定数がわかれば，直線の傾きから ΔH が算出できる．

*5 つづき
応である．この反応前後の差が ΔU（$=U_2-U_1$）である．一方，A と B の体積が C と D になって変化する場合，一定温度で定圧反応を行うと，外部に対して仕事（$p\Delta V$，p：圧力，ΔV：体積変化）をすることになる．$U+pV=H$ と定義される H をエンタルピーと呼ぶ．よって，反応前後のエンタルピー差：$\Delta H=H_2(C+D)-H_1(A+B)$ は $\Delta U+p\Delta V$ となる．

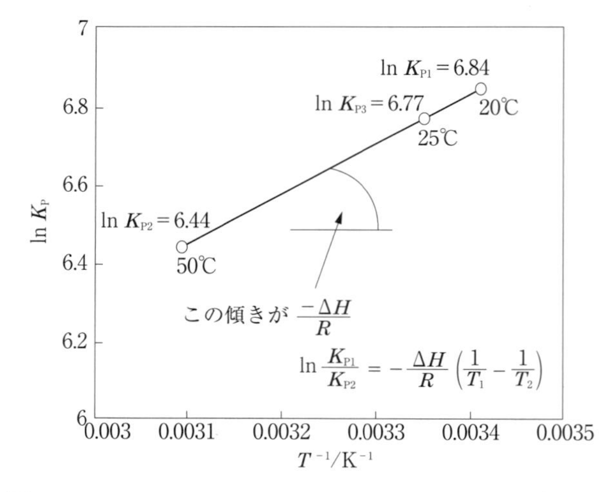

図 7-2　$H_2+I_2 \rightleftarrows 2HI$ におけるファントホッフのプロット

平衡に対する圧力の影響　7-1(2)で述べたように，一般に気体が関与する反応では，濃度のかわりに成分気体の分圧を用いて表現することが多い．たとえば，アンモニアの生成反応における平衡定数（K_P）は，つぎのように表すことができる．

$$N_2+3H_2 \rightleftarrows 2NH_3$$

$$K_P=\frac{p^2_{NH_3}}{p_{N_2}p^3_{H_2}} \tag{7-8}$$

つぎに，この混合気体（N_2，H_2，NH_3）の全圧を p，各成分気体のモル分率を y_{N2} などとする．すると，式(7-8)は，

$$K_P=\frac{p^2_{NH_3}}{p_{N_2}p^3_{H_2}}=\frac{(y_{NH_3}p)^2}{(y_{N_2}p)(y_{H_2}p)^3}=\frac{y^2_{NH_3}}{y_{N_2}y^3_{H_2}}\frac{1}{p^2} \tag{7-9}$$

と書くことができる．

温度一定で，圧力 p を増加させると，$1/p^2$ が減少するため圧平衡定数 K_P を一定に保つように y_{NH_3} が増加，y_{N_2} と y_{H_2} が減少する．すなわち，ルシャトリエの原理により，平衡状態を維持するために圧力の増加をやわらげる方向に平衡は再調整されることになる．

7-2　電解質溶液の平衡

水に塩化ナトリウムを溶かすと，よく電気を通すようになる．これは，下式に示すように，NaClが解離してNa^+イオンとCl^-イオンが生成するためである．このように，イオンに分かれることを**電離**（electrolytic dissociation）といい，電離してイオンとなる物質を**電解質**（electrolyte）という．

$$NaCl \longrightarrow Na^+ + Cl^-$$

また，電解質が溶解した溶液を**電解質溶液**という．一方，溶媒に溶かしても電離しないショ糖のような物質は**非電解質**（nonelectrolyte）という．

（1）　電離平衡

電解質には，さらに強電解質と弱電解質とがある[*1]．強電解質は溶媒中でほぼ完全に電離している．一方，弱電解質はほとんどが電離せず，電離する前の非解離分子と電離後のイオンとの間に化学平衡が成立している．一般に，電解質の電離による化学平衡は**電離平衡**（equilibrium of electrolytic dissociation）と呼ばれている．

電離度　　電解質溶液において，溶解した全分子数に対する電離した分子数の割合を**電離度**（degree of electrolytic dissociation）といい，次式のように表す．

$$電離度\quad \alpha = \frac{電離した全分子数（電離した溶質の濃度）}{溶解した全分子数（溶解した溶質の濃度）} \qquad (7\text{-}10)$$

電離度はαで示されることが多い．

[*1] 強・弱電解質の分類は以下の通りである．
1) 無機酸の場合，HX（水素化物）は強電解質でH_2Xは弱電解質である．
2) 無機塩基の場合，アルカリ金属の水酸化物は強電解質，アンモニアは弱電解質である．
3) 塩は強電解質である．
4) 有機化合物の酸と塩基は弱電解質である．

例題5　　$0.1\ mol \cdot L^{-1}$の酢酸水溶液の電離度は15℃において0.016である．この酢酸水溶液中における水素イオンと酢酸分子のモル濃度をそれぞれ求めなさい．

解答　　水溶液中における酢酸の電離平衡は以下のようになっている．

$$CH_3COOH \rightleftarrows CH_3COO^- + H^+ \qquad (1)$$

	CH_3COOH	CH_3COO^-	H^+
電離前	0.1	0	0
平衡時	$0.1(1-\alpha)$	0.1α	0.1α

酢酸イオン濃度，水素イオン濃度は0.1αであるので，

$$0.1 \times 0.016 = 0.0016\ (mol \cdot L^{-1})（答）$$

となる．また，酢酸分子の濃度はつぎのようになる．

$$0.1 - 0.0016 = 0.0984\ (mol \cdot L^{-1})（答）$$

例題6　　25℃における酢酸水溶液の水素イオン濃度は以下のようになった．それぞれの酢酸濃度における電離度を計算して表にした後，酢酸の濃度（横軸）と電離度（縦軸）の関係を図示しなさい．

酢酸濃度（$mol \cdot L^{-1}$）	1.0	0.1	0.01	0.001
水素イオン濃度（$mol \cdot L^{-1}$）	0.0051	0.0016	0.00050	0.00015
電離度				

解答　例題5の式(1)に示すように，水溶液中の酢酸は電離平衡にある．電離前の酢酸濃度を c とすると，水素イオン濃度は $c\alpha$ となる．

$c=1.0\ \mathrm{mol \cdot L^{-1}}$ のとき

$[\mathrm{H^+}]=c\alpha=0.0051\ \mathrm{mol \cdot L^{-1}}$

$\alpha=\dfrac{0.0051}{1.0}=0.0051$

となる．同様にして計算すると，下表のようになる．

酢酸濃度（$\mathrm{mol \cdot L^{-1}}$）	1.0	0.1	0.01	0.001
水素イオン濃度（$\mathrm{mol \cdot L^{-1}}$）	0.0051	0.0016	0.00050	0.00015
電離度	0.0051	0.016	0.050	0.15

これらをもとに，酢酸の濃度（横軸）と電離度（縦軸）の関係を図示すると，図7-3のようになる．このように，電離度は溶質の濃度の減少とともに増大する．

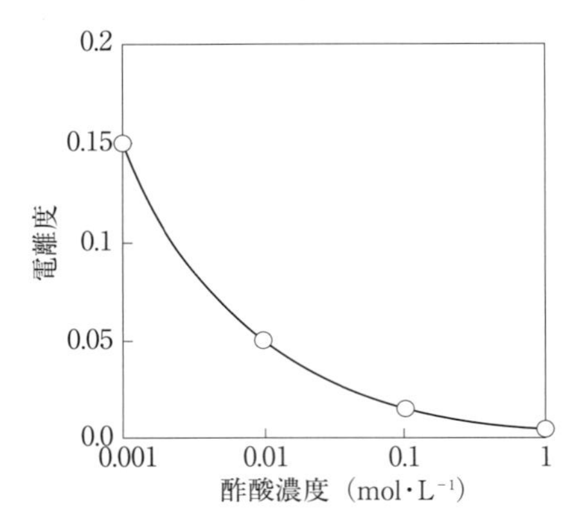

図7-3　酢酸水溶液における酢酸濃度と電離度の関係

酸・塩基の電離平衡　電離度のほかに，電離平衡を表現する便利なパラメータとして電離定数 K がある．たとえば，酢酸水溶液中の酢酸の電離定数は，

$$K_\mathrm{a}=\frac{[\mathrm{CH_3COO^-}][\mathrm{H^+}]}{[\mathrm{CH_3COOH}]} \tag{7-11}$$

と書ける．これは，化学平衡における平衡定数と同じ表現である．K_a の添え字 a は酸（acid）を意味する．同様に，塩基の電離定数の場合は K_b（塩基は base）で表す．

> **例題7**　濃度 c（$\mathrm{mol \cdot L^{-1}}$）の酢酸水溶液における電離度を α として，電離定数 K_a を c と α で表現しなさい．また，電離度が十分小さいとき，α を c と K_a で表現しなさい．

解答　電離平衡に達した酢酸水溶液において，酢酸濃度（$[\mathrm{CH_3COOH}]$），酢酸イオン濃度（$[\mathrm{CH_3COO^-}]$），水素イオン濃度（$[\mathrm{H^+}]$），はそれぞれ，

$c(1-\alpha)$, $c\alpha$, $c\alpha$ であるから（(例題5)を参照），電離定数 K_a は，つぎのように表現できる．

$$K_a = \frac{[CH_3COO^-][H^+]}{[CH_3COOH]} = \frac{(c\alpha)^2}{c(1-\alpha)} = \frac{c\alpha^2}{1-\alpha} \quad \text{(答)}$$

電離度が十分に小さいとき，上式における分母は $1-\alpha\approx 1$ とすることができる．よって，近似式として以下の式が得られる[*1]．

$$K_a \approx c\alpha^2$$

$$\alpha = \sqrt{\frac{K_a}{c}} \quad \text{(答)}$$

> **例題8**　ある温度におけるニコチン酸の電離定数は $1.4\times10^{-5}\,mol\cdot L^{-1}$ である．0.10 $mol\cdot L^{-1}$ ニコチン酸の（1）電離度と（2）水素イオン濃度を計算しなさい．この電離度を十分小さいと考えた場合の解法(近似法)と，近似法を用いないで厳密に解いた場合とで比較しなさい．

解答　（1）ニコチン酸[*2]は次式に示すように水溶液中で電離する．

$$C_5H_4NCOOH \rightleftarrows H^+ + C_5H_4NCOO^-$$

$K_a=1.4\times10^{-5}\,mol\cdot L^{-1}$，$c=0.10\,mol\cdot L^{-1}$ を，例題7で解いた近似式と厳密な式とに代入する．まず，近似法で電離度 α を表わすと，

$$K_a \approx c\alpha^2$$

$$\alpha \approx \sqrt{\frac{K_a}{c}} = \sqrt{\frac{1.4\times10^{-5}}{0.10}} = 0.012 \quad \text{(答)}$$

つぎに，厳密な解き方で電離度 α を示すと，

$$K_a = \frac{c\alpha^2}{1-\alpha}$$

$$1.4\times10^{-5} = \frac{0.10\alpha^2}{1-\alpha}$$

$$\therefore \quad \alpha = 0.012 \text{ or } -0.012$$

電離度は $0\leqq\alpha\leqq1$ であるから，α は 0.012（答）である．

以上の二通りの方法から得られた電離度は，このレベルの精度では同じであることがわかる．すなわち，電離度が1と比べて無視できるくらいに小さいときは近似法が簡便な方法として有効である．

（2）水素イオン濃度は $c\alpha$ であるから，0.0012 $mol\cdot L^{-1}$（答）となる．

（2）　水の電離

前項では，酸と塩基の水溶液中での電離平衡について述べたが，実は酸・塩基を溶かす溶媒である水自身もごくわずかであるが電離している．

$$H_2O \rightleftarrows H^+ + OH^-$$

この電離平衡における電離定数 K は，次式のようになる．

$$K = \frac{[H^+][OH^-]}{[H_2O]} \qquad (7\text{-}12)$$

水のイオン積　水の電離度は非常に小さいため，$[H_2O]$ はほぼ一定とみなせる．よって，上式において，$K[H_2O]$ を定数 K_w とすることができる．この K_w を水の**イオン積**（ionic product）といい，25℃では $K_w=1.0\times10^{-14}\,(mol\cdot L^{-1})^2$ である．

[*1] 近似式が適用可能な弱酸および弱塩基の電離定数 ($mol\cdot L^{-1}$)
安息香酸 $K_a=6.14\times10^{-5}$ (25℃)
酢酸 $K_a=1.75\times10^{-5}$ (25℃)
フェノール $K_a=1.00\times10^{-10}$ (20℃)
アンモニア $K_b=1.78\times10^{-5}$ (25℃)
ピリジン $K_b=2.14\times10^{-9}$ (25℃)
アニリン $K_b=3.83\times10^{-10}$ (25℃)

[*2] ニコチン酸

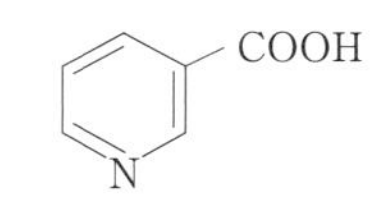

$$K_w = K[H_2O] = [H^+][OH^-] \tag{7-13}$$

純水の場合，$[H^+]$ と $[OH^-]$ は等しく，25℃ではそれぞれ

$$[H^+] = [OH^-] = 1.0 \times 10^{-7}\ \mathrm{mol \cdot L^{-1}} \tag{7-14}$$

である．一般に，K_w は酸性や塩基性であっても希薄水溶液であれば一定値をとる．

> **例題 9**　水の電離は吸熱反応で，ΔU は 56.5 kJ·mol^{-1} である．水の電離平衡において 20℃と 25℃での水のモル濃度は同じとして，ファントホッフの式から 20℃における水のイオン積を概算しなさい．ただし，25℃における水のイオン積は 1.01×10^{-14} mol^2·L^{-2} とする．

解答　液体の反応では，事実上体積変化は無視できるため，式(7-6)を積分した次式が適用できる．

$$\ln \frac{K_{C1}}{K_{C2}} = -\frac{\Delta U}{R}\left(\frac{1}{T_1} - \frac{1}{T_2}\right)$$

ここで，K_{C1} および K_{C2} をそれぞれ温度 T_1 および T_2 における水の電離に関する平衡定数とすると，上式の左辺は以下のように書きかえることができる．それぞれの温度での水のモル濃度は等しいと考えてよいので，$[H_2O]_1 = [H_2O]_2$ となる．

$$\ln \frac{K_{C1}}{K_{C2}} = \ln \frac{\dfrac{[H^+]_1[OH^-]_1}{[H_2O]_1}}{\dfrac{[H^+]_2[OH^-]_2}{[H_2O]_2}} = \ln \frac{[H^+]_1[OH^-]_1}{[H^+]_2[OH^-]_2} = \ln \frac{K_{w1}}{K_{w2}}$$

ΔU の単位は J·mol^{-1} であるから，気体定数 R は 8.314 J·K^{-1}·mol^{-1} を用いる．以上より，20℃における水のイオン積は 0.684×10^{-14} mol^2·L^{-2}（答）となる．

この例題より，水のイオン積は温度によってかなり変化することがわかる[*1]．

水素イオン濃度と pH　水溶液の酸性・塩基性の程度は，$[H^+]$ の大小で表すことができる．通常，$[H^+]$ のとる範囲が非常に広いため，指標として便宜上 $[H^+]$ の逆数の対数を用いる．これを**水素イオン指数**（hydrogen ion exponent）（pH）という[*2]．

$$\mathrm{pH} = \log \frac{1}{[H^+]} = -\log [H^+] \tag{7-15}$$

25℃において，pH が 7 のときは中性溶液，pH<7 のときは酸性溶液，pH>7 のときは塩基性溶液である．

> **例題 10**　25℃において，0.01 mol·L^{-1} の水酸化ナトリウム水溶液および 0.01 mol·L^{-1} アンモニア水溶液の pH を算出しなさい．ただし，このアンモニア水溶液中のアンモニアの電離度は 0.042 である．

解答　水酸化ナトリウムなどの強塩基は，水溶液中で完全に電離しているので，水酸化物イオン濃度 $[OH^-]$ は 0.01 mol·L^{-1} となる．水素イオン濃度は，つぎのように水のイオン積と $[OH^-]$ から求められる．

$$[H^+] = \frac{K_w}{[OH^-]} = \frac{1 \times 10^{-14}}{0.01}$$

*1　いろいろな温度における水のイオン積

温度（℃）	K_w/mol^2·L^{-2}
0	0.114×10^{-14}
10	0.292×10^{-14}
20	0.682×10^{-14}
25	1.01×10^{-14}
40	2.92×10^{-14}
50	5.47×10^{-14}
60	9.61×10^{-14}

*2　ヒトのからだにおける pH

血液	7.4	弱塩基性
唾液	7	中性
胆汁	6.9	弱酸性
尿	6.6	弱酸性
腸内	6.5	弱酸性
胃内	2	酸性

pH の定義からつぎのように求められる．

$$\mathrm{pH}=-\log[\mathrm{H^+}]=-\log\frac{1\times10^{-14}}{0.01}=12 \quad (答)$$

アンモニアの水溶液中での電離度を α とすると，電離平衡はつぎのようになる．

	NH_3	$+H_2O$	$\rightleftarrows$	NH_4^+	$+ OH^-$
電離前	0.01			0	0
平衡時	$0.01(1-\alpha)$			0.01α	0.01α

弱塩基であるアンモニアは $0.01\ \mathrm{mol \cdot L^{-1}}$ でもほとんど電離していない．

水酸化物イオン濃度 $[OH^-]$ は

$[NH_4^+]=[OH^-]=0.01\times0.042=4.2\times10^{-4}\ \mathrm{mol\cdot L^{-1}}$ となり，電離していないアンモニア濃度 $[NH_3]$ は $[NH_3]=0.01(1-0.042)=9.58\times10^{-3}\ \mathrm{mol\cdot L^{-1}}$ となる．よって，

$$\mathrm{pH}=-\log[\mathrm{H^+}]=-\log\frac{1\times10^{-14}}{4.2\times10^{-4}}=-\log(2.38\times10^{-11})=10.62 \quad (答)$$

（3）　電解質溶液の平衡移動

酸，塩基，塩の水溶液中では，水素イオン，水酸化物イオン，さらに他のイオンが共存している．よって，このような溶液中では複数の平衡が同時に成立しており複雑である．ある種のイオンが溶液に添加されることで，直接そのイオンが関与する平衡以外の平衡が連鎖的に移動する．

塩の加水分解　塩化ナトリウム（NaCl）や硫酸カリウム（K_2SO_4）のように，強酸と強塩基の反応で生成した塩の水溶液は中性であるが，弱酸と強塩基，または強酸と弱塩基の反応から得られた塩は水に溶解するとそれぞれ塩基性，酸性を示す[*1]．それでは，pH でどの程度になるのであろうか．実は，計算で簡単に pH を見積もることができる．そのために必要な数値は，水に溶解する塩の質量と，その塩が塩基性を示す場合は塩を生成するときに用いた弱酸の電離定数（その塩が酸性を示す場合は塩を生成するときに用いた弱塩基の電離定数）だけである．これを実際に導いてみよう．

[*1]
①（強酸 ＋ 強塩基）の塩 → 中性
$HCl+NaOH \rightarrow \underline{NaCl}+H_2O$
$H_2SO_4+2NaOH \longrightarrow \underline{Na_2SO_4}+2H_2O$
②（強酸 ＋ 弱塩基）の塩 → 酸性
$HCl+NH_3 \longrightarrow \underline{NH_4Cl}$
$H_2SO_4+2NH_3 \longrightarrow \underline{(NH_4)_2SO_4}$
③（弱酸 ＋ 強塩基）の塩 → 塩基性
$CH_3COOH+NaOH \rightarrow \underline{CH_3COONa}+H_2O$
$H_2CO_3+2NaOH \rightarrow \underline{Na_2CO_3}+2H_2O$

たとえば，c モルの酢酸ナトリウムを水に溶かし，全容を 1 L とすると，

$$[CH_3COO^-]=[Na^+]=c\,(\mathrm{mol\cdot L^{-1}}) \qquad (7\text{-}16)$$

となる．一方，酢酸イオン（CH_3COO^-）が水中にあると，つぎのような**加水分解**（hydrolysis）**反応**の化学平衡が存在する．

$$CH_3COO^-+H_2O \rightleftarrows CH_3COOH+OH^-$$

この反応の平衡定数 K は

$$K=\frac{[CH_3COOH][OH^-]}{[CH_3COO^-][H_2O]} \qquad (7\text{-}17)$$

となる．水溶液中の水の濃度 $[H_2O]$ は十分に大きく一定であると見なせる．そこで，$K[H_2O]$ を K_h と表すと次式となる．この K_h は加水分解反応の平衡定数で**加水分解定数**（hydrolysis constant）という．

$$K_h=\frac{[CH_3COOH][OH^-]}{[CH_3COO^-]} \qquad (7\text{-}18)$$

ここで，酢酸の電離定数は

$$K_{CH_3COOH}=\frac{[CH_3COO^-][H^+]}{[CH_3COOH]} \tag{7-19}$$

であるので式(7-18)の分母，分子に $[H^+]$ をかけ整理すると

$$K_h=\frac{[CH_3COOH][OH^-]}{[CH_3COO^-]}=\frac{[CH_3COOH][OH^-][H^+]}{[CH_3COO^-][H^+]}$$

$$=\frac{K_w}{K_{CH_3COOH}} \tag{7-20}$$

の関係が成立する．平衡状態で加水分解を受けた酢酸ナトリウムの割合を**加水分解度**（degree of hydrolysis）といい，これを h とすると

$$[CH_3COOH]=[OH^-]=ch \tag{7-21}$$

$$[CH_3COO^-]=c(1-h) \tag{7-22}$$

となる．これらの式を式(7-18)に代入すると

$$K_h=\frac{ch^2}{1-h} \tag{7-23}$$

となる．$h \ll 1$ のときは

$$h \fallingdotseq \sqrt{\frac{K_h}{c}}=\sqrt{\frac{K_w}{K_{CH_3COOH}c}} \tag{7-24}$$

また，$[OH^-]$ と $[H^+]$ はつぎのようになる．

$$[OH^-]=ch \fallingdotseq \sqrt{\frac{K_wc}{K_{CH_3COOH}}} \tag{7-25}$$

$$[H^+]=\frac{K_w}{[OH^-]} \fallingdotseq \sqrt{\frac{K_{CH_3COOH}K_w}{c}} \tag{7-26}$$

したがって pH は

$$pH=7+\frac{1}{2}(pK_{CH_3COOH}+\log c) \tag{7-27}$$

ただし，$pK_{CH_3COOH}=-\log K_{CH_3COOH}$ である．

緩衝溶液　弱酸とその塩（弱酸と強塩基からできる塩）の混合溶液，または弱塩基とその塩（弱塩基と強酸からできる塩）の混合溶液は，酸や塩基を少量加えても，電離平衡がその効果を打ち消す方向に移動するため，pH が変化しにくい．これを**緩衝作用**（buffer action）といい，緩衝作用を持つ溶液を**緩衝溶液**（buffer solution）という．

たとえば，アンモニア水に塩化アンモニウムを溶解した溶液はその1つである．アンモニアは水溶液中で以下のような電離平衡にある．

$$NH_3+H_2O \rightleftarrows NH_4^++OH^-$$

これに塩化アンモニウムを溶解すると，次式のように完全に電離し，

$$NH_4Cl \longrightarrow NH_4^++Cl^-$$

アンモニウムイオン（NH_4^+）が増大するため，平衡は左側へ移る．この溶液に酸を加えると，酸の H^+ は OH^- と反応して消費されるため，H^+ の濃度変化は小さい．また，この反応に伴って，平衡が右側に移るため，H^+ との反応で減少した OH^- の濃度が補てんされる．一方，塩基を加えた場合も，塩基の OH^- がアンモニウムイオンと反応して平衡が左側へ移るため，OH^- の濃度変化は小さい．

例題 11　酢酸の水溶液に酢酸ナトリウムを加えた溶液は緩衝溶液として働く．この水溶液の pH を，酢酸および酢酸ナトリウムの濃度と酢酸の電離定数で示しなさい．

解答　酢酸ナトリウムは以下のように完全に電離する．

$$CH_3COONa \longrightarrow CH_3COO^- + Na^+$$

	CH_3COONa	CH_3COO^-	Na^+
電離前	c_{salt}	0	0
電離後	0	$c_{CH_3COO^-}$	c_{Na^+}

$$c_{salt} = c_{CH_3COO^-} = c_{Na^+}$$

ここで，c_{salt}，$c_{CH_3COO^-}$，c_{Na^+} はそれぞれ電離前の酢酸ナトリウム濃度，電離後の酢酸イオン，ナトリウムイオンの濃度である．一方，酢酸は電離定数 K_{CH_3COOH} を用いて以下のように表される．

$$K_{CH_3COOH} = \frac{[CH_3COO^-][H^+]}{[CH_3COOH]}$$

K_{CH_3COOH} は非常に小さいので，$[CH_3COO^-]$ および $[CH_3COOH]$ はそれぞれ調製時の酢酸ナトリウムの濃度（c_{salt}）および酢酸の濃度（c_{CH_3COOH}）に等しいと考えてよい．

$$[H^+] = K_{CH_3COOH}\frac{[CH_3COOH]}{[CH_3COO^-]} = K_{CH_3COOH}\frac{c_{CH_3COOH}}{c_{salt}}$$

$$\therefore\quad pH = pK_{CH_3COOH} + \log\frac{c_{salt}}{c_{CH_3COOH}}\quad（答）$$

例題 12　0.1 mol·L^{-1} 酢酸水溶液 1.0 L に酢酸ナトリウムを 0.05 mol 溶かした緩衝溶液がある．なお，酢酸の電離定数は $K_a = 1.75\times10^{-5}$ mol·L^{-1} である．

（a）この緩衝溶液の pH を算出しなさい．

（b）この緩衝溶液に塩酸を 0.001 mol 加えたときの pH を算出しなさい．

（c）この緩衝溶液に水酸化ナトリウムを 0.001 mol 加えたときの pH を算出しなさい．

ただし，（b）および（c）の操作によって体積変化はほとんどなかったとする．

解答　（a）例題 11 で導き出されたつぎの式を用いて，pH を算出する．

$$pH = pK_{CH_3COOH} + \log\frac{c_{salt}}{c_{CH_3COOH}}$$

$$\therefore\quad pH = -\log(1.75\times10^{-5}) + \log\left(\frac{0.05}{0.1}\right) = 4.46\quad（答）$$

（b）この緩衝溶液に塩酸を加えると，次式の反応が起こる．

$$CH_3COONa + HCl \longrightarrow CH_3COOH + NaCl$$

よって，酢酸が 0.101 mol·L^{-1} となり，酢酸ナトリウムが 0.049 mol·L^{-1} になったことになる．よって，（a）の解法と同様に計算するとつぎのようになる．

$$pH = -\log(1.75\times10^{-5}) + \log\left(\frac{0.049}{0.101}\right) = 4.44\quad（答）$$

(c) この緩衝溶液に水酸化ナトリウムを加えた場合では，反応式はつぎのようになる．

$$NaOH \longrightarrow Na^+ + OH^-$$
$$CH_3COOH + OH^- \longrightarrow CH_3COO^- + H_2O$$

よって，酢酸が 0.099 mol・L^{-1} に減り，酢酸ナトリウムが 0.051 mol・L^{-1} になったことになる．よって，同様の解法により以下のようになる．

$$\mathrm{pH} = -\log(1.75\times10^{-5}) + \log\left(\frac{0.051}{0.099}\right) = 4.47 \quad (答)$$

(a)と(b)および(c)の pH を比べると，緩衝作用がどの程度利いているかが具体的にわかるであろう．

溶解度積　水に難溶の塩である塩化銀を水に加えると，見かけ上ではわからないが微量の結晶が溶解して，つぎのような電離平衡が成立している．

$$AgCl(s) \rightleftarrows Ag^+ + Cl^-$$

水に溶解した微量の塩化銀はほとんどが電離していると考えてよいので，この平衡定数は，つぎのように表せる*1.

$$K = \frac{[Ag^+][Cl^-]}{[AgCl(s)]} \quad (7\text{-}28)$$

ここで，

$$K_{sp} = K[AgCl(s)] = [Ag^+][Cl^-] \quad (7\text{-}29)$$

と書ける*2．この K_{sp} を**溶解度積**（solubility product）といい，温度一定のとき一定となる．

*1　溶液中では分子状の AgCl は存在しないとみなしてよい．

*2　純粋の固体はどの部分も密度は同じである．化学反応中，この固体が存在するかぎり，固体中の密度に変化はない．これは，化学反応の過程で固体中のモル濃度が一定であることを意味している．よって，式(7-28)における [AgCl(s)] は一定値をとり，平衡定数に含ませることができる．

例題 13　4.0×10^{-3} mol・L^{-1} の SO_4^{2-} を含む水溶液中に，$BaSO_4$ が析出し始めるときの Ba^{2+} の濃度はいくらか．ただし，$BaSO_4$ の溶解度積は $K_{sp} = 1.3\times10^{-10}$ mol^2・L^{-2} とする．

解答　$BaSO_4$ の溶解度積は

$$K_{sp} = [Ba^{2+}][SO_4^{2-}] = 1.3\times10^{-10}\ \mathrm{mol^2\cdot L^{-2}}$$

この水溶液に対する $BaSO_4$ の溶解度を x（飽和溶液のモル濃度）とすると，この溶液では $[Ba^{2+}] = x$, $[SO_4^{2-}] = 4.0\times10^{-3} + x$ となる．ここで，x は 4.0×10^{-3} に比べて非常に小さく無視できるので，飽和溶液では $[Ba^{2+}][SO_4^{2-}]$ が 1.3×10^{-10} である．よって，$BaSO_4$ が析出し始める濃度は，

$$[Ba^{2+}] = (1.3\times10^{-10})/(4.0\times10^{-3}) = 3.3\times10^{-8}\ \mathrm{mol\cdot L^{-1}} \quad (答)$$

≪第 7 章のまとめ≫

1．反応には**正反応・逆反応**のどちらにも起こり得る反応（**可逆反応**）と正反応しか起こらないように見える反応（**不可逆反応**）がある．

2．可逆反応では，反応物質と生成物質がある濃度比で共存し，見かけ上反応が終了したかのように見える状態（平衡状態）になる．

3．平衡状態で成立する物質間の関係を**化学平衡の法則**または質量作用の法則といい，**平衡定数 K** で規定される．

4．**ルシャトリエの原理**では平衡状態にある反応系の平衡移動を説明できる．

5．平衡反応における温度の影響は，**ファントホッフの式**で説明される．

6．酸や塩基は水に溶けてイオン化する．これを**電離**といい，**電離定数**はその水溶液の **pH** と密接な関係がある．
7．塩の水溶液は pH を調節するうえで重要で，弱酸や弱塩基との組み合わせで**緩衝溶液**をつくれる．
8．**難溶塩**のわずかな溶解量は，**溶解度積**から計算できる．

第７章　練習問題

1．次式に示す一次の反応において，A の濃度変化を測定し表のようになった．この反応の濃度平衡定数 K_c と，A から B への反応速度定数 k_f および B から A への反応速度定数 k_r を求めなさい．

$$\mathrm{A} \underset{k_r}{\overset{k_f}{\rightleftarrows}} \mathrm{B}$$

反応物質 A の濃度変化

時間(min)	0	50	100	∞
[A]($\mathrm{mol \cdot L^{-1}}$)	27	21	17	7.5

2．つぎの（１）～（６）の可逆反応が平衡状態にあるとき，（　）内で指示した操作を行うと平衡はどのように移動するかを答えなさい．

（１）$N_2 + O_2 \rightleftarrows 2NO$，$\Delta H = 181$ kJ（加圧する）
（２）$2H_2O$ (g) $\rightleftarrows 2H_2 + O_2$，$\Delta H = 485$ kJ（減圧する）
（３）$N_2 + 3H_2 \rightleftarrows 2NH_3$，$\Delta H = -92$ kJ（H_2SO_4 を加える）
（４）$2HI \rightleftarrows H_2 + I_2$，$\Delta H = 16.8$ kJ（H_2 を加える）
（５）$2NO_2 \rightleftarrows N_2O_4$，$\Delta H = -57$ kJ（加熱しながら減圧する）
（６）$2CO + O_2 \rightleftarrows 2CO_2$，$\Delta H = -566$ kJ（冷却しながら加圧する）

3．pH が 5.60 の緩衝溶液を調整するのに必要な酢酸と酢酸ナトリウムの濃度比を計算しなさい．ただし，酢酸の電離定数は 1.8×10^{-5} $\mathrm{mol \cdot L^{-1}}$ とする．

第8章　電気化学

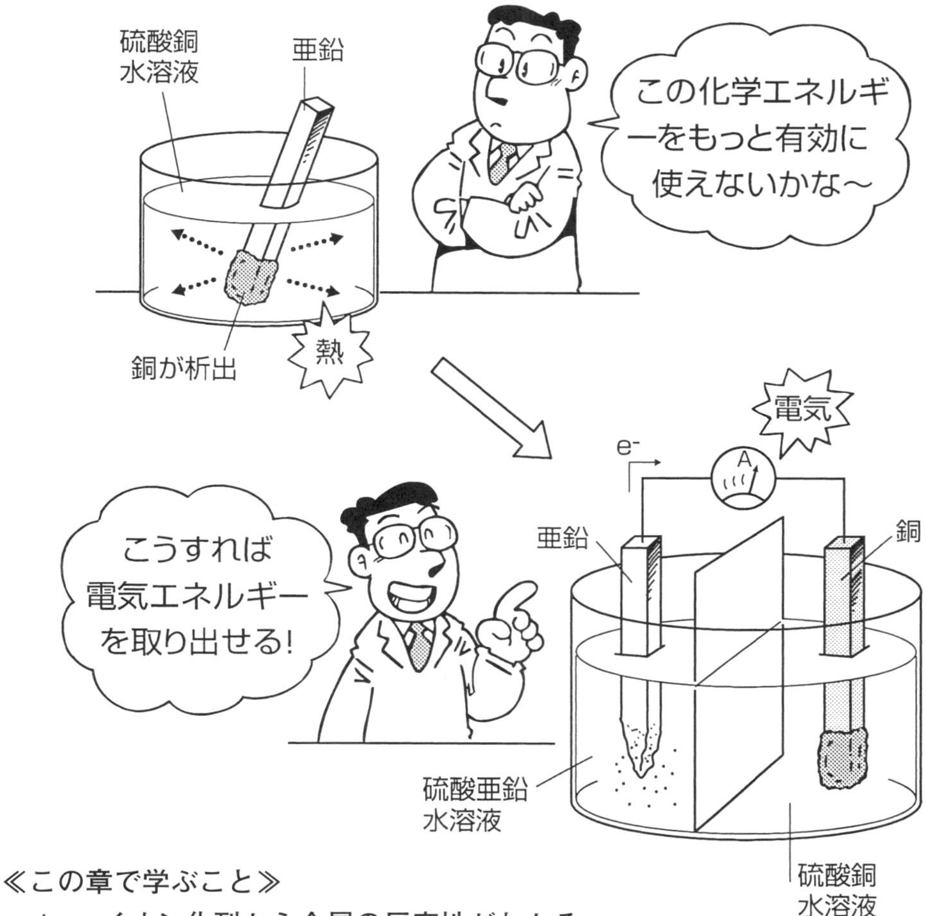

≪この章で学ぶこと≫

1．　イオン化列から金属の反応性がわかる
2．　電池と電気分解は表裏の関係
3．　化学反応量と電気量を結びつけるファラデーの法則
4．　電池の起電力は電極の組み合わせで決まるか
5．　ネルンストの式はなぜ有用なのか
6．　話題の実用電池を詳しく知ろう！

多くの化学反応は，反応前後のエネルギー差に応じたエネルギーを熱エネルギーや光エネルギーとして発生あるいは吸収する．エネルギーの形態はこの他にもあるが，われわれの生活に密接にかかわってくる電気エネルギーに変換できると有用である．電池はまさにこれを実現したものである．電池の中で起こっている化学反応も，特別の措置をしなければやはり反応によって現れるエネルギーの形態は熱や光である．では，この特別の措置とは一体どのようなものなのであろうか．そして，どうしてこのような措置によって化学反応によって得られるエネルギーを電気エネルギーという形態に選択的に変換できるのであろうか．

8-1　金属のイオン化傾向

水溶液中における金属の陽イオンへのなりやすさは，金属の種類によって違う．たとえば，塩酸中に亜鉛を浸すと水素ガスの発生とともに亜鉛は溶解し亜鉛イオンとなるが，銅をかわりに浸しても化学反応は起こらない．このことから，水溶液中では，亜鉛は銅よりもイオンになりやすいことがわかる．このような性質を金属の**イオン化傾向**（ionization tendency）といい，また，つぎに示すように，金属をイオン化傾向の大きい順番に並べたものを金属の**イオン化列**（ionization series）という[*1]．

$$K > Ca > Na > Mg > Al > Zn > Fe > Ni > Sn > Pb > (H) > Cu > Hg > Ag > Pt > Au$$

イオン化傾向の大きい金属ほど電子を放出して陽イオンになりやすい（酸化されやすい）ため，還元作用が強い．このように金属のイオン化は典型的な酸化還元反応である（第3章3-2(2)を参照）．表8-1は，金属イオンのイオン化列と反応性との関係をまとめたものである．

[*1] 水素は金属ではないが，イオン化列の中に加えられている．水素よりイオン傾向の大きい金属は，希塩酸などの酸と反応して金属イオンとなり水素を発生する．イオン化列が進むにしたがって反応性が小さくなり，水素よりイオン化傾向の小さい金属は酸とは反応しない．ただし，酸化力のある硝酸や熱濃硫酸と反応する場合には溶ける．

表8-1　金属のイオン化列と反応性

金属のイオン化列	K	Ca	Na	Mg	Al	Zn	Fe	Ni	Sn	Pb	(H)	Cu	Hg	Ag	Pt	Au
水との反応性	常温で反応			高温で反応		高温の水蒸気と反応		高温の水蒸気とも反応しない								
酸との反応性	酸と反応して，水素を発生											硝酸，熱濃硫酸に溶ける			王水に溶ける	
空気中での酸化	常温ですぐ酸化				常温で酸化被膜をつくる								常温で酸化されにくい			
自然界での産出状態	化合物としてのみ存在											化合物または単体として存在			単体	

> **例題1**　硫酸銅の水溶液に亜鉛板を浸すと，どのような酸化還元反応が起こるか．

解答　水溶液中の銅イオンが金属亜鉛から電子を受け取って金属銅になり，かわりに金属亜鉛がイオン化する．

（酸化）$Zn \longrightarrow Zn^{2+} + 2e^-$

（還元）$Cu^{2+} + 2e^- \longrightarrow Cu$

8-2　電気化学セル

金属のイオン化傾向と，その酸化還元反応を利用したものが**電池**（cell）である．電池が化学的変化によって生じたエネルギーを直接電気エネルギーに変換するのに対して，これとは逆に，外部から電気エネルギーを供給して化学的変化を起こさせるのが**電気分解**（electrolysis）である．このような異なる働きをする電池と電気分解槽を総称して**電気化学セル**（electrochemical cell）という．

（1）　アノードとカソード

金属にはそれぞれ，その表面から電子を引き出すのに必要なエネルギーとして仕事関数（第1章1-2(1)を参照）が測定されている．仕事関数の大きい金属ほど電子を取り出しにくい．たとえば，金属ナトリウムでは2.4 eVと小さく電子を取り出しやすいが，白金では5.6 eVもありイオン化するのが難しい．

しかしながら，このように金属からの電子の取り出しやすさは金属に電圧をかけると変えることができる．例えば，分子Aの溶液に金属を浸した場合，溶液中の分子Aあるいはその酸化体であるイオンA^+と金属との間で電子のやり取りがあれば化学反応が起こるので，このような金属を電極（動作電極）として溶液中に浸して電位を変えていくと，図8-1のように溶液中の分子Aを酸化したりその酸化体A^+を還元したりすることができる．

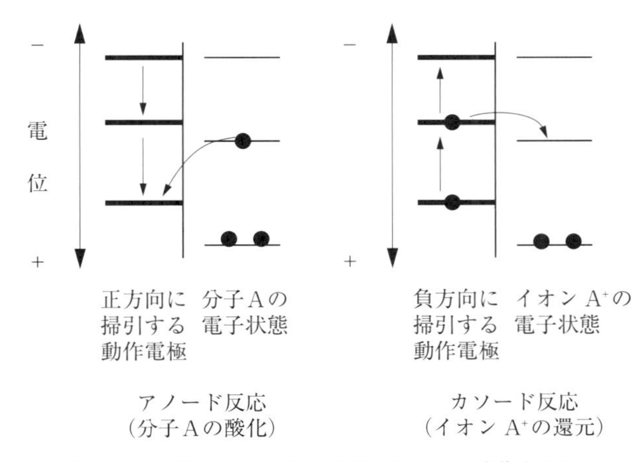

図8-1　溶液中分子Aの電極における酸化と還元

動作電極上で酸化反応が起こる（$A \rightarrow A^+ + e^-$）とき，**アノード反応**（anode reaction）という．一方，動作電極の掃引方向を逆にすれば，動作電極上で還元反応（$A^+ + e^- \rightarrow A$）を起こすこともできる．これを**カソード反応**（cathode reaction）という．

（2）　電池と電気分解

表8-2のようにアノードとカソードは，電池ではそれぞれ負極と正極と，電気分解ではそれぞれ陽極と陰極と呼ばれている．正極および負極という名称は，電極電位の高低により決められており，高い電極を正極，低い電極を負極という．充電・放電により電流の流れは逆向きになるが，電位の高低は変わらない．これに対して，陽極および陰極という名称は，電極と溶液の界面における電子の移動によって，酸化反応が起きているのか，還元反応が起きているのかによって決められている．

表 8-2　電池と電解における電極の名称

	アノード	カソード
反応の種類	酸化反応	還元反応
	e− ← 還元体 → 酸化体 金属電極　溶液中	e− → 酸化体 → 還元体 金属電極　溶液中
電　池	負　極	正　極
電気分解	陽　極	陰　極

（3）　ファラデーの法則

ファラデー（M. Faraday）は，1833 年に電気分解に関するファラデーの法則を発見した．この法則はつぎの 2 つの内容からなる．

i ）電気分解によってアノード（陽極）およびカソード（陰極）で変化する物質の質量は，流れた電気量に比例する．

ii ）反応する物質の質量は，関与する電子数に反比例する．

これらは次式によって示される．

$$m = \frac{Q}{F} \cdot \frac{M}{n} \qquad (8\text{-}1)$$

ここで，m は電極上で反応した物質の質量（g），Q は通過した電気量（C），F はファラデー定数（$F = 9.65 \times 10^4\ \mathrm{C \cdot mol^{-1}}$），$M$ は物質のモル質量，n は反応に関与する電子数，である．また，電気量 Q は I（電流の強さ，A）$\times t$（電流の流れた時間，s）でおきかえてもよい．

1 mol の電子の電気量がファラデー定数（F）である．すなわち，

$$F = N_A \cdot e \qquad (8\text{-}2)$$

ここで，N_A はアボガドロ定数であり，e は 1.602×10^{-19} C（電気素量）である．

例題 2　　塩化カドミウムを溶解した水溶液に白金を電極として用い 2.3 A の電流を 1 時間流して電気分解を行ったところ，陰極表面に析出が認められた．

（1）　析出したものは何か．また，その質量はいくらか．

（2）　陽極では塩素が発生した．この塩素の体積は 0℃，101.3 kPa ではいくらか．

解答　　（1）　電気分解中の陰極表面では，次式に示す還元反応が起こって金属カドミウムが析出している．

$$Cd^{2+} + 2e^- \longrightarrow Cd$$

電気分解後に析出した金属カドミウムの質量は，ファラデーの電気分解の法則から算出できる．電気分解中に流れた電気量 Q は
(2.3 A)×(60×60 s)＝8280 C，カドミウムの原子量（モル質量）M は 112.4，

反応に関与する電子数 n はカドミウムイオンの還元反応の上式より 2 であるから，次式より

$$m=\frac{Q}{F}\cdot\frac{M}{n}=\frac{8280}{96500}\cdot\frac{112.4}{2}=4.82\ \mathrm{g}$$

となる．

（2）　陽極では，つぎの反応式で示すように塩素が発生する．

$$2Cl^- \longrightarrow Cl_2 + 2e^-$$

この塩素の体積を算出するためには，まず発生する塩素の物質量を計算するとよい．電気分解に用いられた電気量は 8280 C であるから，これをファラデー定数で割ると電気分解に用いられた電子の物質量となる．塩化物イオンが塩素分子になるには 2 個の電子を放出するので，発生した塩素の物質量は電子の物質量の半分となる．

$$n=\frac{Q}{F}\cdot 0.5=\frac{8280}{9.65\times10^4}\cdot 0.5=0.043\ \mathrm{mol}$$

すなわち，0.043 mol の塩素となる．0℃，101.3 kPa の気体 1 mol の体積は 22.4 L であるから，発生した塩素の体積は，

$$22.4\times0.043=0.96\ \mathrm{L}$$

となる．

8-3　起電力と電極電位

イオン化傾向の大きな金属を強酸中に浸すと，通常は水素を発生して金属は陽イオンとなり溶解する．この酸化還元反応（$M\rightarrow M^{n+}+ne^-$（酸化），$nH^+ + ne^- \rightarrow (n/2)H_2$（還元））の過程で化学エネルギーが熱エネルギーに変換され，酸（水溶液）の温度上昇が観察される．一方，この酸化と還元を異なる場所で起こるようにすると，化学エネルギーを電気エネルギーに変換できるようになる．これを実現しているのが電池である．

（1）　半電池

1830 年代にダニエル（J. F. Daniell）によって発明された**ダニエル電池**[*1]を例にとろう．この電池は，硫酸亜鉛水溶液中に金属亜鉛を負極とした部分と，硫酸銅水溶液中に金属銅を正極とした部分との 2 つから構成されている．この 2 つの部分を多孔壁で介することによって，イオンの通過を妨げずに両部分の溶液の混合のみを阻止している．ダニエル電池では，負極の亜鉛板で酸化反応，正極の銅板上で銅（Ⅱ）イオンの還元反応が進行する．すなわち，

$$負極：Zn \longrightarrow Zn^{2+}+2e^-$$

$$正極：Cu^{2+}+2e^- \longrightarrow Cu$$

これを電池の構成として表現すると以下のような電池式となる．

$$Zn\,|\,Zn^{2+}\,\|\,Cu^{2+}\,|\,Cu$$

通常，左側に負極，右側に正極を配置する．ここで，$Zn\,|\,Zn^{2+}$ や $Cu^{2+}\,|\,Cu$ は電池の半分を構成しているので，それぞれを**半電池**（half cell）という．この 2 つの半電池の亜鉛板と銅板を導線で結ぶと，電流が銅板から亜鉛板に向

[*1]　ダニエル電池

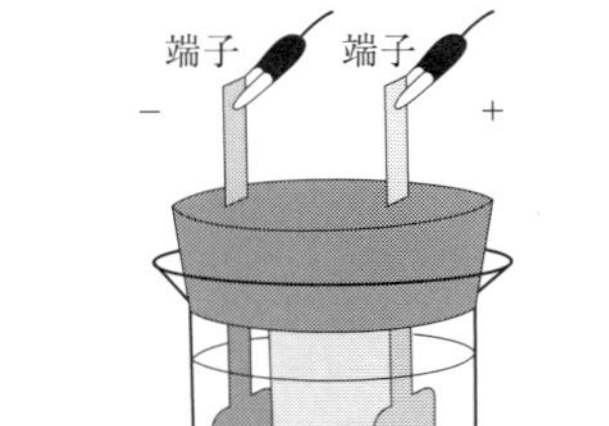

かって流れる[*1]．電流が流れるのは，亜鉛板と銅板の間に電位差があるためである．これが**起電力**（Electromotive force, E）である．電池の起電力は，電池図における右側半電池の電位から左側半電池の電位を引いたものを起電力とすることが決まっている．ダニエル電池の場合は以下のようになる．

$$E = E_{Cu^{2+}|Cu} - E_{Zn^{2+}|Zn} \qquad (8\text{-}3)$$

*1 電子は亜鉛板から銅板に向かって流れる．すなわち，電流の向きと電子の流れる向きは逆である．

*2 標準水素電極

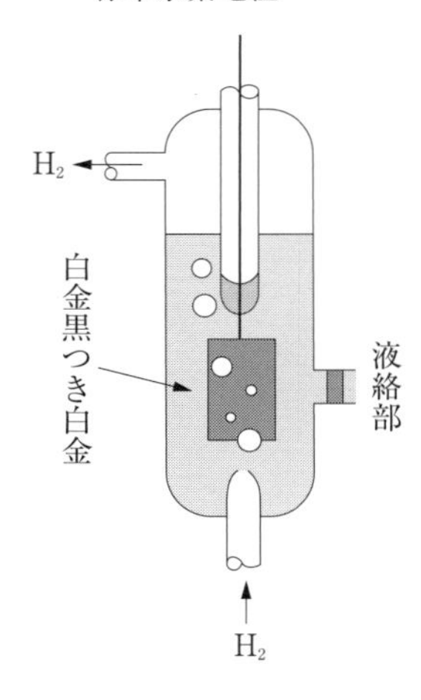

（2） 標準電極電位

さまざまな半電池を組み合わせて，それぞれの電池の起電力を測定することができる．これにより，さまざまな電極電位の相対的な大きさがわかるようになる．電気化学では，水素の電極電位（**標準水素電極**，standard hydrogen electrode）[*2]を基準として，その電位を 0 V としたときの電極電位を**標準電極電位**（standard electrode potential）としている．

標準水素電極は，白金黒をメッキした白金電極を水素イオンの活量 a[*3] が 1 の水溶液に入れ，電極表面に接触するように 101.3 kPa の水素ガスを通気したものである．すなわち，

$$\mathrm{Pt} \mid \mathrm{H_2}(a_{\mathrm{H_2}}=1) \mid \mathrm{H^+}(a_{\mathrm{H^+}}=1)$$

のように表される．この電極表面ではつぎのような電極反応が起こる．

$$2H^+ + 2e^- \rightleftarrows H_2$$

この標準水素電極とさまざまな電極を組み合わせて電池を構成し，その電池の起電力を測定することにより電極電位を求めることができる．

25℃における標準電極電位（$E°$）の例を表 8-3 に示す．

*3 水素中のイオンは，高濃度ではイオンどうしの相互作用のため本来の濃度に相当する分だけの効力に満たない．そこで，次式で定義される活量 a を用いる．

$$a = yc$$

ここで，c はモル濃度，y は活量係数という補正値である．よって，活量は「有効にはたらく濃度」といってよい．

（3） 電気化学セルにおける反応の自発性

ある化学反応が自発的に進むかどうかを予想するとき，その反応における自由エネルギー変化（ΔG）[*4]の正・負を考えなくてはならない．電気化学セルにおける反応の自発性を考える場合，自由エネルギーの変化（ΔG）は次式で与えられる．

$$\Delta G = -nFE \qquad (8\text{-}4)$$

ここで，n はこの酸化還元反応によって授受される電子の数，F はファラデー定数（$9.65 \times 10^4\ \mathrm{C \cdot mol^{-1}}$），$E$ は電池の起電力である．この式で，反応による自由エネルギー変化は，電気回路において電子 n 個分の電荷（nF）が電圧 E の下でなしたエネルギーに相当する．

例題 3　つぎの酸化還元反応が 25℃において，自発的に起きるかどうかを考えなさい．

$$Pb + Ni^{2+} \longrightarrow Pb^{2+} + Ni$$

ただし，25℃における Pb と Pb^{2+} が関与する半電池の標準電極電位は $E_{Pb}° = -0.13$ V で，Ni と Ni^{2+} が関与する半電池の標準電極電位は $E_{Ni}° = -0.25$ V である．

解答　もし，この反応が自発的に進行したとすると，それぞれの半反応は以下のようになる．

*4 化学変化は物質の集まりが全体として安定になる向き，すなわちエネルギーの小さくなる向きに進みやすい．反応熱（たとえば，燃焼熱，生成熱，蒸発熱など）はエンタルピー変化 ΔH のことである．通常，化学反応はこのエンタルピーが減少する方向（発熱）に進みやすいが，第 5 章の溶解のところでも述べたように，化学反応は内部エネルギーと状態の乱雑さ（エントロピー）の 2 つの要因に支

$$負極\quad Pb \longrightarrow Pb^{2+}+2e^-$$
$$正極\quad Ni^{2+}+2e^- \longrightarrow Ni$$

半電池セルの標準電極電位から，これらからなる電池の起電力 E° は，

$$E^\circ = -0.25-(-0.13) = -0.12\ \mathrm{V}$$

となる．起電力が負の場合，(8-4)式より ΔG° は正となり[*1]，この反応は自発的には進まないことがわかる．

[*4] つづき
配されている．そこで，ΔH と ΔS を包括して化学変化の自発的な進行方向を指針するパラメータが必要となる．

$$\Delta G = \Delta H - T\Delta S$$

で表される ΔG を**ギブスの自由エネルギー変化**という．**化学反応は ΔG が負の方向に自発的に進む．**

[*1] $\Delta G^\circ = -nFE^\circ$

表 8-3　標準電極電位（25℃）

E°（V）	半反応
2.87	$F_2+2\,e^- \rightleftharpoons 2\,F^-$
2.00	$S_2O_8^{2-}+2\,e^- \rightleftharpoons 2\,SO_4^{2-}$
1.78	$H_2O_2+2\,H^++2\,e^- \rightleftharpoons 2\,H_2O$
1.69	$PbO_2+SO_4^{2-}+4\,H^++2\,e^- \rightleftharpoons PbSO_4+2\,H_2O$
1.49	$MnO_4^-+8\,H^++5\,e^- \rightleftharpoons Mn^{2+}+4\,H_2O$
1.47	$2\,ClO_3^-+12\,H^++10\,e^- \rightleftharpoons Cl_2+6\,H_2O$
1.36	$Cl_2\,(g)+2\,e^- \rightleftharpoons 2\,Cl^-$
1.33	$Cr_2O_7^{2-}+14\,H^++6\,e^- \rightleftharpoons 2\,Cr^{3+}+7\,H_2O$
1.28	$MnO_2+4\,H^++2\,e^- \rightleftharpoons Mn^{2+}+2\,H_2O$
1.23	$O_2+4\,H^++4\,e^- \rightleftharpoons 2\,H_2O$
1.09	$Br_2\,(aq)+2\,e^- \rightleftharpoons 2\,Br^-$
0.80	$Ag^++e^- \rightleftharpoons Ag$
0.77	$Fe^{3+}+e^- \rightleftharpoons Fe^{2+}$
0.54	$I_2\,(aq)+2\,e^- \rightleftharpoons 2\,I^-$
0.52	$Cu^++e^- \rightleftharpoons Cu$
0.34	$Cu^{2+}+2\,e^- \rightleftharpoons Cu$
0.27	$Hg_2Cl_2+2\,e^- \rightleftharpoons 2\,Hg+2\,Cl^-$
0.22	$AgCl+e^- \rightleftharpoons Ag+Cl^-$
0.00	$2\,H^++2\,e^- \rightleftharpoons H_2$
−0.04	$Fe^{3+}+3\,e^- \rightleftharpoons Fe$
−0.13	$Pb^{2+}+2\,e^- \rightleftharpoons Pb$
−0.14	$Sn^{2+}+2\,e^- \rightleftharpoons Sn$
−0.25	$Ni^{2+}+2\,e^- \rightleftharpoons Ni$
−0.36	$PbSO_4+2\,e^- \rightleftharpoons Pb+SO_4^{2-}$
−0.44	$Fe^{2+}+2\,e^- \rightleftharpoons Fe$
−0.74	$Cr^{3+}+3\,e^- \rightleftharpoons Cr$
−0.76	$Zn^{2+}+2\,e^- \rightleftharpoons Zn$
−0.83	$2\,H_2O+2\,e^- \rightleftharpoons H_2+2\,OH^-$
−1.03	$Mn^{2+}+2\,e^- \rightleftharpoons Mn$
−1.67	$Al^{3+}+3\,e^- \rightleftharpoons Al$
−2.38	$Mg^{2+}+2\,e^- \rightleftharpoons Mg$
−2.71	$Na^++e^- \rightleftharpoons Na$
−2.76	$Ca^{2+}+2\,e^- \rightleftharpoons Ca$
−2.90	$Ba^{2+}+2\,e^- \rightleftharpoons Ba$
−2.92	$K^++e^- \rightleftharpoons K$
−3.05	$Li^++e^- \rightleftharpoons Li$

例題 4　標準電極電位から，その電池の反応における平衡定数を算出することができる．熱力学の理論より，溶液中の反応では，

$$\Delta G^\circ = -RT \cdot \ln \cdot K_c$$

が成立する．例題 8-3 における酸化還元反応の平衡定数を計算しなさい．

解答　起電力で自由エネルギーを関係づけた式(8-4)と問題中で与えられた式を結びつける．

$E^\circ = \dfrac{RT}{nF} \ln \cdot K_c$ に $E^\circ = -0.12$，$n = 2$，$F = 96500$，$R = 8.314$，$T = 298$ を代入して，K_c を算出する．

$$-0.12 = 0.0129 \ln \cdot K_c$$

$$\therefore \quad K_c = 8.8 \times 10^{-5}$$

（4）　ネルンストの式

（3）では標準電極電位について考えてきた．しかし，実際の電池中の反応物質がいつも単位濃度（活量 $a = 1$）であるはずがない．1889 年にネルンスト（W. Nernst）は可逆電池の起電力は電極反応にあずかる物質の濃度により変化することを見いだした．その関係式は熱力学から導きだされ**ネルンストの式**と呼ばれている．一般的な酸化還元反応（下の式）において式(8-5)で与えられる．

$$a\mathrm{A} + b\mathrm{B} \rightleftharpoons c\mathrm{C} + d\mathrm{D}$$

$$E = E^\circ - \frac{RT}{nF} \ln \frac{a(\mathrm{C})^c \times a(\mathrm{D})^d}{a(\mathrm{A})^a \times a(\mathrm{B})^b} \qquad (8\text{-}5)$$

ここで，$a(\mathrm{A})$，$a(\mathrm{B})$，$a(\mathrm{C})$，$a(\mathrm{D})$ はそれぞれの物質の活量，E は反応に関与する物質のある濃度における起電力，E° は反応物質の活量が全て 1 である時の起電力である．

例題 5　つぎの反応で動作する電池の起電力を計算しなさい．

$$\mathrm{Zn} + \mathrm{Cu}^{2+} \longrightarrow \mathrm{Cu} + \mathrm{Zn}^{2+}$$

ただし，温度 25℃ で活量は $a(\mathrm{Cu}^{2+}) = 0.01$，$a(\mathrm{Zn}^{2+}) = 0.30$ である．

解答　ネルンストの式より，

$$E = E^\circ - \frac{RT}{nF} \ln \frac{a(\mathrm{Zn}^{2+})}{a(\mathrm{Cu}^{2+})}$$

$$= 1.10 - \frac{8.31 \times (273 + 25)}{2 \times 96500} \ln \frac{0.30}{0.01}$$

$$= 1.06\ \mathrm{V}$$

このように，それぞれの活量が異なると起電力が変化することが分かる．

例題 6　硫酸銅水溶液に差し込んである銅電極と水素圧 101.3 kPa の水素電極からなる電池において，25℃，$a(\mathrm{Cu}^{2+}) = 1.0$ のとき，この電池の起電力は +0.45 V であった．この溶液の水素イオン指数
$\mathrm{pH} = -\log a(\mathrm{H}^+)$ を計算しなさい．
ただし，$\mathrm{Cu}^{2+} \mid \mathrm{Cu}$ の標準電極電位は +0.34 V である．

解答　この電池におけるそれぞれの電極での反応は以下のようである．

（負極）　$H_2 \longrightarrow 2H^+ + 2e^-$

（正極）　$Cu^{2+} + 2e^- \longrightarrow Cu$

この電池における酸化還元反応のネルンストの式より求めることができる．

$$E = E^\circ - \frac{2.30 \times RT}{nF} \log \frac{a(H^+)^2}{a(Cu^{2+}) \times a(H_2)}$$

$$= 0.34 - \frac{2.30 \times 8.31 \times (273 + 25)}{2 \times 96500} \log \frac{a(H^+)^2}{1.0 \times 1}$$

$$0.45 = 0.34 - 0.0295 \times 2 \times \log a(H^+)$$

$$pH = -\log a(H^+) = \frac{0.45 - 0.34}{0.0295 \times 2} = 1.86$$

このように，ネルンストの式は，溶液の濃度から正確な起電力を求める（例題5）以外にも，これとは逆に起電力を測定することで電解質溶液中のイオンの活量を算出することにも有効である．

8-4　実用の電池

1998年の世界における電池工業の市場は約3兆8500億円もある．このうち，1回しか使用できない充電不可の一次電池は29％であり，残り71％は充放電を繰り返しできる二次電池である．さらに，この二次電池の中の約70％が鉛蓄電池であり，そのほかは小型二次電池に分類される．

（1）　マンガン乾電池

マンガン乾電池は古くから知られており，また最も普及している一次電池である．正極における反応物（還元される物質）は二酸化マンガン（MnO_2），負極における反応物（酸化される物質）は亜鉛（Zn）である．亜鉛はそのまま負極として働き，それ自身は次式のように酸化される．

$$Zn \longrightarrow Zn^{2+} + 2e^-$$

一方，正極は炭素の棒が用いられている．この炭素棒周辺には，二酸化マンガンのほか塩化アンモニウム（NH_4Cl）が電解質として存在する．正極では，つぎのような還元反応が進行する．作動電圧は1.5 Vである．

$$2MnO_2 + 2NH_4^+ + 2e^- \longrightarrow Mn_2O_3 + 2NH_3 + H_2O$$

マンガン乾電池と構造が似ていて最近特に普及しているのがアルカリ乾電池である．マンガン乾電池と異なるのは電解質に水酸化カリウム（KOH）を用いていることである．これは，電解質がアルカリ溶液になることを意味する．これにより，連続使用に対して性能維持が高く，貯蔵寿命も長いなどの特徴を示す．次式はアルカリ乾電池で起こっている反応である．

（負極）　$Zn + 2OH^- \longrightarrow Zn(OH)_2 + 2e^-$

（正極）　$2MnO_2 + 2H_2O + 2e^- \longrightarrow 2MnO(OH) + 2OH^-$

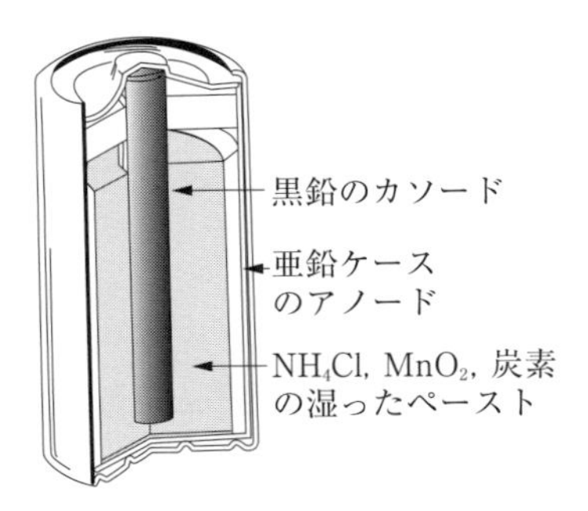

図 8-2　マンガン乾電池の内部構造

(2)　鉛蓄電池

前述したように，電池の市場全体から見ても鉛蓄電池の需要は大きい．その大半は自動車用として用いられるが，品質の安定性・優れたリサイクル性・低コストなどが理由である．

自動車用となればかなり大きな電位が必要と誰もが想像する．実際，車のサイズにもよるが通常 6 V～12 V を要する．電池の起電力は，組み合わせる半電池の電極電位の差となることはすでに学んだ．どの半電池セルの組み合わせでも一段でこれだけの起電力を稼ぐことは難しい．

例題 7　　市販の鉛蓄電池は，12 V の電圧を自動車のバッテリーとして供給できる．

（1）　鉛蓄電池の正極および負極で起こっている反応を書きなさい．

（2）　正極と負極における半電池の標準電極電位から，この両極間の起電力は一段でいくらになるか．表 8-3 を参照せよ．

（3）　市販の鉛蓄電池はどのような方法で起電力 12 V を実現しているか．

解答　（1）（負極）　$Pb + SO_4^{2-} \longrightarrow PbSO_4 + 2e^-$

（正極）　$PbO_2 + 4H^+ + SO_4^{2-} + 2e^- \longrightarrow PbSO_4 + 2H_2O$

正極には酸化鉛（PbO_2），負極には金属鉛が用いられている．また，これらの電極は 30% 程度の硫酸（H_2SO_4）水溶液に浸されている．

（2）　負極における 25℃での標準電極電位は −0.36 V，正極では 1.69 V である．よって，これら電極による一段の起電力は

$$1.69-(-0.36)=2.05\ \mathrm{V}$$

と計算できる．

（3）　電池を直列つなぎにすると，個々の電圧の和が全体の電圧となる．

つぎのページの図のように，一段 2 V の電池を 6 段直列でつなげて全体で 12 V を達成している．

例題 7 の（1）における酸化還元反応を見ると，放電の際に正・負極のどちらでも硫酸イオン（SO_4^{2-}）が消費されているのがわかる．これより，電池内に硫酸（H_2SO_4）がなくなると，電池は放電できなくなる．逆に，電解質溶液の硫酸濃度を測定できれば，電池の充電状態を調べることができる．実際は，比重計を使って電解質の密度を測定している．濃硫酸の密度が $1.8\ \mathrm{g \cdot cm^{-3}}$

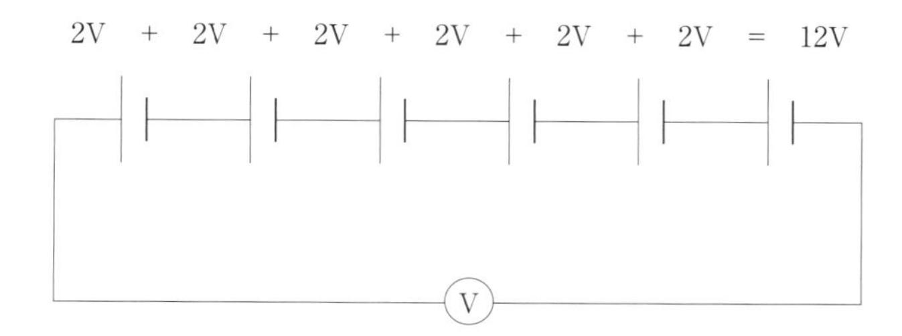

に対して水は1.0 g・cm^{-3}である．

（3） リチウムイオン二次電池

金属の標準電極電位を調べていくと，金属リチウムが3Vときわめて大きな電位を示すことがわかる．さらに，元素の周期表では原子番号の小さい位置にある（原子量6.94）ことから，金属リチウムを電極活性物質に用いれば軽量・高エネルギー密度の電池が実現できる．実際，リチウム一次電池は1990年代にカメラ・電子機器用途で市場に急増し，一次電池全体の28%のシェアを安定に維持している（1995～1998年通産省機械統計年表による）．

このような魅力的なリチウム電池が充放電を繰り返せる二次電池となることに強い要望があったが，リチウム電極で充放電を何度も行うと樹枝状の結晶ができてしまい，安定な性能を維持できないという問題が生じた．さらに，金属リチウムは水と爆発的に反応するため，安全上，電池が完全密閉されている必要がある．以上の課題を克服するものとして開発されたのが，リチウムイオン二次電池である．

リチウムイオン二次電池の原理図を図8-3に示す．

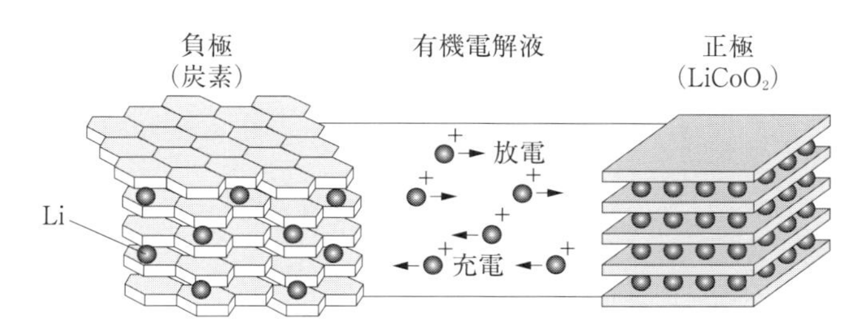

図8-3　リチウムイオン電池の原理図

層状構造の炭素を負極とし，リチウムイオンを運搬する非プロトン性の溶媒とリチウム塩からなる電解液を介して，リチウムイオンを繰り返し出し入れできる層状構造の正極（$LiCoO_2$がよく用いられる）が配置されている．金属リチウムではなくリチウムイオンを用いるのでリチウムイオン電池という．電極における反応は以下の通りである．作動電圧は4.2Vである．

$$（正極）\quad CoO_2 + Li^+ + e^- \rightleftarrows LiCoO_2$$

$$（負極）\quad LiC_6 \rightleftarrows C_6 + Li^+ + e^-$$

両式において，右方向への反応が放電で，左側への反応が充電である．リチウムイオンが正極と負極間を往復するので，ロッキングチェア型電池ともいう．面白いことに，リチウムイオン二次電池は普通の電池と違って，電池を組んだ状態ではリチウムイオンが電解質中に存在しないため放電できない（リチウムイオン二次電池の反応式を参照）．よって，まず最初に充電する操作が必要となる．

電極の材料はさまざまで，たとえば負極では炭素以外にチタン系およびスズ系のリチウム複合酸化物があり，正極ではコバルト系以外にマンガン系やニッケル系が一部市販されている．

リチウムイオン二次電池の民生分野での用途は，ラップトップコンピュータと携帯電話をはじめとする通信機で全体の80％を占めている（1998年電池工業会統計資料による）．中形から大形のリチウムイオン二次電池も進展著しく，電気自動車（EV）やハイブリッド型電気自動車（HEV）の電源として有望視されている．

（4） 燃料電池

燃料電池は，1980年代後半から地球環境問題が社会で指摘され始めたことと，技術的ブレークスルーが重なり，最近特に注目されている．燃料電池の研究は，1839年にイギリスのグローブ卿が行ったガス実験までさかのぼることができる．また，研究開発も1960年代から米国の宇宙船用電源（1968～72年：アポロ，1981～：スペースシャトル）として利用されるなど早くから進められていた．

燃料電池は用いる電解質（アルカリ型，リン酸型，固体高分子型など）や燃料の種類（メタノール，ヒドラジンなど）によって分類されている．ここでは，アルカリ型燃料電池を取り上げよう（図8-4）．

この電池は，白金や銀などを触媒として含む多孔性炭素を電極としてアルカリ水溶液（電解液）を挟んだ構造をとる．アルカリ水溶液は導電性の高い水酸化カリウムが多く用いられている．

負極では，供給された水素ガスが電極上の触媒によって水素原子となり，電解液中の水酸化物イオンと反応し水を生成する．

$$H_2 + 2OH^- \longrightarrow 2H_2O + 2e^-$$
$$E^\circ = 0.828\ \mathrm{V}$$

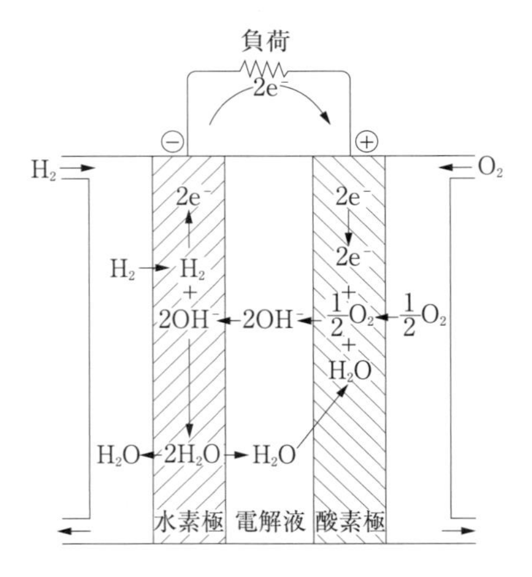

図8-4 アルカリ型水素・酸素燃料電池の動作原理

正極では，供給される酸素ガスは水素のように触媒によって簡単に原子にはならない．まず，過酸化水素イオンとなる．

$$O_2+H_2O+2e^- \longrightarrow HO_2^-+OH^-$$

つぎに，この生成した過酸化水素イオンが触媒によって分解される．

$$HO_2^- \longrightarrow OH^-+1/2\,O_2$$

すなわち，正極では，

$$1/2\,O_2+H_2O+2e^- \longrightarrow 2OH^-$$

$$E^\circ=0.401\ \mathrm{V}$$

となる．正・負極の両反応をまとめると，

$$H_2+1/2\,O_2 \longrightarrow H_2O$$

となり，水の電気分解の逆を行っているのがわかる．理論起電力は，25℃において，0.401＋0.828＝1.229 (V) となる．

このように，燃料電池は他の電池とは異なり，水素と空気（厳密には空気中の酸素）を燃料とする発電装置のように捉えることができる．空気は容易に供給できても水素はそうはいかない．そこで，天然ガス・ナフサ・メタノールなどの燃料から水素を製造する方式が考えられている．しかし，これら炭化水素系の燃料は改質して水素を得る際に同時に二酸化炭素を生成する．アルカリ型燃料電池の場合，この二酸化炭素によって電解液の水酸化カリウムが炭酸カリウムに変化してしまい，導電性が著しく減少する．この問題を克服しているのがリン酸水溶液型燃料電池で二酸化炭素による機能低下は起きない．図8-5は，リン酸水溶液型燃料電池でガソリンを改質して水素を製造する装置が併置されている．

最後に，燃料電池の長所をいくつかあげる．

① 高い発電効率（省エネルギー）で二酸化炭素の排出抑制に優れている．
② 燃料の改質装置により，天然ガス・ナフサ・メタノールなどの燃料選択が可能である．
③ NO_x，SO_x を排出せず，騒音も少ない．
④ 電気と熱を同時に利用できる．

図 8-5
（写真）　上はリン酸水溶液型燃料電池，下はそれを搭載した燃料電池車（日産自動車（株）の提供による）

≪第8章のまとめ≫

1．金属には固有の**イオン化傾向**があり，イオン化しやすいものとそうでないものがある．イオン化列から金属の相対的反応性を知ることができる．

2．電気化学セルにおいて，溶液中の分子の酸化が起きている電極を**アノード**，還元が起きている電極を**カソード**という．

3．**ファラデーの法則**はつぎの2つからなる．

（1） 電気分解によってアノード（陽極）およびカソード（陰極）で変化する物質の質量は，流れた電気量に比例する．

（2） 同一の電気量によって変化した物質の質量は，その物質の化学当量に比例する．

4．金属には固有の電極電位がある．25℃において水素電極の電位を基準とした単位濃度での電極電位を**標準電極電位**という．

5．2つの半電池を組み合わせたときに生じるそれぞれの電極電位の差を**起電力**といい，電池の電圧を意味する．

6．電池の起電力は，電極の標準電極電位と電池内における電解質の濃度に依存する．この関係を数式化したのが**ネルンストの式**である．

7．ネルンストの式の有用さは，電解質溶液の濃度からその電池の起電力を算出するばかりではなく，その逆の起電力測定から電解質濃度（たとえば，pHや溶解度積）を知ることもできる点である．

第8章　練習問題

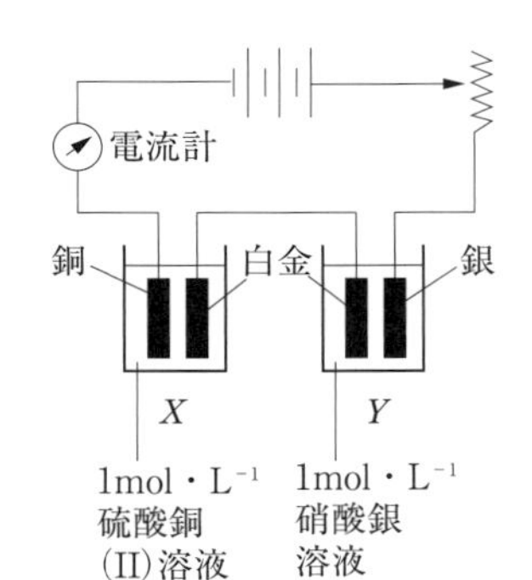

1．電解槽Xには1 mol·L^{-1}の硫酸銅水溶液，電解槽Yには1 mol·L^{-1}の硝酸銀水溶液が入っており，左図のようにそれぞれ接続されている．0.5 Aの一定電流である時間電気分解を行った結果，Y槽の陰極の質量が2.7 g増加した．

（1） 電気分解を行った時間はいくらか．

（2） X槽の陰極の質量はどのくらい変化したか．

（3） X槽の陽極で発生した気体の種類と，0℃，101.3 kPaでの体積はいくらか．

2．Fe(Ⅲ)/Fe(Ⅱ)およびHg(Ⅱ)/Hg_2(Ⅰ)の標準電極電位はそれぞれ0.771，0.920 Vである．つぎの反応の25℃における平衡定数を求めなさい．

$$Fe^{2+} + Hg^{2+} \longrightarrow Fe^{3+} + 1/2\,Hg_2^{2+}$$

3．Zn(Ⅱ)/Zn, Sn(Ⅱ)/Sn, Ag(Ⅰ)/Agの標準電極電位はそれぞれ，−0.763，−0.140，0.799 Vである．つぎの電池の25℃における起電力を計算しなさい．

（1） $Zn \mid Zn^{2+}(1.0) \parallel H^{+}(1.0) \mid H_2(101.3\ kPa), Pt$

（2） $Sn \mid Sn^{2+}(1.0) \parallel Ag^{+}(0.1) \mid Ag$

なお，(　) 内は活量である．

4．燃料電池に関するつぎの各問に答えなさい．

（1） リン酸型燃料電池の両極で起こる反応をそれぞれ式で示しなさい．

（2） (1)で表される燃料電池の起電力は1.2 Vである．この燃料電池から毎時24 kWhの電力を取り出すのに必要な水素と酸素の体積の和は，

27℃，101.3 kPa で1時間当たりいくらになるか．

≪コーヒーブレイク≫

太陽電池

この章で取り上げた実用電池は，反応物質から生成物質ができる化学反応を通して電気エネルギーを獲得している．太陽電池はこれとは異なる機構で電気エネルギーを取り出している．化学物質の反応のかわりに，光による物質の励起によってこの機構が稼働し始める．名前からいって当然，光は太陽光を利用するのだが，どの物質も太陽光で簡単に励起できるわけではない．ここで用いられるのは，ケイ素（シリコン）やゲルマニウムなどの**半導体**（semiconductor）[*1] と呼ばれる物質である．太陽電池では，これらの物質に不純物を微量混ぜた半導体が用いられる．ヒ素をケイ素などに混ぜたものは電子が電気伝導に携わり **n 型半導体**（n-type semiconductor）といい，ホウ素を混ぜたものは正孔（ホール）が電気伝導に携わるので **p 型半導体**（p-type semiconductor）という．

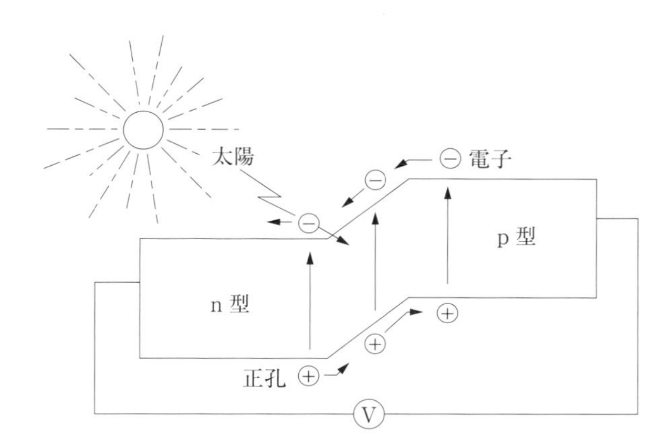

シリコン太陽電池

n 型半導体と p 型半導体を接合すれば（p-n 接合），全体的に安定になろうとして一部の電子が n 型から p 型へと移動する．平衡に落ち着くと p-n 接合面に電位の勾配が生じる．この部分に太陽光が照射されると，接合部分の半導体分子が励起され電子と正孔が発生し，電位勾配によって電子は n 型へ，正孔は p 型へと動き，回路が閉じていれば結果的に電流が流れる．これが，太陽電池の動作原理である．

太陽が放出している光エネルギーは，1.2×10^{34} J·year^{-1} であるが，地球に届くのはこのうちの 22 億分の 1 である．このうち，40 分の 1 が反射されずに地表に届くが，それでも世界の年間エネルギー消費量の 1 万倍もある．この膨大に降りそそいでいるエネルギーを利用しようと太陽電池の研究開発が急ピッチで進められている．

[*1] 半導体は，絶縁体と良導体の中間の電気伝導度を与える物質である．ケイ素（シリコン）やゲルマニウムが代表的な単体である．これらは炭素と同じ 14 族の元素で単体構造も正四面体構造をとりダイヤモンド（炭素）と同じである．これらが半導体なのは，炭素よりも原子半径が大きく，原子核から離れた外殻電子を束縛しにくくなっているためである．これにより，わずかながら単体の共有結合が切れて自由に動き回れる電子が発生する．

基礎事項

(1) 物質の量

物質は原子・分子・イオンのような粒子から構成されている．原子量の基準は，**質量数 12 の炭素**（$^{12}_{6}C$）である．天然の同位体核種を持つ元素の平均原子質量と $^{12}_{6}C$ の原子質量の $\frac{1}{12}$ との比をその元素の**原子量**という．したがって，原子量には単位がない．1つの化学式に含まれる原子の原子量の総和を**分子量**あるいは**式量**という．

1モルは $6.02214076 \times 10^{23}$（アボガドロ数）個の要素粒子（分子，イオン，原子，電子など）の物質量である．また，1モルの要素粒子の数は**アボガドロ定数**と呼ばれている．

$$N_A = 6.02214076 \times 10^{23}\ \mathrm{mol^{-1}}$$

（例）水素原子（H）の原子量は，1.008

1 mol の水素原子（H）の質量は，1.008 g

1 mol の酸素原子（O）の質量は，15.999 g

1 mol の水分子（H_2O）の質量は，18.015 g

1 mol のベンゼン（C_6H_6）の質量は，78.048 g

10.00 g のベンゼンの物質量（mol）は，0.1281 mol

10.00 g のベンゼン中にある分子の数は，7.716×10^{22} 個

1 mol の電子の電気量（C）は電気素量（$e = 1.602176634 \times 10^{-19}$ C）とアボガドロ定数との積で，ファラデー定数と呼ばれている．その値は有効数字 10 桁で以下の数値となる．

$$F = 96485.33212\ \mathrm{C \cdot mol^{-1}}$$

(2) 国際単位系（SI）

国際単位系では，**長さ**，**質量**，**時間**，**電流**，**温度**，**物質量**，**光度**の7つを

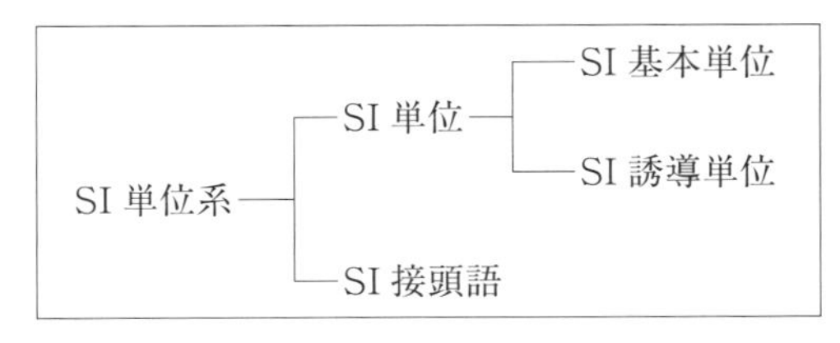

表1 SI 基本単位*

基本物理量	記号	SI 単位の名称	SI 単位の記号
長さ	l	メートル	m
質量	m	キログラム	kg
時間	t	秒	s
電流	I	アンペア	A
熱力学温度	T	ケルビン	K
物質量	n	モル	mol
光度	I_v	カンデラ	cd

* 以下の表1〜表6は，「日本化学会単位・記号専門委員会」(2017) から引用・抜粋し作成した．

独立した次元を持つ基本的物理量として，それぞれに対応する単位を**SI基本単位**として定義している（表1参照）．単位を示す記号はローマン体で，物理量を示す記号はイタリック体で表す．

各物理量は以下のように定義されている．

（定義）

長　さ　光が真空中で1/(299792458)秒の間に進む距離を1メートルとする．

質　量　キログラムの大きさは，プランク定数hの値を正確に$6.62607015 \times 10^{-34}$ J·sと定めることによって定義される．

時　間　Cs-133原子の基底状態に属する2つの超微細レベルの間の遷移に伴って放出される光の振動周期の9 192 631 770倍を1秒とする．

電　流　アンペアは，電気素量eを正確に$1.602176634 \times 10^{-19}$ Cと定めることによって定義される．

熱力学温度　ケルビンは，ボルツマン定数kを正確に1.380649×10^{-23} J·K^{-1}と定めることによって定義される．

物質量　モルはアボガドロ定数N_Aを正確に$6.02214076 \times 10^{23}$ mol^{-1}と定めることによって定義される．

光　度　101 325 N m^{-2}の圧力下での白金の凝固温度にある黒体の平らな表面1/600 000 m^{2}あたりの垂直方向の光度を1カンデラとする．

SI基本単位の積あるいは商の組み合わせでできている単位が国際単位系で認められている．それが**SI誘導単位**である（表2参照）．

表2　SI誘導単位の例

物理量	SI単位の名称	SI単位の記号	SI単位の定義
力	ニュートン	N	m kg s^{-2}
圧力・応力	パスカル	Pa	m^{-1} kg s^{-2} (=N m^{-2})
エネルギー	ジュール	J	m^{2} kg s^{-2} (=N m=Pa m^{3})
仕事率	ワット	W	m^{2} kg s^{-3} (=J s^{-1})
電気量	クーロン	C	s A
電位差	ボルト	V	m^{2} kg s^{-3} A^{-1} (=J C^{-1})
電気抵抗	オーム	Ω	m^{2} kg s^{-3} A^{-2} (=V A^{-1})
コンダクタンス	ジーメンス	S	m^{-2} kg^{-1} s^{3} A^{2} (=Ω^{-1})
電気容量	ファラド	F	m^{-2} kg^{-1} s^{4} A^{2} (=C V^{-1})
周波数・振動数	ヘルツ	Hz	s^{-1}
放射能	ベクレル	Bq	s^{-1}
吸収線量	グレイ	Gy	m^{2} s^{-2} (=J kg^{-1})

SI基本単位やSI誘導単位の10の整数乗倍，または，10の整数乗分の1を表すために，**SI接頭語**が用いられる．たとえば，ミリ(m)，メガ(M)，キロ(k)などがそれである．表3にSI接頭語をまとめた．

質量のSI基本単位はkgで，すでにグラム(g)にキロ(k)が使用されていることから，グラム(g)に接頭語をつけて，ミリグラム(mg)，ピコグラム(pg)のように質量を表す．本書では，なるべく国際単位系を用いて，質量，体積，圧力などを表してきたが，体積の単位には主に（国際単位系と併用される）リットル（記号L，1 L=1 dm^{3}=1×10^{-3} m^{3}=1×10^{3} cm^{3}）を用いた．

表3 SI 接頭語

倍数	接頭語		記号	倍数	接頭語		記号
10^{-1}	デシ	deci	d	10	デカ	deca	da
10^{-2}	センチ	centi	c	10^{2}	ヘクト	hecto	h
10^{-3}	ミリ	milli	m	10^{3}	キロ	kilo	k
10^{-6}	マイクロ	micro	μ	10^{6}	メガ	mega	M
10^{-9}	ナノ	nano	n	10^{9}	ギガ	giga	G
10^{-12}	ピコ	pico	p	10^{12}	テラ	tera	T
10^{-15}	フェムト	femto	f	10^{15}	ペタ	peta	P
10^{-18}	アト	atto	a	10^{18}	エクサ	exa	E
10^{-21}	ゼプト	zepto	z	10^{21}	ゼタ	zetta	Z
10^{-24}	ヨクト	yocto	y	10^{24}	ヨタ	yotta	Y

従来，化学の分野でよく用いられてきた，オングストローム(Å)$=1\times10^{-10}$ m, 気圧 (atm)=101325 Pa, ミリメートルエイチジー (mmHg)=133.32 Pa, などの単位を知っておくことも他の参考書などに登場してくる場合があるので大切かもしれない．たとえば，オングストローム(Å)は化学結合の長さを表すときにはわかりやすく，C-H 結合の距離は 1.09 Å のように表される．

(3) 基本物理定数

化学を学ぶ際に，しばしば出てくる基本物理定数を表4に示す．物理量の名称，よく用いられる記号，数値，単位がまとめられている．

表4 基本物理定数

物理量	記号	数値*と単位	
真空の透磁率 permeability of vacuum	μ_0	$4\pi\times10^{-7}$	N A^{-2}
真空中の光速度 speed of light in vacuum	c, c_0	299 792 458	m s^{-1}
真空の誘電率 permittivity of vacuum	$\varepsilon_0=1/\mu_0c^2$	$8.854\,187\,817\cdots\times10^{-12}$	F m^{-1}
プランク定数 Planck constant	h	$6.626\,070\,15\times10^{-34}$	J s
電気素量 elementary charge	e	$1.602\,176\,634\times10^{-19}$	C
電子の質量 electron mass	m_{e}	$9.109\,383\,56(11)\times10^{-31}$	kg
陽子の質量 proton mass	m_{p}	$1.672\,621\,898(21)\times10^{-27}$	kg
中性子の質量 neutron mass	m_{n}	$1.674\,927\,472(21)\times10^{-27}$	kg
原子質量定数 atomic mass constant	$m_{\mathrm{u}}=1\ \mathrm{u}$	$1.660\,539\,040(20)\times10^{-27}$	kg

物理量	記号	数値*と単位	
アボガドロ定数 Avogadro constant	N_A, L	$6.022\,140\,76 \times 10^{23}$	mol^{-1}
ボルツマン定数 Boltzmann constant	k, k_B	$1.380\,649 \times 10^{-23}$	$J\ K^{-1}$
ファラデー定数 Faraday constant	F	$9.648\,533\,212 \times 10^{4}$	$C\ mol^{-1}$
気体定数 gas constant	R	$8.314\,462\,8(618)$	$J\ K^{-1}\ mol^{-1}$
水の三重点 triple point of water	$T_{tp}(H_2O)$	273.16	K
ボーア半径 Bohr radius	a_0	$5.291\,772\,106\,7(12) \times 10^{-11}$	m
ハートリー・エネルギー Hartree energy	E_h	$4.359\,744\,650(54) \times 10^{-18}$	J
リュードベリ定数 Rydberg constant	R_∞	$1.097\,373\,156\,850\,8(65) \times 10^{7}$	m^{-1}
ボーア磁子 Bohr magneton	μ_B	$9.274\,009\,994(57) \times 10^{-24}$	$J\ T^{-1}$
核磁子 nuclear magneton	μ_N	$5.050\,783\,699(31) \times 10^{-27}$	$J\ T^{-1}$

＊定数値の最後の有効数字に付けられた不確かさ（標準偏差）は，かっこ内に表示．

（4） 圧力およびエネルギー単位の換算表

圧力およびエネルギー単位の換算表を表5および表6に示す．

表5　圧力単位の換算表

Pa	kPa	bar	atm	mbar	Torr
1 Pa　=1	10^{-3}	10^{-5}	$9.869\,23 \times 10^{-6}$	10^{-2}	$7.500\,62 \times 10^{-3}$
1 kPa $=10^{3}$	1	10^{-2}	$9.869\,23 \times 10^{-3}$	10	7.500 62
1 bar $=10^{5}$	10^{2}	1	0.986 923	10^{3}	750.062
1 atm =101 325	101.325	1.013 25	1	1013.25	760
1 mbar =100	10^{-1}	10^{-3}	$9.869\,23 \times 10^{-4}$	1	0.750 06
1 Torr =133.322	0.133 322	$1.333\,22 \times 10^{-3}$	$1.315\,79 \times 10^{-3}$	1.333 22	1

この換算表の使用例：1 bar=0.986 923 atm，1 Torr=133.322 Pa，
1 mmHg=1 Torr

表6　エネルギー単位の換算表

	cm^{-1}	MHz	eV	E_h	kJ/mol	kcal/mol
1 cm^{-1}	1	2.997925×10^{4}	1.239842×10^{-4}	4.556335×10^{-6}	11.96266×10^{-3}	2.859144×10^{-3}
1 MHz	3.335641×10^{-5}	1	4.135667×10^{-9}	1.519830×10^{-10}	3.990313×10^{-7}	9.537076×10^{-8}
1 eV	8065.545	2.417989×10^{8}	1	3.674933×10^{-2}	96.48534	23.0605
1 E_h	219474.63	6.579684×10^{9}	27.21138	1	2625.500	627.5095
1 kJ/mol	83.59347	2.506069×10^{6}	1.036427×10^{-2}	3.808799×10^{-4}	1	0.2390057
1 kcal/mol	349.7551	1.048539×10^{7}	4.336410×10^{-2}	1.593601×10^{-3}	4.184	1

表7　ギリシャ文字

A	α	アルファ	N	ν	ニュー
B	β	ベータ	Ξ	ξ	グザイ（クシー）
Γ	γ	ガンマ	O	o	オミクロン
Δ	δ	デルタ	Π	π	パイ
E	ε	イプシロン	P	ρ	ロー
Z	ζ	ゼータ	Σ	σ	シグマ
H	η	イータ	T	τ	タウ
Θ	θ	シータ	Υ	υ	ウプシロン
I	ι	イオタ	Φ	ϕ	ファイ
K	κ	カッパ	X	χ	カイ
Λ	λ	ラムダ	Ψ	ψ	プサイ
M	μ	ミュー	Ω	ω	オメガ

練習問題の解法と答

第1章

2．AgCl の式量は 143.32，得られた AgCl の物質量は 2.8664/143.32＝0.02（mol）である．これは塩化マグネシウムの物質量の 2 倍に相当する．マグネシウムの原子量を x とおけば，塩化マグネシウムの式量は（$x+2\times35.45$）であるから，

$$\frac{0.9521}{x+2\times35.45}=\frac{0.02}{2}$$

が成り立つ．これより，マグネシウムの原子量 x は 24.31 と算出される．

3．^{65}Cu の存在比を a% とすればつぎの式が得られる．

$$62.930\times\left(1-\frac{a}{100}\right)+64.928\times\frac{a}{100}=63.546$$

これより，^{65}Cu の存在比は 30.83%，^{63}Cu の存在比は 69.17% である．

4．電子の運動エネルギーと加速された電子のエネルギーは等しい．電子の質量を 9.109×10^{-31} kg，電子の速度を v とすると，

$$\frac{1}{2}\times9.109\times10^{-31}v^2=1.602\times10^{-19}\times10$$

より，$v=1.875\times10^6\ \mathrm{ms^{-1}}$ と計算される．ドブロイの物質波の式 $\lambda=h/m\,v$ に代入すると，

$$\lambda=6.626\times10^{-34}/(9.109\times10^{-31}\times1.875\times10^6)=3.880\times10^{-10}\ \mathrm{m}$$

1 pm＝1×10^{-12} m であるので，388.0 pm の波長の波が発生している．

5．

n	電子の数	
1	2	2×1^2
2	8	2×2^2
3	18	2×3^2
4	32	2×4^2
n		$2\times n^2$

　$2\,n^2$ 個の電子が主量子数 n の軌道に入る．

6．

$$E=E_{n_2}-E_{n_1}=-\frac{me^4}{8\varepsilon_0{}^2h^2}\left(\frac{1}{n_2{}^2}-\frac{1}{n_1{}^2}\right)$$

$E=E_\infty-E_1=\dfrac{me^4}{8\varepsilon_0{}^2h^2}$ となることから，物理定数を代入して，

$$E=-E_1=\frac{(9.109\times10^{-31})\times(1.602\times10^{-19})^4}{8\times(8.854\times10^{-12})^2(6.626\times10^{-34})^2}=2.179\times10^{-18}\ \mathrm{J}$$

1 J＝$1/1.602\times10^{-19}$ eV より，

$$\frac{2.179\times10^{-18}}{1.602\times10^{-19}}=13.60\ \mathrm{eV}$$

7.

$_{23}V$	$_{28}Ni$
4s ⇅　3d ↑ ↑ ↑ — —	4s ⇅　3d ⇅ ⇅ ⇅ ↑ ↑
3s ⇅　3p ⇅ ⇅ ⇅	3s ⇅　3p ⇅ ⇅ ⇅
2s ⇅　2p ⇅ ⇅ ⇅	2s ⇅　2p ⇅ ⇅ ⇅
1s ⇅	1s ⇅
$1s^2 2s^2 2p^6 3s^2 3p^6 3d^3 4s^2$	$1s^2 2s^2 2p^6 3s^2 3p^6 3d^8 4s^2$
$[Ar]3d^3 4s^2$	$[Ar]3d^8 4s^2$

^{23}V および ^{28}Ni の不対電子はそれぞれ3および2個である．

8.

1．小さく　2．大きく　3．小さく　4．大きく　5．大きい　6．小さい　7．小さい

いずれも，原子核の電荷と電子の数を考える．

第2章

1．(a)まず分子の構造式を書いてみよう．(b)つぎに指定された原子の励起状態の電子配置を書いてみよう．例えば(1)$\overset{*}{N}H_4Cl$ の場合，構造式は $\left[\begin{array}{c} H \\ H\text{-}N\text{-}H \\ H \end{array}\right]^+ Cl^-$ で表され，アンモニアの窒素原子のローンペアに H^+ が配位結合している．一方，窒素原子の励起状態の電子配置は $1\,s^2 2\,s^1 2\,p_x{}^2 2\,p_y{}^1 2\,p_z{}^1$ であり，sp^3 混成軌道をとって結合にあずかるとすると，sp^3 混成軌道の4つのオービタル中，不対電子が存在する3つのオービタルは水素原子の1s軌道と共有結合を形成し，対電子の入っている4個目のオービタルは H^+ と配位結合を作り，構造式を満足する．すなわち指定の窒素原子は sp^3 混成軌道をとっている．炭素原子，窒素原子，酸素原子は単結合で相手の原子と結合する場合，いずれも sp^3 混成軌道をとる．一方，多重結合で結ばれている場合には，π 結合がいくつ存在するかを見きわめよう．π 結合が1個存在することは，混成にあずからないp軌道が1個存在することを意味しており，励起状態の電子配置からp軌道を1個取り除いた，残りの軌道により混成軌道がつくられると考えることにより，結合に関与する混成軌道を求めることができる．例えば(3)$CH_3\overset{*1}{C}\equiv\overset{*2}{N}$ の場合，指定の炭素原子，窒素原子は三重結合を構成していることから，結合に関与する π 結合の数は2個．すなわち混成にあずからないp軌道の数はそれぞれ2個である．炭素原子の励起状態の電子配置 $1\,s^2 2\,s^1 2\,p_x{}^1 2\,p_y{}^1 2\,p_z{}^1$ 中，$2\,p_y$，$2\,p_z$ は混成にあずからないことから，2s，p_x により sp 混成軌道がつくられる．同様に窒素原子の励起状態の電子配置 $1\,s^2 2\,s^1 2\,p_x{}^2 2\,p_y{}^1 2\,p_z{}^1$ 中，$2\,p_y$，$2\,p_z$ は混成にあずからないことから，2s，$2\,p_x{}^2$ により sp 混成軌道がつくられる．なおこの sp 混成軌道は2つのオービタルの一方に対電子が入る形をとっている．(7)$H_2\overset{*1}{C}=\overset{*2}{C}=O$ の場合，＊2の炭素原子は＊1の炭素原子側と酸素原子側にそれぞれ1個，合計2個の π 結合を持っている．すなわち混成にあずからないp軌道を2個持つことになり，＊2の炭素原子の混成軌道は sp 混成軌道となる．

(1)　$\overset{*}{N}H_4Cl$　(sp^3)　　(2)　$\overset{*}{B}F_3$　(sp^2)　　(3)　$CH_3\overset{*1}{C}\overset{*2}{N}$　(＊1 sp, ＊2 sp)

(4)　$CH_3\overset{*}{N}=NCH_3$　(sp^2)　　(5)　$\overset{*}{S}O_4^{2-}$　(sp^3)　　(6)　$\overset{*}{C}O_2$　(sp)

(7)　$H_2\overset{*1}{C}=\overset{*2}{C}=O$　(＊1 sp^2, ＊2 sp)　　(8)　ピリジン（N＊）　(sp^2)

(9)　$\overset{*}{P}H_4^+$　(sp^3)　　(10)　$\overset{*1}{C}H_3\overset{*2}{C}OCH_3$　(＊1 sp^3, ＊2 sp^2)

2．異核2原子分子では共有電子対が電気陰性度の大きい原子にかたよる．完全にかたよればイオン結合，すなわちかたよりの程度からイオン結合性が求まる．ハロゲン化水素 HF，HCl，HBr，HI においてハロゲン原子の電気陰性度は F＞Cl＞Br＞I の順となっている．

（答）　イオン結合性の最も大きいハロゲン化水素は HF

　　　　共有結合性の最も大きいハロゲン化水素は HI

3．三フッ化ホウ素 BF_3 の最外殻電子配置はオクテット則を満足しておらず，電子対を取り込んでオクテット則を満足させようとする性質を持つ．一方，ジエチルエーテル $(C_2H_5)_2O$ の酸素原子は結合にあずからない電子対（ローンペア）を持つ．両者が接近すると一方は電子対受容体，もう一方は電子対供与体として働き，配位結合による1：1の付加物をつくる．

4．双極子モーメントを有する化合物，すなわち極性分子を選び出しなさいとの問である．分子が極性を持つか否かは，分子を構成している原子の電気陰性度と分子の形によって決まってくる．

（答）　(1)，(2)，(3)，(4)，(6)

5．分子全体の双極子モーメントは各結合モーメントのベクトル和で表され，また双極子モーメントの値は分子の極性の程度を表す尺度となる．

(1)

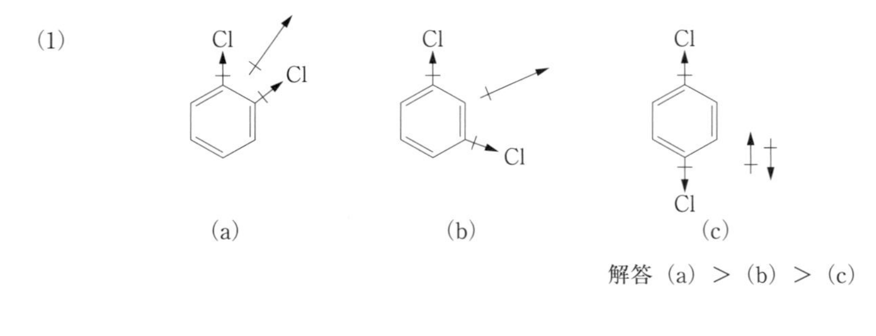

解答 (a) ＞ (b) ＞ (c)

(2)

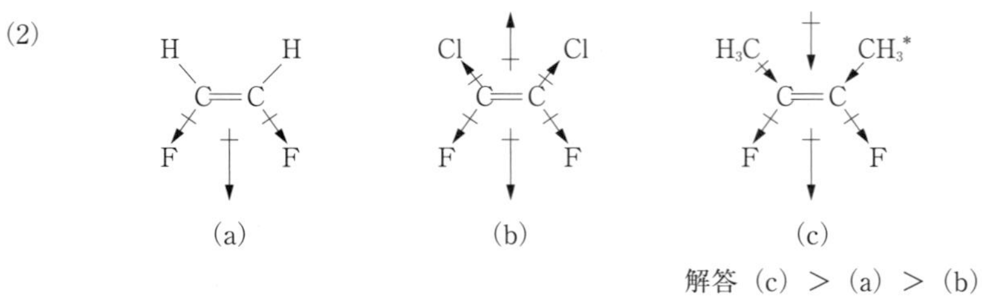

解答 (c) ＞ (a) ＞ (b)

＊　メチル基（$-CH_3$）などのアルキル基は電子供与性を持ち，自身から相手側に電子を放出する．

6．C＝C 結合が回転できないためジクロロエチレンには以下の 3 種類の異性体が存在する．

(1)　(2)　(3)

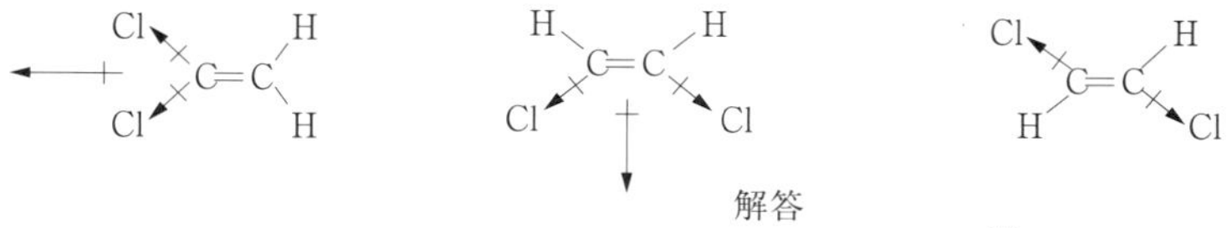

解答

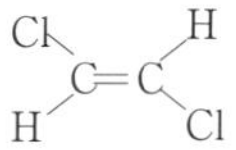

trans 1.2- ジクロロエチレン

第 3 章

1．（ⅰ）全ての反応物質，生成物質の化学式を考える．

（ⅱ）反応式の左右で原子数が一致するように，それぞれの物質の最小の係数を決める．

（a）$2Al + 3Cl_2 \rightarrow 2AlCl_3$

（b）ホウ酸の化学式は H_3BO_3 で，水溶液は弱酸性を示す．

$$BF_3 + 3H_2O \longrightarrow 3HF + H_3BO_3$$

（c）有機化合物中の塩素は燃焼により塩化水素になる．塩素系の高分子化合物（ポリ塩化ビニル）などを焼却する際に問題となる．

$$2C_2H_3Cl + 5O_2 \longrightarrow 4CO_2 + 2H_2O + 2HCl$$

（d）炭化カルシウムの化学式は CaC_2 で水と反応してアセチレンを発生する．

$$CaC_2 + 2H_2O \longrightarrow C_2H_2(\text{アセチレン}) + Ca(OH)_2$$

（e）$Fe_2O_3 + 3C \rightarrow 2Fe + 3CO$

2．（ⅰ）22190 kJ の熱量を得るのには 10 mol のプロパンが必要であるので質量に換算する．

（ⅱ）プロパンの燃焼の反応式を考える．

（ⅲ）10 mol のプロパンの燃焼に必要な酸素，その燃焼で発生する二酸化炭素の物質量を求め，質量に換算する．

プロパンの化学式は C_3H_8 であるので，分子量は 44 となる．

プロパンの必要量；$44 \times 10 = 440$ g　0.44 kg

$$C_3H_8 + 5O_2 \longrightarrow 3CO_2 + 4H_2O$$

反応式より 10 mol のプロパンの燃焼には，50 mol の酸素が必要であり，30 mol の二酸化炭素が発生する．

必要な酸素量；$32 \times 50 = 1600$ g　1.60 kg

発生する二酸化炭素量；$44 \times 30 = 1320$ g　1.32 kg

3．SF_6 の分子量は 146 であるので，730 g は 5 mol の質量となる．

$$S_8 + 24F_2 \longrightarrow 8SF_6$$

5 mol の SF_6 を得るのに 5/8 mol の硫黄と，15 mol の F_2 が必要である．

硫黄の必要量；$32 \times 8 \times 5/8 = 160$ g

フッ素の必要量；$38 \times 15 = 570$ g

4．（ⅰ）Cl^- イオンと 4 つの O 原子を出発に考える．

$$Cl^- + 4O \longrightarrow ClO_4^-$$

（ii）イオン，原子間の電子の移動により電気陰性度の大きい原子を陰イオンに電気陰性度の小さい原子を陽イオンにし，それらの間で配位結合をつくる．

O 原子と Cl 原子のポーリングの電気陰性度は 3.5，3.0 であるので，より陰性の O 原子を陰イオン，Cl 原子を陽イオンとして酸化数を考えると −2 と +7 となる．

$$:\ddot{\underset{..}{Cl}}: \quad :\dot{O}: \times 4 \longrightarrow Cl^{7+} \quad :\ddot{\underset{..}{O}}:^{2-} \times 4 \qquad [ClO_4]^-$$

5．各原子，分子，イオンなどの配位子の酸化数を考える．

（a）NH_3 は中性の配位子，Cl の酸化数は −1 であるので，Pt の酸化数は +2 となる．

$$Pt^{n+} + (-1)\times 2 = 0$$

（b）en は一分子中に 2 つの配位部位を持つエチレンジアミンの省略．これは中性の配位子である．Cl の酸化数は −1 であるので，Co の酸化数は +3 となる．

$$Co^{n+} + (-1)\times 2 = 0$$

（c）一酸化炭素（CO）は中性の配位子であるので Ni の酸化数は 0 となる．

6．（i）酸化反応と還元反応に分けて考える．

（ii）表 3-3 の塩基性での反応式

$$2OH^- \rightleftarrows O(-2) + H_2O \qquad H_2O \rightleftarrows H(+1) + OH^-$$

を用いて酸素と水素の原子数を一致させる．酸素原子の不足する側に O 原子 1 個につき 2 個の OH^- を，他方に H_2O 1 個を加える．水素原子の不足する側に H 原子 1 個につき 1 個の H_2O を，他方に OH^- 1 個を加える．

（iii）電子を加えて両辺の電荷を一致させる．

（iv）酸化反応式，還元反応式より電子を消去し反応式を完成する．

還元反応；

$$MnO_4^- \longrightarrow MnO_2$$

$$MnO_4^- + 2H_2O \longrightarrow MnO_2 + 4OH^-$$

$$MnO_4^- + 2H_2O + 3e^- \longrightarrow MnO_2 + 4OH^- \cdots\cdots (1)$$

酸化反応；

$$Ar-CH_3 \longrightarrow ArCOOH^{*1}$$

$$ArCH_3 + 4OH^- \longrightarrow ArCOOH + 2H_2O$$

$$ArCH_3 + 4OH^- + 2OH^- \longrightarrow Ar-COOH + 2H_2O + 2H_2O$$

$$Ar-CH_3 + 6OH^- \longrightarrow Ar-COOH + 4H_2O + 6e^- \cdots\cdots (2)$$

（1）式 ×2+（2）式

$$Ar-CH_3 + 2MnO_4^- \longrightarrow Ar-COOH + 2MnO_2 + 2OH^-$$

カルボン酸（ArCOOH）と水酸化物イオン（OH^-）を反応させる．

$$Ar-CH_3 + 2MnO_4^- \longrightarrow Ar-COO^- + 2MnO_2 + H_2O + OH^-$$

別法　有機物の C-H 結合がホモリシスを起こし 2 つのラジカル種が生成する．それらから 2 電子が奪われ炭素陽イオン，水素陽イオンとなり酸性水溶液中では H_2O[*2] と，塩基性水溶液中では OH^- と反応する．アルコール，アルデヒド，カルボン酸と段階的に反応を考え反応式を完成させる．反応条件が塩基性であるので式中の H^+ は，OH^- と反応し H_2O となる．（2）式と同一の反応式となる．

*1　Ar = Cl−C_6H_4−（p-クロロフェニル基）

*2　酸性水溶液中では各陽イオンは H_2O とつぎのように反応する．

$Ar^+CH_2 + H_2O \longrightarrow ArCH_2OH + H^+$

$Ar^+CHOH + H_2O \longrightarrow ArCHO + H_3O^+$

$Ar^+C{=}O + H_2O \longrightarrow ArCOOH + H^+$

$H^+ + H_2O \longrightarrow H_3O^+$

$$\mathrm{Ar\text{-}CH_3 \longrightarrow [Ar\text{-}\dot{C}H_2 + \cdot H] \xrightarrow{-2e^-} Ar\text{-}\overset{+}{C}H_2 + H^+}$$

$$\mathrm{\xrightarrow{2OH^-} ArCH_2\text{-}OH + H_2O}$$

$$\mathrm{ArCH_2\text{-}OH \longrightarrow [Ar\dot{C}H\text{-}OH + \cdot H] \xrightarrow{-2e^-} [Ar\overset{+}{C}H\text{-}OH + H^+]}$$

$$\mathrm{\xrightarrow{2OH^-} ArCH{=}O + 2H_2O}$$

$$\mathrm{ArCH{=}O \longrightarrow [Ar\dot{C}{=}O + \cdot H] \xrightarrow{-2e^-} [Ar\overset{+}{C}{=}O + H^+]}$$

$$\mathrm{\xrightarrow{2OH^-} ArCOOH + H_2O}$$

7．（ⅰ）構造式を考える．（ⅱ）1級アルコールはアルデヒドを経てカルボン酸へ，二級アルコールはケトンへ酸化される．三級アルコールは酸化されない．

(a)　$\mathrm{CH_3OH \longrightarrow HCOOH}$　（ギ酸）

(b)　$\mathrm{CH_3CH_2-OH \longrightarrow CH_3-COOH}$　（酢酸）

(c)　$\mathrm{H_3C-CH(OH)-CH_3 \longrightarrow H_3C-C({=}O)-CH_3}$　（アセトン，2-プロパノン）

(d)　$\mathrm{H_3C-C(CH_3)_2-OH \longrightarrow H_3C-C(CH_3)_2-OH}$　反応せず

8．（ⅰ）二重結合と親電子剤との付加反応を考える．水素は触媒を使用すると付加反応を起こす．（ⅱ）X-Y の付加する方向は炭素陽イオン中間体の構造を考える．

$\mathrm{H_2C{=}CH-CH_3}$

$\mathrm{\xrightarrow{Br_2}}$ $\mathrm{H-CH(Br)-CH(Br)-CH_3}$

$\mathrm{\xrightarrow{H_2/Pd}}$ $\mathrm{H-CH_2-CH_2-CH_3}$

$\mathrm{\xrightarrow{HBr}}$ $\mathrm{H-CH_2-CH(Br)-CH_3}$

$\mathrm{\xrightarrow{H_2O,\ H^+}}$ $\mathrm{H-CH_2-CH(OH)-CH_3}$

$\mathrm{[\,H-CH_2-\overset{+}{C}H-CH_3}$（安定）　$\mathrm{H-\overset{+}{C}H-CH_2-CH_3}$（不安定）$]$

第4章

1．$pV=nRT$ より，水素の物質量 $n=pV/RT$ は，

$1000\times3.00/\{8.314\times10^3(273+27)\}=1.20\times10^{-3}$ mol．水素の 1 mol は 2.02 g であるから，2.42×10^{-3} g である．また，1 mol の水素ガスの分子数は 6.02×10^{23} 個であるので，1.20×10^{-3} mol では 7.22×10^{20} 個になる．

2．窒素の 0.560 g は 20.0 mmol，酸素の 0.320 g は 10.0 mmol であり，両方の物質量の和は 30.0 mmol である．

窒素のモル分率；20.0/30.0＝0.667

酸素のモル分率；10.0/30.0＝0.333

窒素の分圧；30.0×2/3＝20.0 kPa

酸素の分圧；30.0×1/3＝10.0 kPa

混合気体の体積 V；

$$V=nRT/p=30.0\times10^{-3}\times8.314\times10^{3}\times300/(30.0\times10^{3})=2.49\ \mathrm{L}$$

3．気体の体積と圧力の積はエネルギーに相当する．p. 71 の 3 行目の式より

$$E=\frac{3}{2}pV=\frac{3\times400\times10^{3}\ \mathrm{Pa}\times5.00\times10^{-3}\ \mathrm{m}^{3}}{2}=3000\ \mathrm{Pa\cdot m^{3}}(=\mathrm{J})$$

4．根平均二乗速度

$\mathrm{J}\equiv\mathrm{N\cdot m}=\mathrm{kg\cdot m^{2}\cdot s^{-2}}$ であるから

$$\sqrt{\overline{v^2}}=\left(\frac{3RT}{M}\right)^{1/2}=\left(\frac{3\times8.314\ \mathrm{kg\cdot m^{2}\cdot s^{-2}\cdot mol^{-1}\cdot K^{-1}}\times300\ \mathrm{K}}{32.0\times10^{-3}\ \mathrm{kg\cdot mol^{-1}}}\right)^{1/2}=484\ \mathrm{m\cdot s^{-1}}$$

平均速度

$$\bar{v}=\left(\frac{8RT}{\pi M}\right)^{1/2}=\left(\frac{8\times8.314\times300}{3.14\times32.0\times10^{-3}}\right)^{1/2}=446\ \mathrm{m\cdot s^{-1}}$$

最大確率速度

$$v_{\mathrm{m}}=\left(\frac{2RT}{M}\right)^{1/2}=\left(\frac{2\times8.314\times300}{32.0\times10^{-3}}\right)^{1/2}=395\ \mathrm{m\cdot s^{-1}}$$

5．

$$p=\frac{nRT}{V-nb}-\frac{n^{2}a}{V^{2}}=\frac{5.00\times8.314\times10^{3}\times300}{3.60-5.00\times0.0371}-\frac{5.00^{2}\times423\times10^{3}}{3.60^{2}}$$

$$=2.84\times10^{6}=2.84\ \mathrm{MPa}$$

一方，理想気体の状態方程式を用いて計算すると，

$$p=\frac{nRT}{V}=\frac{5.00\times8.314\times10^{3}\times300}{3.60}=3.46\times10^{6}=3.46\ \mathrm{MPa}$$

6．

$$p_c=\frac{a}{27b^{2}}\ \text{と}\ T_c=\frac{8a}{27bR}\ \text{から}\ \frac{T_c}{p_c}=\frac{8b}{R}$$

$$b=\frac{RT_{\mathrm{c}}}{8p_{\mathrm{c}}}=\frac{8.314\times10^{3}\times5.3}{8\times0.229\times10^{6}}=0.024\ \mathrm{L\cdot mol^{-1}}$$

$$a=27b^{2}p_{\mathrm{c}}=27\times0.024^{2}\times0.229\times10^{6}=3.6\times10^{3}=3.6\ \mathrm{kPa\cdot L^{2}\cdot mol^{-2}}$$

7．

単純立方格子

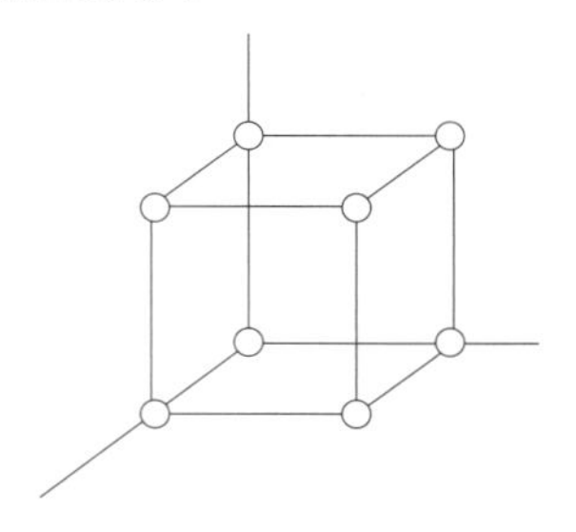

格子内に粒子の $\frac{1}{8}$ 分が 8 つの角に入っているので，

$\frac{1}{8}\times8=1$ 個．

面心立方格子

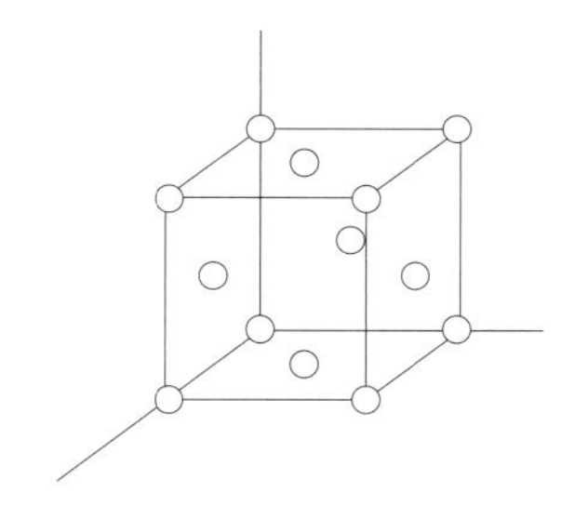

格子内に粒子の $\frac{1}{8}$ 分が 8 つの角と $\frac{1}{2}$ 分が 6 つの面心に入っているので，合計 4 個

体心立方格子

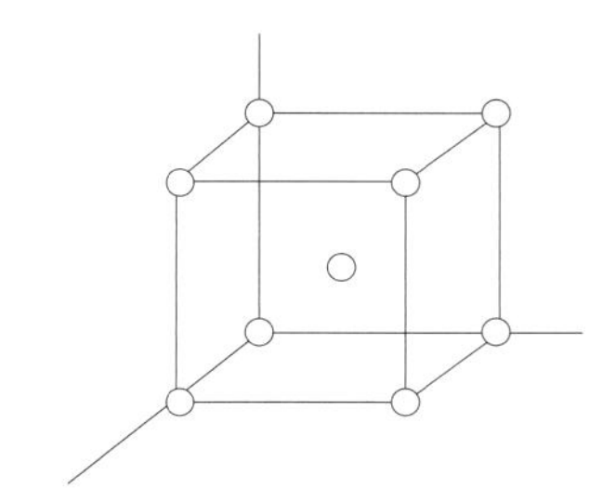

格子内に粒子の $\frac{1}{8}$ 分が 8 つの角に，さらに体心に 1 個分が入っているので，合計 2 個．

六方最密充塡

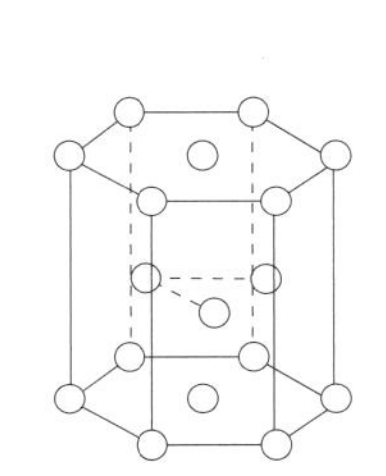

上下の角に

$\frac{1}{6}\times 12 = 2$ 個

上下の面心に

$\frac{1}{2}\times 2 =$ 1 個

中央に　　3 個*

合計　　6 個

*　中央の 3 個の粒子は，1 つの単位格子からはみだすときもあるが，多くの単位格子を考えると，平均 3 個の粒子が入っていることになる．

ダイヤモンド構造

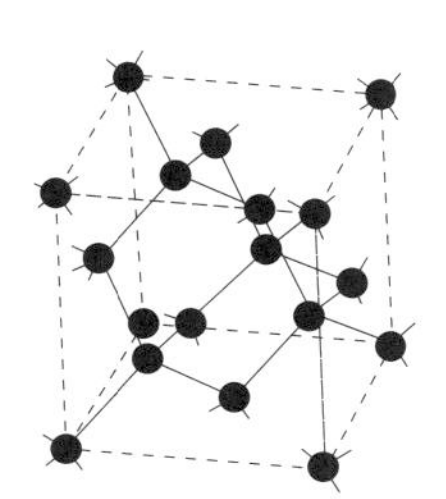

角に $\frac{1}{8}\times 8 = 1$ 個

面心に　$\frac{1}{2}\times 6 = 3$ 個

さらに，格子内に　　4 個

合計　　8 個

8.

単純立方格子

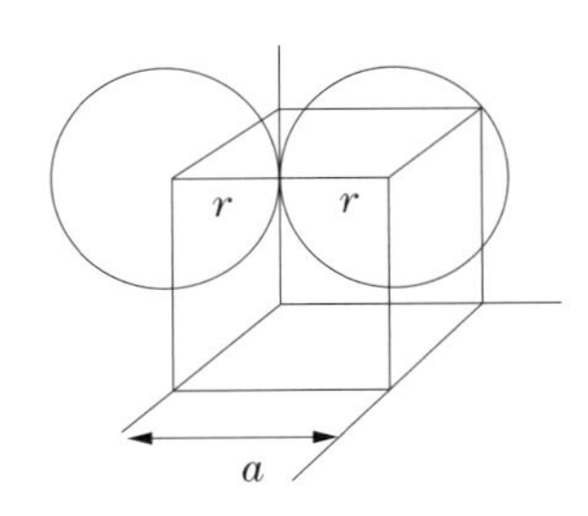

1 辺の長さを a，半径を r とすると，$r=\dfrac{a}{2}$

$$球が占める割合=\frac{球1個の体積}{立方体の体積}\times100$$

$$=\frac{\frac{4}{3}\pi r^3\times100}{a^3}=\frac{\frac{4}{3}\pi\left(\frac{a}{2}\right)^3\times100}{a^3}$$

$=52\%$

面心立方格子

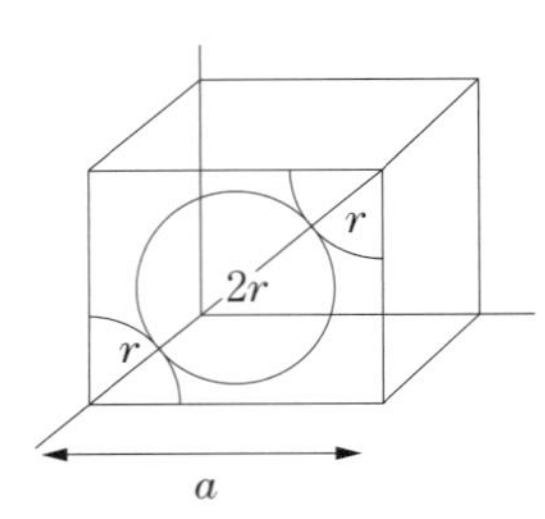

1 辺の長さを a，半径を r とすると，

$4r=\sqrt{2}\,a$，$\therefore r=\dfrac{\sqrt{2}}{4}a$

$$球が占める割合=\frac{球4個の体積}{立方体の体積}\times100$$

$$=\frac{\frac{4}{3}\pi r^3\times4\times100}{a^3}=\frac{\frac{4}{3}\pi\left(\frac{\sqrt{2}}{4}a\right)^3\times400}{a^3}$$

$=74\%$

体心立方格子

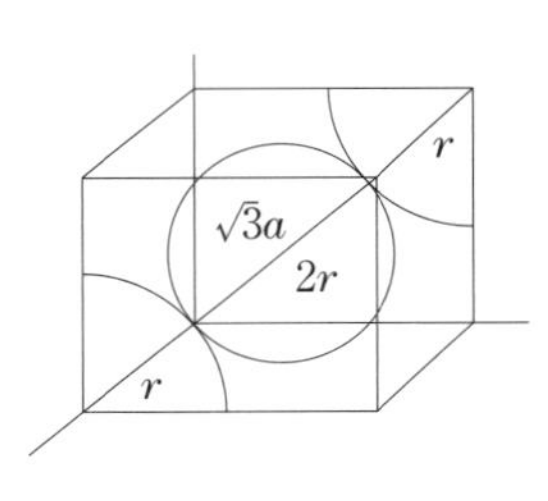

1 辺の長さを a，半径を r とする，

$4r=\sqrt{3}\,a$，$r=\dfrac{\sqrt{3}}{4}a$

$$球が占める割合=\frac{球2個の体積}{立方体の体積}\times100$$

$$=\frac{\frac{4}{3}\pi r^3\times2\times100}{a^3}=\frac{\frac{4}{3}\pi\left(\frac{\sqrt{3}}{4}a\right)^3\times200}{a^3}$$

$=68\%$

六方最密充填

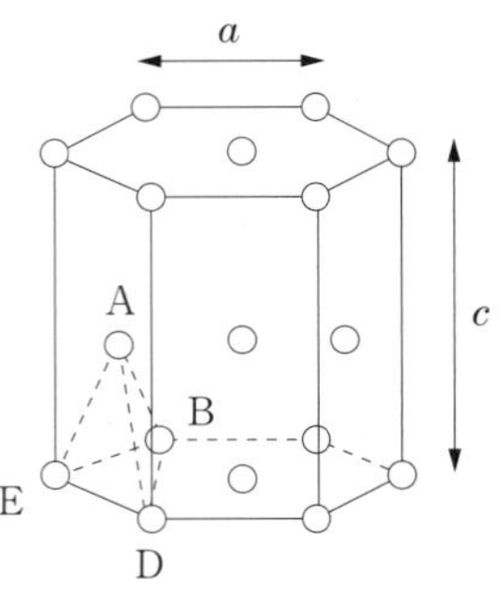

$\overline{\mathrm{BH}}:\overline{\mathrm{BC}}=2:\sqrt{3}$, $\overline{\mathrm{BC}}=\dfrac{a}{2}$

だから，

$\overline{\mathrm{BH}}=\dfrac{a}{\sqrt{3}}$

$\overline{\mathrm{AH}}^2=\overline{\mathrm{AB}}^2-\overline{\mathrm{BH}}^2=a^2-\left(\dfrac{1}{\sqrt{3}}a\right)^2$

$\overline{\mathrm{AH}}=\sqrt{\dfrac{2}{3}}\,a$

$2\overline{\mathrm{AH}}=c=2\sqrt{\dfrac{2}{3}}\,a$

一方，$2r=a$　　$\therefore \quad r=\dfrac{a}{2}$

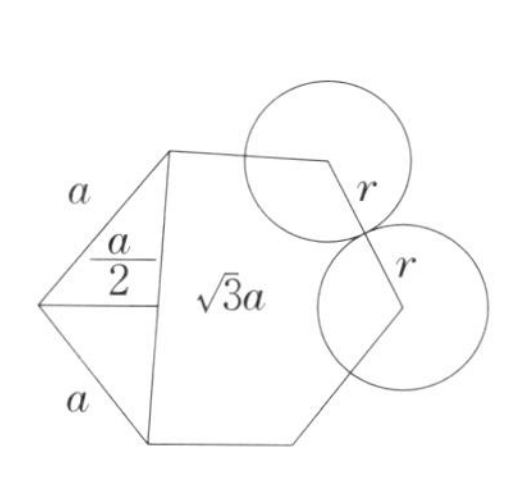

六角柱の体積：$\sqrt{3}\,a\times\dfrac{a}{2}\times c+\sqrt{3}\,a\times a\times c=\dfrac{3\sqrt{3}}{2}a^2c$

球が占める割合：$\dfrac{6\text{個の球の体積}}{\text{六角柱の体積}}\times 100$

$$=\frac{\frac{4}{3}\pi r^3\times 6\times 100}{\frac{3\sqrt{3}}{2}a^2c}=\frac{\frac{4}{3}\pi\left(\frac{a}{2}\right)^3\times 6\times 100}{\frac{3\sqrt{3}}{2}a^2\times 2\sqrt{\frac{2}{3}}\,a}$$

$$=\frac{\pi}{3\sqrt{2}}\times 100=74\%$$

ダイヤモンド構造

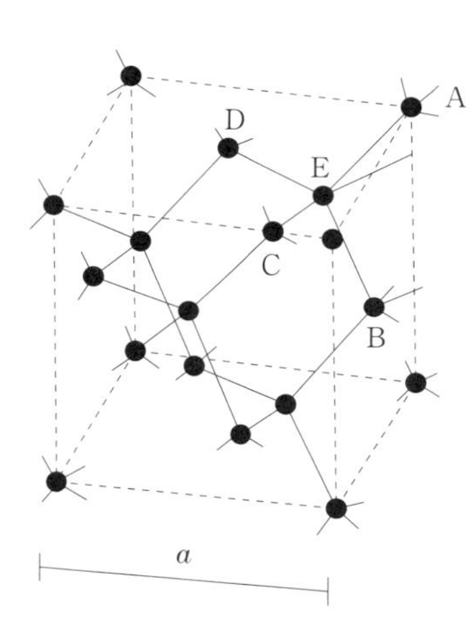

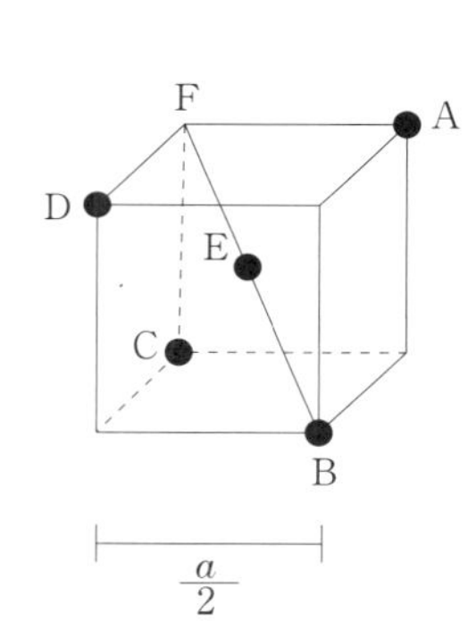

$\overline{\mathrm{BF}}^2=\left(\dfrac{a}{2}\right)^2+\left(\dfrac{a}{2}\right)^2+\left(\dfrac{a}{2}\right)^2$

$\quad=\dfrac{3}{4}a^2$　　$\overline{\mathrm{BF}}=\dfrac{\sqrt{3}}{2}a$，$\overline{\mathrm{BE}}$ は $\overline{\mathrm{BF}}$ の半分，$\dfrac{\sqrt{3}}{4}a$ になり，これが球の半径 r の2倍になるので，半径 r は

$r=\dfrac{\overline{\mathrm{BF}}}{4}=\dfrac{\sqrt{3}}{8}a$

球が占める割合：$\dfrac{8\text{個の球の体積}}{\text{立方体の体積}}\times 100$

$$=\frac{8\times\frac{4}{3}\pi r^3\times 100}{a^3}=\frac{8\times 4\times\pi\times\left(\frac{\sqrt{3}}{8}a\right)^3}{3a^3}\times 100$$

$$=\frac{100\sqrt{3}}{16}\pi=34\%$$

9．前問8の解法から六角柱の体積：

$$\frac{3\sqrt{3}}{2}a^2c=\frac{1}{2}\times3\times1.732(220\times10^{-12})^2$$
$$\times360\times10^{-12}=4.53\times10^{-29}\ \mathrm{m^3}$$
$$=4.53\times10^{-23}\ \mathrm{cm^3}$$

$$\text{Be の1個の質量}=\frac{9.01}{6.02\times10^{23}}=1.50\times10^{-23}\ \mathrm{g}$$

単位格子 Be の質量は，この6倍である．

$$\text{Be の密度}=\frac{\text{単位格子の質量}}{\text{六角柱の体積}}=\frac{6\times1.50\times10^{-23}}{4.53\times10^{-23}}$$
$$=1.98\ \mathrm{g\cdot cm^{-3}}$$

（実験値 1.85 g cm^{-3}）

10．ブラッグの反射条件　$2d\sin\theta=n\lambda$ を用いて計算すればよい．

$$\sin\theta=\frac{n\lambda}{2d}$$

$n=1$ のとき，

$$\sin\theta=\frac{1\times2.00\times10^{-10}}{2\times4.75\times10^{-10}}=0.211,\quad \theta=12.2°$$

$n=2$ のとき，

$$\sin\theta=\frac{2\times2.00\times10^{-10}}{2\times4.75\times10^{-10}}=0.422,\quad \theta=24.9°$$

$n=3$ のとき，

$$\sin\theta=\frac{3\times2.00\times10^{-10}}{2\times4.75\times10^{-10}}=0.632,\quad \theta=39.2°$$

第5章

1．この問題は，溶質の種類とその濃度を除くと，例題1とほとんど同じ内容である．したがって，リン酸は三価の酸でそのモル質量が 98.0 g·mol^{-1} であることを考慮して，例題1と同様に解けばよい．

（答：$c=1.98$ mol·L^{-1}，$m=2.09$ mol·kg^{-1}，$N=5.94$ N，$X=0.0363$）

2．この系はヘンリーの法則に従うとみなせるので，溶けている窒素の体積は圧力によらず一定となる（p103，例題4，式（2）参照）．表5-2より，水 1.00 L に溶けている窒素の体積は 0.024 L であることがわかる．理想気体の状態方程式をつぎのように変形して，これから質量を求める．

$$w=\frac{pVM}{RT}=\frac{500\times10^3\ \mathrm{Pa}\times0.024\ \mathrm{L}\times28.0\ \mathrm{g\cdot mol^{-1}}}{8.314\times10^3\ \mathrm{Pa\cdot L\cdot mol^{-1}\cdot K^{-1}}\times273\ \mathrm{K}}=0.15\ \mathrm{g}$$

3．エチレングリコール（$HOCH_2CH_2OH$）の分子量は 62.1 であるから，この溶液の質量モル濃度 m は，

$$m=\frac{\dfrac{10.0\ \mathrm{g}}{62.1\ \mathrm{g\cdot mol^{-1}}}}{0.50\ \mathrm{kg}}=0.322\ \mathrm{mol\cdot kg^{-1}}$$

となる．表5-4の K_f の値を用いて，つぎの式から ΔT_f を求める．

$$\Delta T_f=K_fm=1.86\times0.322=0.60\ \mathrm{K}$$

（答：-0.60℃）

4．この場合，水 1 kg に 45.0 g の固体が溶けていることに相当するから，式(5-18)より

$$M_B = \frac{K_f w_B}{\Delta T_f} = \frac{1.86\ \mathrm{K\ kg \cdot mol^{-1}} \times 45.0\ \mathrm{g \cdot kg^{-1}}}{0.558\ \mathrm{K}} = 150\ \mathrm{g \cdot mol^{-1}}$$

が得られる．

5．（1）まず液体中の C_6H_6 の各モル分率において，全圧と C_6H_6 の分圧の差から C_7H_8 の分圧を求める．つぎに方眼紙の横軸に C_6H_6 のモル分率，縦軸に圧力をとり，両成分の分圧および全圧について図 5-3 と同様のグラフを作成する．

（2）C_6H_6 と C_7H_8 の質量は等しいのであるからこれを w とすると，液体中の C_6H_6 のモル分率 X_B はつぎのように求まる．

$$X_B = \frac{n_B}{n_B + n_T} = \frac{\dfrac{w}{M_B}}{\dfrac{w}{M_B} + \dfrac{w}{M_T}} = \frac{M_T}{M_T + M_B} = \frac{92.1}{92.1 + 78.1} = 0.541$$

（3）上で作成したグラフからこの溶液は全域で理想溶液と見なしてよいことがわかる．したがって，式(5-5)および式(5-6)から各成分の分圧が求まる．与えられたデータより，$p_B{}^0 = 99.82\ \mathrm{kPa}$，$p_T{}^0 = 38.46\ \mathrm{kPa}$ であり，蒸気のモル分率は各成分の分圧と全圧の比で表せるから C_6H_6 のモル分率 Y_B は，

$$Y_B = \frac{p_B{}^0 X_B}{p_B{}^0 X_B + p_T{}^0 (1 - X_B)} = \frac{99.82 \times 0.541}{99.82 \times 0.541 + 38.46 \times 0.459} = 0.754$$

C_7H_8 のモル分率 Y_T は

$$Y_T = (1 - Y_B) = (1 - 0.754) = 0.246$$

になる．

6．式(5-22)より浸透圧は，

$$\Pi = c_B RT = 5.00 \times 10^{-3} \times 8.314 \times 10^3 \times 298 = 12.4\ \mathrm{kPa}$$

である．溶液柱の高さ h，底面の面積 S，溶液の密度 d_s，重力の加速度 g とすると，溶液柱が底面に及ぼす力は gd_sSh であり，圧力は底面の単位面積当たりの力であるから，

$$\Pi = gd_sh$$

となる．つぎに，単位が整合するよう $g = 9.81\ \mathrm{m \cdot s^{-2}}$ と
$d_s = 1.00\ \mathrm{g \cdot cm^{-3}} = 1.00 \times 10^3\ \mathrm{kg \cdot m^{-3}}$ を用いて h を求める．

$$h = \frac{\Pi}{gd_s} = \frac{12.4\ \mathrm{kPa}}{9.81\ \mathrm{m \cdot s^{-2}} \times 1.00 \times 10^3\ \mathrm{kg \cdot m^{-3}}}$$

$$= \frac{12.4 \times 10^3\ \mathrm{Pa}}{9.81 \times 10^3\ \mathrm{kg \cdot m^{-1} \cdot s^{-2}} (=\mathrm{Pa})}\ \mathrm{m} = 1.26\ \mathrm{m}$$

7．式(5-18)より，

$$m_B = \frac{\Delta T_f}{K_f} = \frac{0.28}{1.86} = 0.15\ \mathrm{mol \cdot kg^{-1}}$$

ここでは，$m_B = c_B$ としてよいからつぎの式から浸透圧を求める．

$$\Pi = c_B RT = 0.15 \times 8.314 \times 10^3 \times 293 = 0.37 \times 10^6 = 0.37\ \mathrm{MPa}$$

第 6 章

1．両方の反応物の濃度が等しい 2 次反応であるから，式(6-13)が適用できる．この式に $[\mathrm{A}]_0 = 0.050$，$[\mathrm{A}] = 0.050 - 0.0025 = 0.0475$，$k_f = 0.137$ を入れ，時間を求める．

（答：7.7 s）

2．1 次反応であるから，式(6-8)が適用できる．この式で

$$\frac{[\mathrm{A}]}{[\mathrm{A}]_0}=\frac{100-40.0}{100}=0.600$$

とおけば，40.0%が異性化されるまでの時間が求まる．

（答：1.55×10^3 s）

3．式(6-22)において $T_1=300$ K，$T_2=310$ K のとき，$(k_2/k_1)=Q_{10}$ である．したがって，$R=8.314$ J·K^{-1}·mol^{-1} を用いて，つぎの式が得られる．

$$E_\mathrm{a}=8.314\left(\frac{300\times310}{310-300}\right)\ln Q_{10}=77.3\times10^3\ln Q_{10}\ \mathrm{J\cdot mol^{-1}}$$

（答：53.6 kJ·mol^{-1}）

4．大気中には微量の ^{14}C が存在し，植物は同化作用により CO_2 を吸収するため生きている植物中の ^{14}C の濃度は一定に保たれる．植物が枯れると CO_2 は取り込まれなくなるから，枯れた植物中の ^{14}C の濃度は時間とともに減少する．

^{14}C の β 壊変は1次の速度式に従うから，まず，式(6-10)から k_f を求め，この値と $([\mathrm{A}]/[\mathrm{A}]_0)=0.43$ を式(6-8)に入れて時間を求める．

（答：約7000年）

5．反応溶液中の水酸化ナトリウムのモル濃度を c_a とすると，

$$c_\mathrm{a}\times10.0\ \mathrm{mL}=0.01\ \mathrm{mol\cdot L^{-1}}\times(\text{滴定量})\mathrm{mL}$$

となるから，この式を用いて，各反応時間 t における水酸化ナトリウムのモル濃度 $c_{\mathrm{a}t}$ を求める．

方眼紙を用意し，まず1次反応を仮定して式(6-8)を適用してみる．$\ln(c_{\mathrm{a}0}/c_{\mathrm{a}t})$ の値を計算し，これを縦軸，横軸に時間をとりプロットする．

つぎに2次反応を仮定して，式(6-13)を適用（両反応物質の濃度が等しい）してみる．縦軸に $(c_{\mathrm{a}0}-c_{\mathrm{a}t})/(c_{\mathrm{a}0}c_{\mathrm{a}t})$，横軸に時間をとりプロットする．

これらのグラフより，1次のプロットは曲線となり題意に合わないのに対し，2次のプロットは直線になり，この反応は2次反応であることがわかる．

反応速度は，後者のグラフの直線の勾配から求める．

（(1)の答：反応次数　2)，（(2)の答：0.0308 mol^{-1}·L·s^{-1}）

第7章

1．平衡状態にあるとき，正・逆両反応の反応速度は等しいので，

$$k_\mathrm{f}[\mathrm{A}]_\infty=k_\mathrm{r}[\mathrm{B}]_\infty$$

よって，

$$K=\frac{[\mathrm{B}]_\infty}{[\mathrm{A}]_\infty}=\frac{k_\mathrm{f}}{k_\mathrm{r}}=\frac{27-7.5}{7.5}=2.6(\text{答}) \qquad (1)$$

6章で反応速度を数式で表現することを学んだ．それに従えば，次式のように書ける．

$$-\frac{\mathrm{d}[\mathrm{A}]}{\mathrm{d}t}=k_\mathrm{f}[\mathrm{A}]-k_\mathrm{r}[\mathrm{B}]$$

反応前にはBは存在しなかったので，すべてはAであった．このときの濃度を $[\mathrm{A}]_0$ とすると，

$$[\mathrm{A}]_0=[\mathrm{A}]+[\mathrm{B}]$$

よって，Aの反応速度の式は上式を代入すると，つぎのようになる．

$$\begin{aligned}-\frac{\mathrm{d}[\mathrm{A}]}{\mathrm{dt}}&=k_\mathrm{f}[\mathrm{A}]-k_\mathrm{r}([\mathrm{A}]_0-[\mathrm{A}])\\&=(k_\mathrm{f}+k_\mathrm{r})[\mathrm{A}]-k_\mathrm{r}[\mathrm{A}]_0 \qquad (2)\end{aligned}$$

(2)の微分方程式は変数分離法を用いれば解くことができる．すなわち，(2)において，濃度の関数と時間の関数を左辺と右辺に分離する．それには，

$$\frac{k_r[A]_0}{k_f+k_r}=a$$

とおくとよい．これは(2)式の右辺がつぎのように変形できるからである．

$$(k_f+k_r)\left([A]-\frac{k_r}{k_f+k_r}[A]_0\right)=(k_f+k_r)([A]-a)$$

すると，(2)式は次式のようになり変数を分離できる．

$$-\frac{d[A]}{dt}=(k_f+k_r)[A]-a(k_f+k_r)$$
$$=-(k_f+k_r)(a-[A])$$

これを積分形になおす．

$$\int_{[A]_0}^{[A]}\frac{d[A]}{a-[A]}=\int_0^t(k_f+k_r)dt$$

よって，

$$k_f+k_r=\frac{1}{t}\ln\frac{a-[A]_0}{a-[A]} \qquad (3)$$

$t=\infty$ のときは $\dfrac{d[A]}{dt}=0$ だから　式(2)より

$$k_r[A]_0=(k_f+k_r)[A]_\infty$$
$$\frac{k_r[A]_0}{k_f+k_r}=a=[A]_\infty=7.5$$

式(1)と(3)より

$$3.6k_r=\frac{1}{100}\ln\frac{7.5-27}{7.5-17}$$
$$=7.2\times10^{-3}$$
$$k_r=2.0\times10^{-3}\ \mathrm{L\cdot mol^{-1}},\ k_f=5.2\times10^{-3}\ \mathrm{L\cdot mol^{-1}}\ (答)$$

2．(1) 反応式の左辺も右辺も2分子のため，圧力を加えても平衡は移動しない．

(2) 圧力を減少させれば，圧力を増加させる向き，すなわち右向きに平衡は移動する．

(3) H_2SO_4 を加えると，右辺の NH_3 がつぎの反応で減少してしまう．

$$2NH_3+H_2SO_4\rightarrow(NH_4)_2SO_4$$

よって，平衡は NH_4 を増加させる方向，すなわち右の方向に移動する．

(4) H_2 が加えられれば，H_2 を減少させる方向，すなわち左の方向に平衡は移動する．

(5) 発熱反応（ΔH が負）なので，加熱すると左側に平衡は移動する．また，減圧しても圧力を増加させる向きは左向きである．

(6) 発熱反応（ΔH が負）なので，冷却すると右側に平衡は移動する．また，加圧しても圧力を減少させる向きは右向きである．

3．酢酸の電離平衡式は式(7-11)に示した．これを変形すると，以下のようになる．

$$\frac{[CH_3COOH]}{[CH_3COO^-]}=\frac{[H^+]}{K_a}$$

pH の 5.60 は，$[H^+]=2.5\times10^{-6}\ \mathrm{mol\cdot L^{-1}}$ なので，

$$\frac{[CH_3COOH]}{[CH_3COO^-]}=\frac{[H^+]}{K_a}=\frac{2.5\times10^{-6}}{1.8\times10^{-5}}=0.139$$

となり，酢酸ナトリウムに対して，酢酸がモル比で14%になっていれば，この緩衝

溶液の pH は 5.60 を維持することになる．

第 8 章

1．（1）Y 槽の陰極に析出してくる物質は銀であり，陰極上での反応はつぎの通りである．

$$Ag^{+}+e \rightarrow Ag$$

すなわち，反応に関与する電子数は 1 である．よって，式 8-1 を用いた以下の計算から電気分解を行った時間が計算できる．

$$m=\frac{i\times t}{F}\frac{M}{n} \quad \Leftrightarrow \quad 2.7=\frac{0.5\times t}{96500}\frac{108}{1}$$

$$\therefore t=4825 \text{ s}$$

（2）X 槽では銅が析出する．

$$Cu^{2+}+2e^{-} \rightarrow Cu$$

この反応に関与する電子数は 2 であるから，（1）と同様に解くとつぎのようになる．

$$m=\frac{i\times t}{F}\frac{M}{n} \quad \Leftrightarrow \quad m=\frac{0.5\times 4825}{96500}\frac{63.5}{2}$$

$$\therefore m=0.793 \text{ g}$$

（3）X 槽の陽極では，酸素が発生する．

$$4OH^{-} \rightarrow 2H_2O+O_2+4e^{-}$$

この反応に関与する電子数は 4 である．よって，発生する酸素の質量は（1）および（2）と同様に計算できる．

$$m=\frac{i\times t}{F}\frac{M}{n} \quad \Leftrightarrow \quad m=\frac{0.5\times 4825}{96500}\frac{32}{4}$$

$$\therefore m=0.2 \text{ g}$$

つぎに，気体の状態方程式から 0℃，101.3 kPa における体積へ変換すると，

$$PV=nRT \quad \Leftrightarrow \quad PV=\frac{m}{M}RT \quad \Leftrightarrow \quad (101.3\times 10^{3})V=\left(\frac{0.2}{32}\right)\times 8.314\times 273$$

$$\therefore V=1.40\times 10^{-4} \text{ m}^{3}$$

となる．

2．例題 4 より，$E=\frac{RT}{nF}\ln K_c$ の関数を導いた．この式を変形して K を求める．

$$\ln K=\frac{nF}{RT}E=\frac{1\times 96500}{8.314\times 298}(0.920-0.771)=5.801$$

$$\therefore K=331$$

となる．

3．（1）$0-(-0.763)=0.763(\text{V})$

（2）ネルンストの式 8-5 に代入して，

$$\{0.799-(-0.140)\}-\frac{8.314\times 298}{1\times 96500}\ln\left(\frac{1.0^{0.5}}{0.1}\right)=0.88 \text{ V}$$

4．（1）8-4（4）でアルカリ水溶液を電解液とする燃料電池について述べた．リン酸型の場合，OH^{-} のかわりに H^{+} が存在することになる．負極では，水素から電子を奪い H^{+} に変わるので，

$$H_2 \rightarrow 2H^{+}+2e^{-}$$

正極での反応は，負極で発生した H^{+} を使って酸素が酸化数 -2 の H_2O に変化す

るように式をつくればよい．

$$O_2 + 4H^+ + 4e^- \rightarrow 2H_2O$$

両極での反応をまとめると，以下のような水の生成反応式が得られる．

$$2H_2 + O_2 \rightarrow 2H_2O$$

（2）W（ワット）＝V（ボルト）×I（アンペア）であるから，電流は

$$I = \frac{W}{V} = \frac{24 \times 10^3}{1.2} = 2.0 \times 10^4 \text{ A}$$

（1）で得られた燃料電池全体で起きている化学反応式（水の生成反応式）より，3 mol の気体（水素 2 mol と酸素 1 mol）から水が 2 mol 生成し，このとき 4 F の電気量が必要となる．よって，気体の総体積を x L とすると，

$$2.0 \times 10^4 \times 60 \times 60 = \frac{x}{3 \times 22.4 \times (273+27)/273} \times 4 \times 96500$$

$$x = 1.377 \times 10^4 \cong 1.4 \times 10^4 \text{ L}$$

となる．

索　引

—タ行—

—ナ行—

—ハ行—

—マ行—

—ヤ行—

—ラ行—

執筆者紹介

篠崎　開（しのざき ひらく）
東京電機大学 名誉教授・理学博士

大窪　潤（おおくぼ じゅん）
元東京電機大学工学部 環境物質化学科 教授・理学博士

大野清伍（おおの せいご）
元東京電機大学工学部 環境物質化学科 教授・理学博士

柴　隆一（しば りゅういち）
東京電機大学 名誉教授・工学博士

鈴木隆之（すずき たかゆき）
東京電機大学工学部 応用化学科 教授・工学博士

藤本　明（ふじもと あきら）
東京電機大学 名誉教授・理学博士

理工系一般化学 ― 第2版 ―

ISBN 978-4-8082-3054-8

2002年 3月31日 初版発行
2017年 4月 1日 18版発行
2018年 4月 1日 2版発行
2024年 4月 1日 4刷発行

著者代表 © 篠崎　開
発行者 鳥飼正樹
印刷 製本 三美印刷 株式会社

発行所 株式会社 東京教学社

郵便番号 112-0002
住所 東京都文京区小石川 3-10-5
電話 03（3868）2405
FAX 03（3868）0673
http://www.tokyokyogakusha.com

原　子　の　電　子　配　置

電子殻		K	L		M			N				O	
主量子数		1	2		3			4				5	
方位量子数		0	0	1	0	1	2	0	1	2	3	0	1
	電子	1s	2s	2p	3s	3p	3d	4s	4p	4d	4f	5s	5p
1	H	1											
2	He	2											
3	Li	2	1										
4	Be	2	2										
5	B	2	2	1									
6	C	2	2	2									
7	N	2	2	3									
8	O	2	2	4									
9	F	2	2	5									
10	Ne	2	2	6									
11	Na	2	2	6	1								
12	Mg	2	2	6	2								
13	Al	2	2	6	2	1							
14	Si	2	2	6	2	2							
15	P	2	2	6	2	3							
16	S	2	2	6	2	4							
17	Cl	2	2	6	2	5							
18	Ar	2	2	6	2	6							
19	K	2	2	6	2	6		1					
20	Ca	2	2	6	2	6		2					
21	Sc	2	2	6	2	6	1	2					
22	Ti	2	2	6	2	6	2	2					
23	V	2	2	6	2	6	3	2					
24	Cr	2	2	6	2	6	5	1					
25	Mn	2	2	6	2	6	5	2					
26	Fe	2	2	6	2	6	6	2					
27	Co	2	2	6	2	6	7	2					
28	Ni	2	2	6	2	6	8	2					
29	Cu	2	2	6	2	6	10	1					
30	Zn	2	2	6	2	6	10	2					
31	Ga	2	2	6	2	6	10	2	1				
32	Ge	2	2	6	2	6	10	2	2				
33	As	2	2	6	2	6	10	2	3				
34	Se	2	2	6	2	6	10	2	4				
35	Br	2	2	6	2	6	10	2	5				
36	Kr	2	2	6	2	6	10	2	6				
37	Rb	2	2	6	2	6	10	2	6			1	
38	Sr	2	2	6	2	6	10	2	6			2	
39	Y	2	2	6	2	6	10	2	6	1		2	
40	Zr	2	2	6	2	6	10	2	6	2		2	
41	Nb	2	2	6	2	6	10	2	6	4		1	
42	Mo	2	2	6	2	6	10	2	6	5		1	
43	Tc	2	2	6	2	6	10	2	6	5		2	
44	Ru	2	2	6	2	6	10	2	6	7		1	
45	Rh	2	2	6	2	6	10	2	6	8		1	
46	Pd	2	2	6	2	6	10	2	6	10			
47	Ag	2	2	6	2	6	10	2	6	10		1	
48	Cd	2	2	6	2	6	10	2	6	10		2	
49	In	2	2	6	2	6	10	2	6	10		2	1
50	Sn	2	2	6	2	6	10	2	6	10		2	2

電子殻		K	L		M			N				O				P			Q
主量子数		1	2		3			4				5				6			7
方位量子数		0	0	1	0	1	2	0	1	2	3	0	1	2	3	0	1	2	0
	電子	1s	2s	2p	3s	3p	3d	4s	4p	4d	4f	5s	5p	5d	5f	6s	6p	6d	7s
51	Sb	2	2	6	2	6	10	2	6	10		2	3						
52	Te	2	2	6	2	6	10	2	6	10		2	4						
53	I	2	2	6	2	6	10	2	6	10		2	5						
54	Xe	2	2	6	2	6	10	2	6	10		2	6						
55	Cs	2	2	6	2	6	10	2	6	10		2	6			1			
56	Ba	2	2	6	2	6	10	2	6	10		2	6			2			
57	La	2	2	6	2	6	10	2	6	10		2	6	1		2			
58	Ce	2	2	6	2	6	10	2	6	10	1	2	6	1		2			
59	Pr	2	2	6	2	6	10	2	6	10	3	2	6			2			
60	Nd	2	2	6	2	6	10	2	6	10	4	2	6			2			
61	Pm	2	2	6	2	6	10	2	6	10	5	2	6			2			
62	Sm	2	2	6	2	6	10	2	6	10	6	2	6			2			
63	Eu	2	2	6	2	6	10	2	6	10	7	2	6			2			
64	Gd	2	2	6	2	6	10	2	6	10	7	2	6	1		2			
65	Tb	2	2	6	2	6	10	2	6	10	9	2	6			2			
66	Dy	2	2	6	2	6	10	2	6	10	10	2	6			2			
67	Ho	2	2	6	2	6	10	2	6	10	11	2	6			2			
68	Er	2	2	6	2	6	10	2	6	10	12	2	6			2			
69	Tm	2	2	6	2	6	10	2	6	10	13	2	6			2			
70	Yb	2	2	6	2	6	10	2	6	10	14	2	6			2			
71	Lu	2	2	6	2	6	10	2	6	10	14	2	6	1		2			
72	Hf	2	2	6	2	6	10	2	6	10	14	2	6	2		2			
73	Ta	2	2	6	2	6	10	2	6	10	14	2	6	3		2			
74	W	2	2	6	2	6	10	2	6	10	14	2	6	4		2			
75	Re	2	2	6	2	6	10	2	6	10	14	2	6	5		2			
76	Os	2	2	6	2	6	10	2	6	10	14	2	6	6		2			
77	Ir	2	2	6	2	6	10	2	6	10	14	2	6	7		2			
78	Pt	2	2	6	2	6	10	2	6	10	14	2	6	9		1			
79	Au	2	2	6	2	6	10	2	6	10	14	2	6	10		1			
80	Hg	2	2	6	2	6	10	2	6	10	14	2	6	10		2			
81	Tl	2	2	6	2	6	10	2	6	10	14	2	6	10		2	1		
82	Pb	2	2	6	2	6	10	2	6	10	14	2	6	10		2	2		
83	Bi	2	2	6	2	6	10	2	6	10	14	2	6	10		2	3		
84	Po	2	2	6	2	6	10	2	6	10	14	2	6	10		2	4		
85	At	2	2	6	2	6	10	2	6	10	14	2	6	10		2	5		
86	Rn	2	2	6	2	6	10	2	6	10	14	2	6	10		2	6		
87	Fr	2	2	6	2	6	10	2	6	10	14	2	6	10		2	6		1
88	Ra	2	2	6	2	6	10	2	6	10	14	2	6	10		2	6		2
89	Ac	2	2	6	2	6	10	2	6	10	14	2	6	10		2	6	1	2
90	Th	2	2	6	2	6	10	2	6	10	14	2	6	10		2	6	2	2
91	Pa	2	2	6	2	6	10	2	6	10	14	2	6	10	2	2	6	1	2
92	U	2	2	6	2	6	10	2	6	10	14	2	6	10	3	2	6	1	2
93	Np	2	2	6	2	6	10	2	6	10	14	2	6	10	4	2	6	1	2
94	Pu	2	2	6	2	6	10	2	6	10	14	2	6	10	6	2	6	0	2
95	Am	2	2	6	2	6	10	2	6	10	14	2	6	10	7	2	6	0	2
96	Cm	2	2	6	2	6	10	2	6	10	14	2	6	10	7	2	6	1	2
97	Bk	2	2	6	2	6	10	2	6	10	14	2	6	10	9	2	6	0	2
98	Cf	2	2	6	2	6	10	2	6	10	14	2	6	10	10	2	6		2
99	Es	2	2	6	2	6	10	2	6	10	14	2	6	10	11	2	6		2
100	Fm	2	2	6	2	6	10	2	6	10	14	2	6	10	12	2	6		2
101	Md	2	2	6	2	6	10	2	6	10	14	2	6	10	13	2	6		2
102	No	2	2	6	2	6	10	2	6	10	14	2	6	10	14	2	6		2
103	Lr	2	2	6	2	6	10	2	6	10	14	2	6	10	14	2	6	1	2

元　素　の　周　期　表（2023）

周期＼族	1	2	3	4	5	6	7	8	9
1	1 H 水　素 1.008 $1s^1$								
2	3 Li リチウム 6.94 $2s^1$	4 Be ベリリウム 9.012 $2s^2$							
3	11 Na ナトリウム 22.99 $3s^1$	12 Mg マグネシウム 24.31 $3s^2$							
4	19 K カリウム 39.10 $4s^1$	20 Ca カルシウム 40.08 $4s^2$	21 Sc スカンジウム 44.96 $3d^1 4s^2$	22 Ti チタン 47.87 $3d^2 4s^2$	23 V バナジウム 50.94 $3d^3 4s^2$	24 Cr クロム 52.00 $3d^5 4s^1$	25 Mn マンガン 54.94 $3d^5 4s^2$	26 Fe 鉄 55.85 $3d^6 4s^2$	27 Co コバルト 58.93 $3d^7 4s^2$
5	37 Rb ルビジウム 85.47 $5s^1$	38 Sr ストロンチウム 87.62 $5s^2$	39 Y イットリウム 88.91 $4d^1 5s^2$	40 Zr ジルコニウム 91.22 $4d^2 5s^2$	41 Nb ニオブ 92.91 $4d^4 5s^1$	42 Mo モリブデン 95.95 $4d^5 5s^1$	43 Tc* テクネチウム (99) $4d^5 5s^2$	44 Ru ルテニウム 101.1 $4d^7 5s^1$	45 Rh ロジウム 102.9 $4d^8 5s^1$
6	55 Cs セシウム 132.9 $6s^1$	56 Ba バリウム 137.3 $6s^2$	57 La ランタン ⬇ 71 Lu ルテチウム	72 Hf ハフニウム 178.5 $4f^{14} 5d^2 6s^2$	73 Ta タンタル 180.9 $4f^{14} 5d^3 6s^2$	74 W タングステン 183.8 $4f^{14} 5d^4 6s^2$	75 Re レニウム 186.2 $4f^{14} 5d^5 6s^2$	76 Os オスミウム 190.2 $4f^{14} 5d^6 6s^2$	77 Ir イリジウム 192.2 $4f^{14} 5d^7 6s^2$
7	87 Fr* フランシウム (223) $7s^1$	88 Ra* ラジウム (226) $7s^2$	89 Ac アクチニウム ⬇ 103 Lr ローレンシウム	104 Rf* ラザホージウム (267) $5f^{14} 6d^2 7s^2$	105 Db* ドブニウム (268) $5f^{14} 6d^3 7s^2$	106 Sg* シーボーギウム (271) $5f^{14} 6d^4 7s^2$	107 Bh* ボーリウム (272) $5f^{14} 6d^5 7s^2$	108 Hs* ハッシウム (277) $5f^{14} 6d^6 7s^2$	109 Mt* マイトネリウム (276) $5f^{14} 6d^7 7s^2$

原子番号 — 1 H — 元素記号
水　素 — 元素名
1.008 — 4 桁の原子量
$1s^1$ — 基底状態の電子配置
（2 周期以降の電子配置は前周期の希ガスの電子配置を省略して示してある）

ランタノイド

57 La ランタン 138.9 $5d^1 6s^2$	58 Ce セリウム 140.1 $4f^1 5d^1 6s^2$	59 Pr プラセオジム 140.9 $4f^3 6s^2$	60 Nd ネオジム 144.2 $4f^4 6s^2$	61 Pm* プロメチウム (145) $4f^5 6s^2$	62 Sm サマリウム 150.4 $4f^6 6s^2$	63 Eu ユウロピウム 152.0 $4f^7 6s^2$

アクチノイド

89 Ac* アクチニウム (227) $6d^1 7s^2$	90 Th* トリウム 232.0 $6d^2 7s^2$	91 Pa* プロトアクチニウム 231.0 $5f^2 6d^1 7s^2$	92 U* ウラン 238.0 $5f^3 6d^1 7s^2$	93 Np* ネプツニウム (237) $5f^4 6d^1 7s^2$	94 Pu* プルトニウム (239) $5f^6 7s^2$	95 Am* アメリシウム (243) $5f^7 7s^2$